제임스 글릭의 타임 트래블

과학과 철학, 문학과 영화를 뒤흔든 시간여행의 비밀

Time Travel: A History

과학과 철학,
문학과 영화를 뒤흔든
시간여행의 비밀
TIME
TRAVEL
James Gleick
제임스 글릭의
타임 트래블
제임스 글릭 지음 | 노승영 옮김

동아시아

"과학, 기술, 픽션의 바다를 상쾌하게 헤엄치다."
—《워싱턴 포스트》

"방대하고 명쾌하고 평이하고 재치 넘치는 책 『타임 트래블』은
까다로운 주제를 낯선 각도에서, 하지만 정교하게 초점을 맞춰 들여다본다.
박식하고 호기심 많고 인간적인 저자 글릭은 과거, 현재, 미래로의
어마어마한 지적 탐사에 동행할 완벽한 여행 가이드다."
—《샌프란시스코 크로니클》

"(데이비드 포스터) 월리스와 마찬가지로 글릭은 팔방미인 열정가이며
그의 설명은 우아하다. 이 책의 가장 큰 매력 중 하나는 저자가 여러 시점을
기꺼이 받아들여 예술과 경험에 이론 못지않은 지위를 부여한다는 것이다."
—《로스앤젤레스 타임스》

"『타임 트래블』에서 제임스 글릭은 시간여행이라는 개념의 역사를
흥미진진하게 펼쳐 보이며 그 끝없는 매력의 이유를 근사하게 밝혀낸다.
물리학의 영역에서 시간이 환각인가 하는 논쟁에 대한 설명은
지적 혼돈을 절묘하게 포착하며, 문학의 영역에서 (시간여행 사건에서 비롯한)
대체역사에 대한 설명은 남달리 예리하다."
—《뉴 사이언티스트》

"『타임 트래블』은 제임스 글릭답게 빼어나고 자유분방한 책으로, 새롭고 유익한 정보가 풍부하며 서정성, 위트, 놀랍고도 설득력 있는 통찰로 가득하다. 이 책은 시간여행이라는 (이론적) 현상뿐 아니라 '시간' 자체에 대한 우리의 이해를 탐구한다."

— 조이스 캐럴 오츠(『흉가』, 『위험한 시간여행』의 작가, 프린스턴대학교 인문학부 석좌교수)

"매혹적이다. 역사, 문학비평, 이론물리학, 철학적 성찰이 어우러진 글릭의 책은 그 자체로 시간을 뛰어넘고 정신을 깨우는 서사시이며 그 효과는 훌륭하다. 글릭은 복잡한 개념을 평이한 언어로 설명할 수 있을 뿐 아니라, (지금까지도 여전히) 당혹스러운 개념을 설명하는 데는 더 뛰어난 솜씨를 발휘한다. 『타임 트래블』은 유려하고 유익한 책이다."

— 《밀리언스》

"시간의 본성을 빼어나고 슬기롭고 심오하고 압도적으로 들여다보는 책."

— 《미주리언》

"아이작 뉴턴의 전기 작가 제임스 글릭은 SF 소설의 단골 소재인 시간여행을 명석하고 학구적으로 들여다본다. 글릭의 도움을 받으면 여러분도 마침내 〈인터스텔라〉를 이해할 수 있을 것이다."

— 《에스콰이어》

"비범한 책. 궁극적으로 『타임 트래블』은 이 하나의 질문으로 수렴한다.
시간여행은 왜 필요한가? 그 답을 찾기 위해 글릭은
(겉보기에는) 별개의 역사적 순간들을 하나로 엮는다.
〈닥터 후〉 에피소드의 줄거리를 문장 하나로 설명하는가 하면,
1890년대 프랑스의 시네마토그라프 발명을 다시 끄집어낸다.
하지만 그는 난해할 수도 있는 서사를 솜씨 좋게 요리한다. 그것은 글릭의
시간여행 모험이 결국은 과거와 미래의 구별에 대한 것이 아니라
'끝없는 지금'에 보내는 연애편지이기 때문이다."

— 《애틀랜틱》("2016년 올해의 책")

"빠져드는 책. 완벽한 시간여행 가이드인 글릭은
우리를 매혹시키는 시간여행의 요모조모를 솜씨 좋게 누빈다."

— 《가디언》

"언제까지나 픽션으로 남아 있을 과학에 대한 흥겹고 흥미진진한 탐구.
명쾌하게 쓰인, 유쾌한 읽을거리. 꿈과 욕망으로서의 시간여행을 다루는
방대한 문학과 대중매체를 종횡무진 넘나든다."

— 《사이언스 뉴스》

"웰스의 4차원과 매끈한
빅토리아 시대 기계를 즐겁게 가지고 논다."

— 《네이처》

"물리학과 철학을 활성제 삼고 문학을 촉매 삼은 원대한 사고 실험.
… 그 결과물은 왜 우리가 시간에 대해 생각하는가에 대한, 왜 시간의 방향성이
우리를 심란케 하는가에 대한, 이 질문을 던짐으로써 인간 의식의 가장 깊은
신비에 대해 무엇을 알 수 있는가에 대한, 또한 글릭이 절묘하게 이름 붙인
'서로 얽힌 개념과 사실의 조직체(빠르게 확장되는 이 조직체를 우리는 문화라
부른다)'에 대한, 보르헤스 이후로 가장 근사한 탐구다."

—《브레인피킹스》

"올해의 책."

—《보스턴 글로브》

"철학, 문학비평, 물리학, 문화 연구의 매혹적인 조합.
우리가 가진 가장 강력한 시간여행 기술이 다름 아닌 우리가 가진 가장 오래된
기술이라는 놀라운 사실을 일깨운다. 그것은 바로 스토리텔링이다."

—《뉴욕 타임스 북 리뷰》

"아찔하다. 가장 중요한 시간이 바로 지금임을 밝히는 매혹적인 논증."

—《타임》

"유익하고 유쾌한 책. 글릭의 책에는 훌륭한 문장과 매혹적인 정보가
들어 있지 않은 문단이 하나도 없다."

—《뉴욕 리뷰 오브 북스》

베스, 도넌, 해리에게

그대의 지금은 저의 지금이 아니고 그대의 예전도
저의 예전이 아니지만, 저의 지금이 그대의 예전일 수도 있고
저의 예전이 그대의 지금일 수도 있습니다.
어느 누가 이런 문제를 이해할 수 있겠습니까?
— 찰스 램(1817)

우리가 끊임없이 넓어져가는 한 자리를
'시간' 속에 차지하고 있음은 누구나가 느낀다.
— 마르셀 프루스트(1927?)

그리고 내일이 온다.
세상이자 길인 내일이.
— W. H. 오든(1936)

일러두기

- 본문 괄호 안의 글은 옮긴이라는 표시가 있는 경우를 제외하고는 모두 지은이가 쓴 것이다.
- 책, 장편 소설은 『 』, 논문집, 저널, 신문은 《 》, 단편소설, 시, 논문, 기사는 「 」, 예술작품, 방송 프로그램, 영화는 〈 〉로 구분했다.

차례

기계

Machine

어릴 적에는 미래가 미심쩍었으며 오로지 가능성의
문제라고 생각했다. 일어날 수도 있고 안 일어날 수도 있으며
아마도 영영 일어나지 않을 상태라고.
— 존 밴빌(2012)

때는 19세기. 외풍이 심한 복도 끝에 한 남자가 서 있다. 흔들리는 램프 불빛에 의지해 니켈과 상아로 만든 기계를 들여다본다. 놋쇠 난간과 석영 막대가 달린 땅딸막하고 못생긴 장치다. 부품과 재료가 조목조목 나열되었는데도, 묘사가 애매해서 상상력이 부족한 독자는 이미지를 떠올리기가 쉽지 않다. 우리의 주인공은 나사를 조이고 윤활유를 한 방울 떨어뜨린 뒤, 안장에 앉아 양손으로 레버를 쥔다. 출발하려는 참이다. 하긴 우리도 마찬가지다. 그가 레버를 밀자 시간이 고삐에서 풀려난다.

남자는 '잿빛 눈'과 '하얀 얼굴' 말고는 특징을 거의 알 수 없다. 심지어 이름도 모른다. 그저 '시간여행자'일 뿐이다. "편의상 그를 이렇게 부르기로 하자." 시간과 여행. 이전에는 이 두 단어를 붙이려 한 사람이 아무도 없었다. 그렇다면 저 기계는? 안장과 손잡이가 달린, 일종의 공상 속 자전거다. 이 모든 것을 고안한 사람은 웰스라는 젊은 과학 애호가다. 그는 허버트라는 이름이 진지하게 들리지 않는다고 생각해 'H. G.'라는 머리글자를 쓴다. 가족은 그를 '버티'라고 부른다. 그는 작가가 되려고 분투하고 있다. 뼛속까지 근대적인 인물로 사회주의, 자유연애, 자전거를 신봉한다.● 자전거여행클럽 회원인 것을 자랑스럽게 여기며 튜브 프레임과 공기 타이어가 달린 18킬로그램짜리 자전거로 템스강 유역을 오르내리면서 기계를 운전하는 희열을 맛본다. "운동의 기억이 다리 근육에 남아 바퀴가 언제까지나 구를 것만 같다." 그러던 어느 날

● 웰스는 자유연애를 "개인의 성행위를 사회적 비난과 법적 통제 및 처벌로부터 해방시키는 것"으로 정의했다. 데이비드 로지에 따르면 웰스는 "자유연애를 부단히 실천"했다.

'해커의 가정용 자전거'라는 장치의 광고를 보게 된다. 그것은 고무 바퀴가 달린 고정식 스탠드로, 아무 데도 가지 않으면서 운동 삼아 페달을 밟을 수 있다. 여기서 '아무 데'란 공간을 뜻한다. 바퀴는 구르고 시간은 흐른다.

20세기로 가는 반환점이 눈앞에 어른거렸다. 세기말은 종말론적 분위기를 풍겼다. 알베르트 아인슈타인은 아직 뮌헨의 김나지움 학생이었다. 폴란드계 독일인 수학자 헤르만 민코프스키Hermann Minkowski가 급진적 개념을 발표한 것은 1908년의 일이다. "따라서 공간과 시간 자체는 단순한 그림자로 사라질 운명이며 둘의 조합만이 독립적 실재를 간직할 것이다." H. G. 웰스가 그곳에 처음 도달했지만, 민코프스키와 달리 우주를 설명할 생각이 없었다. 기막힌 이야깃거리에 맞는 그럴듯한 문학적 장치를 만들고 싶었을 뿐이다.

요즘 우리는 꿈과 예술에서 아주 수월하고 능숙하게 시간을 넘나든다. 시간여행은 신과 용만큼 오래된 옛 신화에 뿌리를 둔 고대 전통처럼 느껴진다. 하지만 그렇지 않다. 고대인들이 불멸과 부활, 망자의 땅을 상상하기는 했지만 타임머신은 그들의 상상력 바깥에 있었다. 시간여행은 근대의 판타지다. 웰스는 램프를 밝힌 방에서 타임머신을 상상하면서 그와 더불어 새로운 사고방식을 창안했다.

왜 전에는 못 했을까? 왜 지금일까?

시간여행자는 과학 강의로 말문을 연다. 아니, 그냥 허튼소리일까? 그는 지인들을 응접실 난로 앞에 모아놓고서 시간에 대해 그들이 알고 있는 모든 것이 틀렸다고 말한다. 그들은 의사, 심리학자, 신문 편집장,

기자, 과묵한 남자, 젊은 남자, 시장 그리고 누구나 좋아하는 직설적인 남자("논쟁을 좋아하는 빨강 머리" 필비) 등으로, 소설에 으레 등장하는 전형적 인물들이다.

시간여행자가 이 꼭두각시 같은 인물들에게 당부한다. "제 이야기를 주의 깊게 들으셔야 합니다. 저는 거의 모든 사람이 보편적으로 받아들이는 한두 가지 생각을 반박하게 될 거예요. 예를 들면 여러분이 학교에서 배운 기하학은 잘못된 생각에 근거를 두고 있습니다."(『타임머신』(열린책들, 2011) 19쪽) 학교에서 배우는 유클리드 기하학에는 길이, 너비, 높이 이 세 차원이 있는데, 우리가 볼 수 있는 것들이다.

당연히 여기에는 미심쩍은 구석이 있다. 시간여행자는 소크라테스의 화법을 구사해 논리로 그들을 몰아붙인다. 그들의 저항은 무기력하다.

"물론 알고 있겠지만, 수학적인 선, 즉 두께가 **없는** 선은 실제로는 존재하지 않습니다. 이건 학교에서 배웠지요? 수학적인 평면도 마찬가지입니다. 이런 것들은 단순한 추상적 개념일 뿐이에요."

"그건 맞는 말이오." 심리학자가 말했다.

"길이와 너비와 두께만 있는 정육면체도 실제로 존재할 수는 없습니다."

"그 의견에는 반대야." 필비가 말했다. "고체는 당연히 존재할 수 있어. 현실에 존재하는 물체는 모두……."

"상식적으로는 그 말이 맞아. 하지만, **순간적인** 정육면체가 존재할 수 있을까?"

"무슨 말인지 모르겠는데?" 필비(가련한 친구 같으니)가 대꾸했다.

"잠시도 지속되지 않는 정육면체가 실제로 존재할 수 있을까?"

필비는 대답하는 대신 생각에 잠겼다. 그러자 시간여행자가 말을 이었다. "실제로 존재하는 입체는 네 방향으로 연장된 부분을 가져야 합니다. **네** 방향이란 길이와 너비와 두께 그리고 지속 시간이지요."(『타임머신』 20쪽)

아하! 4차원 말이군. 대륙의 똑똑한 수학자들은 이미 유클리드의 세 차원이 전부가 아니라고 말하고 있었다. 아우구스트 뫼비우스August Möbius의 유명한 '띠'는 2차원 표면을 비틀어 3차원을 만들었으며 펠릭스 클라인의 꼬인 '병'은 4차원을 암시했다. 가우스와 리만, 로바체프스키 모두 통념을 깨뜨렸다. 기하학자에게 4차원은 우리가 아는 모든 방향에 직각인 미지의 방향을 일컬었다. 이것을 시각적으로 떠올릴 수 있는 사람이 있을까? 4차원은 어느 방향을 향하고 있을까? 심지어 17세기에도 영국의 수학자 존 월리스John Wallis는 고차원의 가능성을 대수학적으로 간파해 이를 "키메라나 켄타우로스보다 가능성이 더 희박한, 자연의 괴물"이라고 불렀다. 하지만 수학에서는 물리적으로 무의미한 개념들의 쓰임새가 점점 많이 발견되고 있었다. 이 개념들은 현실에 존재하는 성질 없이도 추상적 세계에서 제 몫을 할 수 있었다.

이 기하학자들의 영향을 받아, 에드윈 애벗 애벗Edwin Abbott Abbott이라는 교장은 1884년에 2차원 생물들이 3차원의 가능성을 이해하려 애쓰는 내용의 기발한 소설 『플랫랜드』(필로소픽, 2017)를 발표했으며, 논리학자 조지 불George Boole의 사위 찰스 하워드 힌턴Charles Howard Hinton은 1888년에 4차원 정육면체를 뜻하는 영어 단어 테서랙트tesseract를 지어냈다. 그는 이 물체가 이루는 4차원 공간을 초입체hypervolume라고 불렀으며 초원뿔hypercone, 초각뿔hyperpyramid, 초구hypersphere 등을 제안했다. 힌턴은 자신의 책에 '생각의 새 시대A New

Era of Thought'라는 거창한 제목을 붙였다. 그는 이 신비하고 보이지 않는 4차원에 의식의 신비를 푸는 답이 있을지도 모른다고 주장했다. "4차원에 대해 생각할 수 있으려면 4차원 생물이 되어야 한다." 그는 세계와 우리의 심적 모형을 만들려면 특수한 뇌 분자가 필요하다고 생각했다. "이 뇌 분자는 4차원 운동 능력이 있으며 4차원 운동을 하고 4차원 구조를 형성할 수 있을지도 모른다."

빅토리아 시대 영국에서는 한동안 신비한 것, 보이지 않는 것, 영적인 것 등 우리 시야의 바깥에 있는 모든 것을 4차원으로 뭉뚱그렸다. 천문학자들이 망원경으로 머리 위를 아무리 뒤져도 찾지 못하는 것으로 보건대, 천국은 4차원에 있을지도 몰랐다. 4차원은 마술사와 비술사의 비밀 방이었다. 《팰맬 가제트Pall Mall Gazette》 편집자를 지낸 탐사 전문 기자 윌리엄 T. 스테드William T. Stead는 1893년에 이렇게 단언했다. "우리는 다름 아닌 4차원의 문턱에 있다." 그는 4차원을 수학 공식으로 나타내고 머릿속에 상상할 수는 있지만—"상상력이 뛰어난 사람이라면"—인간의 눈으로 직접 볼 수는 없다고 말했다. 4차원은 "3차원 공간의 어떤 법칙으로도 도무지 설명할 수 없는 현상에서 이따금 엿보이"는 장소였다. 이를테면 투시력처럼. 텔레파시도. 그는 심령연구회Psychical Research Society에 보고서를 제출해 추가 조사를 촉구했다. 19년 뒤에 그는 타이태닉호에 탔다가 익사했다.

이들에 비하면 웰스는 지극히 현실적이고 단순 명료하다. 그에게는 신비주의가 전혀 없다. 4차원은 영혼의 세계가 아니다. 천국도, 지옥도 아니다. 4차원은 시간이다.

시간은 무엇일까? 시간은 나머지 방향에 수직인 또 하나의 방향에 불과하다. 이게 전부다. 시간여행자 이전에는 누구도 생각해내지 못했을 뿐이다. 그가 단도직입적으로 설명한다. “육체가 타고난 결함 때문에 … 우리는 이 사실을 간과하는 경향이 있습니다. **시간은 우리의 의식이 그것을 따라 움직인다는 것을 제외하고는 공간의 세 가지 차원과 아무런 차이도 없습니다.**”(『타임머신』 20쪽)

이 개념은 순식간에 이론물리학의 정통적 견해가 된다.

이 개념은 어디서 왔을까? 분명히 무언가 있긴 있었다. 훗날 웰스는 옛 기억을 끄집어냈다.

> 나의 뇌가 1879년을 살아가던 우주에는 시간이 공간이라거나 그 비슷한 것이라고 말하는 사람이 아무도 없었다. 차원은 상하, 전후, 좌우의 세 가지였으며, 4차원이라는 말을 처음 들어본 것은 1884년 무렵이었다. 그때는 그저 재치 있는 말이라고 생각했다.

매우 재치 있었다. 누구나 그렇듯 19세기 사람들도 이따금 “시간이란 무엇인가?”라는 질문을 던졌다. 질문의 맥락은 다양했다. 여러분이 자녀에게 성경을 가르치고 싶다고 가정해보자. 다음은 1835년 《에듀케이셔널 매거진Educational Magazine》에 실린 기사다.

> 창세기 1장 1절. 태초에 하나님이 천지를 창조하시니라.
>
> 질문: 태초가 무슨 뜻인가요?

답: 시간의 처음입니다.

질문: 시간은 무엇인가요?

답: 영원의 한 부분입니다.

하지만 시간이 무엇인지는 누구나 안다. 전에도 그랬고 지금도 그렇다. 또한 시간이 무엇인지는 아무도 모른다. 4세기에 아우구스티누스가 이 사이비 역설을 제기했는데, 그 뒤로 사람들은 알게 모르게 그의 말을 써먹었다.

> 그렇다면, 시간이라는 것은 무엇입니까? 아무도 내게 묻지 않는다면, 나 자신은 시간이 무엇인지 알고 있습니다. 하지만 누군가가 내게 물어서 설명해주려고 하면, 나는 시간이 무엇인지를 모릅니다.● (『고백록』(크리스천다이제스트, 2017) 386쪽)

아이작 뉴턴은 『프린키피아』 서두에서 시간이 무엇인지 모두가 안다고 말했지만, 결국 모두가 아는 것을 바꾸기에 이르렀다. 현대물리학자 숀 캐럴Sean Carroll은 (농담조로) 이렇게 말한다. "시간이 무엇인지는 누구나 안다. 시계를 보면 되니까." 이렇게도 말한다. "시간은 인생의 여러 순간에 붙이는 이름표다." 물리학자들은 이런 촌철살인 언어유희를 좋아한다. 존 아치볼드 휠러John Archibald Wheeler가 "시간은 모든 것

● Quid est ergo tempus? Si nemo ex me quaerat, scio; si quaerenti explicare velim, nescio.

이 한꺼번에 일어나지 않도록 하는 자연의 방식이다"라고 말했다고 알려졌으나, 우디 앨런도 같은 말을 했다. 휠러는 이 말을 텍사스의 화장실 벽에 쓰인 낙서에서 발견했다고 털어놓았다.●

리처드 파인먼Richard Feynman은 이렇게 재치를 부렸다. "시간이란, 아무런 사건이 일어나지 않을 때에도 꾸준히 일어나고 있는 그 무엇이다. '시간은 사전적 의미로 정의될 수 없으며, 우리는 그 의미를 직관적으로 이미 알고 있다'고 말을 해도 크게 틀리지 않는다. 한마디로 말해서, 시간이란 '얼마나 기다려야 하는지'를 나타내는 척도라고 할 수 있다."(『파인만의 물리학 강의 1(1)』(승산, 2004) 5-2절)

아우구스티누스가 시간을 사유할 때 알고 있었던 한 가지는 시간이 공간이 아니라는 것이다. "우리는 시간의 간격들을 인식해서 서로 비교해보고서는, 어떤 것은 길다고 하고 어떤 것은 짧다고 말합니다." 그는 시계가 없어도 시간을 측정할 수 있다고 말했다. "우리가 시간의 간격을 측정할 때에는, 지나가고 있는 시간을 인식해서 측정하는 것이기 때문에, 이미 존재하지 않는 과거나 아직 존재하지 않는 미래를 측정할 수 있는 사람은 아무도 없습니다."(『고백록』 390쪽) 아우구스티누스는 존재하지 않는 것과 이미 지나가버린 것은 측정할 수 없다고 생각했다.

(전부는 아니지만) 많은 문화권에서 과거를 뒤에 있는 것처럼, 미래를

● 두 사람보다 수십 년 전에 레이 커밍스Ray Cummings라는 SF 작가가 1922년작 『반지 속으로』(기적의책, 2009)에서 '대大사업가'로 불리는 등장인물의 입을 빌려 같은 말을 했다. 훗날 수전 손태그Susan Sontag는 ("철학과 대학원생이 …… 만들지 않았을까 싶은 오래된 문구"를 인용해) 이렇게 말했다. "시간은 모든 일이 동시에 일어나지 말라고 존재하는 것이다. 공간은 모든 일이 나한테 일어나지 말라고 있는 것이다."(『문학은 자유다』(이후, 2014) 280쪽)

앞에 있는 것처럼 표현한다. 머릿속에 떠올리는 이미지도 마찬가지다. 바울이 말한다. "뒤에 있는 것은 잊어버리고 앞에 있는 것을 잡으려고 … 달려가노라."(빌립보서 3장 13절) 미래나 과거를 '장소'로 상상하는 것은 이미 유추를 하고 있는 것이다. 공간에 장소가 있듯 시간에도 '장소'가 있을까? 그렇게 말하는 것은 시간이 공간과 '닮았'다고 단언하는 셈이다. 영국의 작가 L. P. 하틀리L. P. Hartley가 말한다. "과거는 외국이다. 그곳은 돌아가는 사정이 다르다." 미래도 마찬가지다. 시간이 네 번째 차원이라면 그것은 앞의 세 차원과 '닮아'서 '선'으로 시각화할 수 있고 '정도'로 측정할 수 있기 때문이다. 하지만 시간과 공간은 '안 닮은' 점도 있다. 네 번째 차원은 나머지 세 차원과 다르다. 돌아가는 사정이 다르다.

시간을 공간 비슷한 것으로 느끼는 것은 자연스러워 보인다. 언어 용법도 이를 뒷받침한다. '전before'과 '후after'를 비롯한 많은 단어가 공간과 시간 둘 다에 쓰인다. 토머스 홉스는 1655년에 이렇게 말했다. "시간은 운동의 허깨비다." 우리는 시간을 재고 계산하기 위해 "해, 시계, 모래 등의 운동을 이용한"다. 뉴턴은 시간이 공간과 절대적으로 다르다고 생각했다. 하긴 공간은 "늘 똑같으며 움직이지 않"(『프린키피아 제1권』(교우사, 2001) 8쪽)지만 "시간이란… 외부의 어떠한 것과도 관계없이 자신의 본성에 따라서 늘 똑같이 흐르"(『프린키피아』 7쪽)며 지속이라는 별명으로 불리지 않던가. 하지만 그의 수학에 따르면 공간에서 시간을 유추하는 것은 필연적이었다. 시간과 공간을 그래프의 축으로 나타낼 수도 있었다. 19세기가 되자 독일의 철학자들은 시간과 공간을 합칠 방도를 모색했다. 아르투어 쇼펜하우어는 1813년에 이렇게 썼다.

"단순한 시간에서는 모든 것이 잇달아 있지만, 공간에서는 나란히 있다. 따라서 동시존재의 표상은 시간과 공간의 연합을 통해 비로소 성립한다."(『충족이유율의 네 겹의 뿌리에 관하여』(나남, 2010) 50쪽) 차원으로서의 시간이 안갯속에서 드러나기 시작했다. 수학자들은 볼 수 있었다. 기술도 한몫했다. 기차가 (시간을 꼼짝 못하게 고정하는) 전신에 의해 제어되는 시간표에 따라 공간을 주파하는 것을 본 사람들은 시간을 생생하고 구체적이고 공간적인 것으로 느꼈다. 《더블린 리뷰Dublin Review》에서는 "시간과 공간을 '융합'하는 것은 이상하게 보일지도 모른다"라고 했지만, 보라. 다음은 '지극히 평범한' 시공간 도표다.

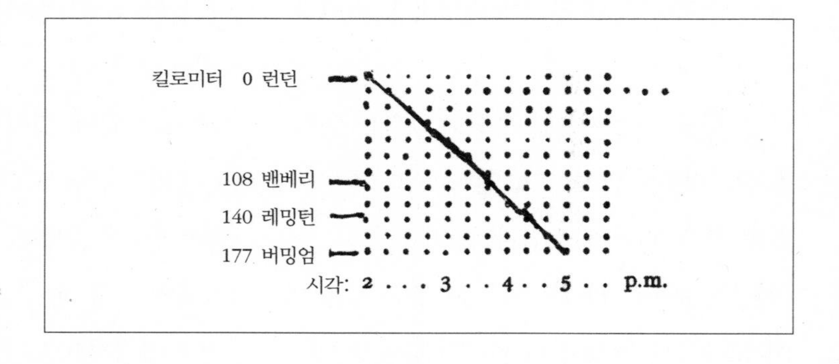

따라서 웰스의 시간여행자는 확신에 찬 어조로 말할 수 있다. "과학자들은 시간도 일종의 공간에 불과하다는 것을 잘 알고 있습니다. 이것은 흔히 볼 수 있는 과학적 도표인 일기도日氣圖입니다. 내가 지금 손가락으로 더듬어 가는 이 선은 기압계의 움직임을 보여줍니다. … 분명히 수은은 그런 선을 따라 움직였고, 따라서 우리는 그 선이 시간이라는 차원을 따라 움직였다고 결론지을 수밖에 없습니다."(『타임머신』 22쪽)

새 세기가 되자 모든 것이 새롭게 느껴졌다. 물리학자와 철학자는

(종종 대문자로 표기되는) 시간Time을 새로운 시각으로 바라보았다. 『타임머신』이 출간된 지 25년 뒤에 '신사실주의' 철학자 새뮤얼 알렉산더Samuel Alexander는 당시의 시간 관념을 이렇게 표현했다.

> 지난 25년간의 사상에서 가장 두드러진 특징을 꼽으라면 '시간의 발견'이라고 말하겠다. 그렇다고 해서 오늘날 우리가 시간에 친숙해졌다는 말은 아니다. 우리는 다만 시간을 진지하게 사유하고, 시간이 어떤 면에서 사물을 구성하는 필수 요소임을 깨닫기 시작했을 뿐이다.

시간은 무엇일까? 어쩌면 타임머신이 이해에 도움이 될지도 모르겠다.

웰스는 쇼펜하우어를 읽지 않았다. 철학적 성찰은 그의 성미에 맞지 않았다. 웰스의 시간 개념은 라이엘과 다윈에게서 영향을 받았는데, 두 사람은 땅속 지층을 판독해 지구의 나이와 생명의 나이를 알아냈다. 웰스는 과학사범학교와 왕립광업학교에서 장학생으로 동물학과 지질학을 공부한 덕에 세상의 역사를 아주 높은 곳에서 바라볼 수 있었다. 그는 잃어버린 시대를 보았다. 그것은 "마소를 부리고 손발을 놀리던 소규모 문명이 17세기와 18세기에 절정에 이르렀으나 기계적 발명으로 인한 속도와 규모의 변화 때문에 와해되"는 파노라마였다. 어마어마하게 확장된 지질학적 시간은 지구의 나이를 6,000년으로 어림한 예전의 역사적 시간 감각을 무너뜨렸다. 규모가 너무도 달랐다. 인류 역사는 왜소하게 쪼그라들었다.

테니슨은 이렇게 썼다. "오 대지여, 무슨 변화를 너는 보았는가! … 언덕은 그림자. 언덕은 이 모양에서 / 저 모양으로 흘러, 아무것도 그대로는 없다."(『인 메모리엄』(한빛문화, 2008) 436쪽) 최근에 고고학이라는 학문도 등장했다. 도굴꾼과 보물 사냥꾼이 지식의 확장에 이바지했다. 고고학자들은 파묻힌 역사를 파헤쳤다. 니네베에서, 폼페이에서, 트로이에서 무덤이 열렸다. 돌로 얼어붙은, 하지만 실물 같은 과거 문명이 모습을 드러냈다. 고고학자들은 이미 존재하던 도표를 발굴했다. 시간은 눈에 보이는 차원이었다.

덜 뚜렷하긴 하지만, 어디서나 시간의 층을 볼 수 있었다. 관광객들이 탄 증기 기관차의 창밖에서는 소가 중세 시대와 똑같은 방식으로 밭을 갈고 말이 써레를 끌었으며 그 풍경 위로 전신줄이 하늘을 갈랐다. 이로 인해 새로운 종류의 혼란 또는 분열이 일어났다. 이를 **시간적 분열**temporal dissonance이라고 부르자.

무엇보다 현대의 시간은 불가역적이고 불가변적이고 불가반복적이었다. 진보는 앞으로 앞으로 행진했다. 기술낙관론자의 눈에는 좋은 일이었다. 순환적 시간, 시간의 옆바람, 영원 회귀, 윤회 등은 시인이나 시대착오적 철학자에게나 걸맞은 낭만적 관념으로 전락했다.

과학사범학교(나중에 왕립과학학교로 이름이 바뀐다)는 가게 주인과 전직 하녀의 막내아들 H. G.에게 행운의 장소였다. 그는 10대 때 포목상의 수습 점원으로 불우한 3년을 보냈으나, 대학교에 입학해 승강기가 있는 5층짜리 새 건물에서 이름난 다윈주의자 토머스 H. 헉슬리Thomas H. Huxley와 함께—그의 그늘에서—기초생물학을 공부했다. 웰스가 보기에 헉슬리는 유능한 지적 해방자로서 성직자와 불가지론자에 용감

히 맞섰으며, 화석 증거와 발생학적 자료를 꼼꼼히 수집해 계통수라는 '거대한 그림 퍼즐'을 맞춤으로써 진화의 근거를 확립했다. 하지만 당시가 그의 삶에서 가장 훌륭한 교육을 받은 시기는 아니었다("형식의 문법과 사실의 비판"). 그는 물리학을 별로 좋아하지 않았으며, 훗날 놋쇠와 나뭇조각, 유리관으로 기압계를 만드는 일에 서툴렀다는 것 말고는 기억하는 것이 거의 없었다.

과학사범학교를 마친 뒤에는 교직으로 생계를 꾸리다가 언론인으로 '몰락'했다(그의 표현이다). 이곳에서 그는 토론 모임에서 즐기던 거창한 과학적 사변의 출구를 찾았다. 《포트나이틀리 리뷰Fortnightly Review》에 기고한 에세이 「독특한 것들의 재발견The Rediscovery of the Unique」에서 그는 "우리가 인간 정신의 행진이라고 부르는, 통념을 녹여버리는 일련의 견해"를 높이 평가했다. 그 뒤에「단단한 우주The Universe Rigid」라는 에세이를 썼는데,《포트나이틀리 리뷰》의 옹고집 편집자 프랭크 해리스Frank Harris는 무슨 소리인지 이해가 되지 않는다며 원고를 쓰레기통에 처넣었다. 단단한 우주는 네 차원으로 이루어진 블록 같은 구성물이며 시간이 지나도 변하지 않는데, 이미 시간이 그 안에 담겨 있기 때문이라는 것이다.

4차원 뼈대는 (마치 강철 같은 필연성으로) 단단한 우주로 이어졌다. 당시 물리법칙을 믿는 사람에게—뉴턴의 나라에서 과학사범학교의 학생이었다면 분명 그랬을 것이다—미래는 과거의 정확한 결과일 수밖에 없었다. 웰스는 모든 현상을 논리적으로 도출할 수 있는 '보편적 도표 Universal Diagram'를 그리자고 제안했다.

> 당시의 무한한 공간에 균일하게 퍼진 에테르에서 시작해 입자 하나의 위치를 바꿨다고 가정해보자. 엄밀한 유물론적 입장에서 주장하건대 단단한, 따라서 균일한 우주가 있다면 여기에서 귀결되는 세계의 성격은 전적으로 이 첫 이동의 속력에 달렸을 것이다.

그다음은? 혼돈이다!

> 이 요동은 점차 복잡해지며 바깥으로 퍼질 것이다.

웰스와 비슷하게 과학적 상상에서 영감을 얻은 에드거 앨런 포는 1845년에 이렇게 썼다. "어떤 사고思考도 소멸될 수 없기에 모든 행위에는 무한한 결과가 따른다." 《브로드웨이 저널Broadway Journal》에 발표한 「말의 힘」이라는 소설에서 그는 천사의 입을 빌려 이렇게 설명한다.

> 손을 움직이면 그 주위의 공기가 진동하고, 이러한 진동은 무한히 확장되어 지구 공기의 모든 입자에 자극을 준다. 그때부터 영원히 반복된다. 결국, 한 번의 손짓에서 비롯된 일이다. 이는 지구의 수학자들도 잘 아는 사실이다.(『에드거 앨런 포 소설 전집 3 환상 편』(코너스톤, 2015) 219쪽)

포가 염두에 둔 실제 수학자는 대大뉴턴주의자 피에르시몽 드 라플라스Pierre-Simon, Marquis de Laplace 후작이었다. 그에게 과거와 미래는 물리법칙의 불변하는 역학으로 한 치의 오차도 없이 연결된 물리적 상태 그 이상도 이하도 아니었다. 1814년에 쓴 글에서 라플라스는 우주의 현재 상태를 "그 이전 상태의 결과이며, 앞으로 있을 상태의 원인"으로 정의했다.

> 자연이 움직이는 모든 힘과 자연을 이루는 존재들의 각 상황을 한순간에 파악할 수 있는 지적인 존재가 있다고 가정해보자. 게다가 그의 지적인 능력은 이 정도 데이터를 충분히 분석할 수 있을 정도라고 하자. 그렇다면 그는 우주에서 가장 큰 것의 운동과 가장 가벼운 원자의 운동을 하나의 식 속에 나타낼 수 있을 것이다. 불확실한 것은 아무것도 없을 것이며 과거와 마찬가지로 미래가 그의 눈앞에 나타날 것이다.(『확률에 대한 철학적 시론』(지식을만드는지식, 2014) 28쪽)

어떤 이들은 그런 지성체의 존재를 이미 믿었으며 그를 '신'이라 불렸다. 신에게는 불확실하거나 보이지 않는 것이 아무것도 없다. 의심은 우리 같은 필멸자의 것이다. 미래는 과거와 마찬가지로 신의 눈에 현재처럼 펼쳐질 것이다. (과연 그럴까? 어쩌면 신은 창조가 전개되는 광경을 구경하는 것에 만족할지도 모른다. 천국의 미덕 가운데에는 인내가 있을지도 모르니까.)

앞에 인용한 라플라스의 문장은 그의 나머지 저작을 모두 합친 것보다 더 오래 살아남아 이후 200년간의 철학적 논의에서 인용되고 또 인용되었다. 운명이나 자유의지나 결정론에 대해 누군가 말을 꺼내기만 하면 라플라스의 이름이 다시 불린다. 호르헤 루이스 보르헤스Jorge Luis Borges는 자신의 '판타지'를 이렇게 설명한다. "우주의 현재 상태는 이론상 공식으로 환원할 수 있으며, 이로부터 누군가 미래 전체와 과거 전체를 연역할 수 있을 것이다."

시간여행자는 '전지적 관찰자'를 상정한다.

> 전지적 관찰자에게는 잊힌 과거—존재 바깥으로 떨어져 나간 시간의 조각—도, 아직 드러나지 않은 텅 빈 미래도 없을 것이다. 전지적 관찰자는 현재의 모든 것을 지각함으로써 과거의 모든 것과 미래의 모든 필연적인 것을 한꺼번에 지각할 것이다. 사실 그런 관찰자에게는 현재와 과거와 미래는 의미가 없다. 언제나 똑같은 것을 지각할 테니 말이다. 그는 단단한 우주가 시공간을 채운 것을 볼 것이다. 사물의 모습이 언제나 똑같은 우주를.●

웰스는 이렇게 결론짓는다. "과거에 의미가 하나라도 있다면 그것

● 이 구절은 《뉴 리뷰New Review》(12호 100쪽)에 실린 초기 연재물에는 있지만 단행본에는 빠졌다.

은 특정한 방향을 바라본다는 뜻일 것이다. '미래'는 반대 방향일 테고."

단단한 우주는 감옥이다. 시간여행자만이 스스로를 자유인이라 부를 수 있다.

세기말
Fin de Siècle

그대의 몸은 과거와 미래를 나누는 선인 현재 속에서
늘 움직인다. 하지만 그대의 마음은 더 자유롭다.
마음은 생각할 수 있기에 현재에 존재하고, 기억할 수 있기에
그와 동시에 과거에 존재하며, 상상할 수 있기에 그와 동시에
미래에—모든 가능한 미래의 선택지 속에—존재한다.
마음은 시간을 꿰뚫고 이동할 수 있다!
— 에릭 프랭크 러셀(1941)

21세기 시민인 당신에게 묻는다. 시간여행을 언제 처음으로 들어보았는지 기억할 수 있는가? 나는 잘 모르겠다. 대중가요, 텔레비전 광고 등 사방에서 시간여행을 언급한다. 아침부터 밤까지 어린이용 만화와 성인용 판타지 할 것 없이 타임머신, 타임게이트, 시간의 통로, 시간의 창문을 발명하고 재발명한다. 타임십, 특수 벽장, 들로리언 타임머신, 경찰 부스는 말할 것도 없다. 만화영화에서는 1925년 이후로 시간여행이 등장한다. <고양이 펠릭스의 시간 대소동Felix the Cat Trifles with Time>에서 '늙은 시간 어르신Father Time'(시간을 의인화한 표현_옮긴이)은 현재에 만족하지 못하는 펠릭스를 원시인과 공룡이 사는 아득한 과거로 보낸다. <루니 툰Looney Tunes> 1944년작에서 엘머 퍼드는 꿈속에서 미래로 가는데—"징 소리가 들리면 서기 2000년이 될 것이니라"—신문에서 "냄새비전이 텔레비전을 대체하다"라는 제목을 읽는다. 1960

년 <로키와 친구들Rocky and His Friends>에서는 미스터 피보디와 양자養子 셔먼이 웨이백머신WABAC Machine을 타고 과거로 가서 윌리엄 텔과 컬래머티 제인의 고충을 해결했으며 이듬해에는 도널드 덕이 난생 처음 선사 시대로 가서 바퀴를 발명했다. 웨이백머신이 어찌나 인기를 끌었던지 시트콤 <뉴스라디오>에서 한 등장인물은 이렇게 말한다. "데이브, 웨이백머신을 가진 사람을 열 받게 하지 마. 네가 태어나지도 못하게 만들 수 있으니까."

아이들은 '시간의 회오리바람'과 '시간여행의 돌'을 배운다. 호머 심슨은 우연히 토스터를 타임머신으로 만든다. 설명은 전혀 필요 없다. 이제는 교수가 4차원을 설명하지 않아도 된다. 이해하지 못할 것은 아무것도 없다.

중국 국가신문출판광전총국国家新闻出版广电总局에서는 2011년에 시간여행 이야기가 역사에 혼동을 일으킨다며 경고하고 비난했다. "무턱대고 신화를 지어내고, 기이하고 괴상한 줄거리를 전개하고, 터무니없는 방법을 쓰고, 심지어 봉건제와 미신과 숙명론과 환생에 대한 믿음을 부추긴다." 믿기지 않겠지만 진짜다. 시간여행 비유는 세계 어느 문화권에서나 알아듣는다. 풍자 잡지 《어니언The Onion》에서는 미래에서 온 것처럼 보이는 남자가 전자담배를 피우는 사진과 함께 "미래의 군사 훈련을 받은 용병"의 시간여행에 대한 기사를 실었다. 그의 모습을 보기만 해도 전체 이야기가 어떻게 흘러갈지 짐작된다. 한 행인이 말한다. "냉철하고 차분한 행동거지, 반짝이는 검은색 전자담배에서 연기 같은 것을 들이마시던 광경으로 보건대 이 사람은 위험한 디지털 용의자를 체포하려고 몇백 년 뒤의 미래에서 온 듯합니다. 그가 미래의 일들을 알고 있다고 상상해보세요. 우리가 물어볼 용기만 낸다면 그는 수없이 많은 놀라운 비밀에 대해 귀띔해줄지도 모릅니다." 어떤 사람들은 그의 선글라스 뒤에 첨단 인조 안구가 있으며 그가 펄스 라이플이나 입자포로 무장한 채 시공간 연속체를 넘나들 것이라 추측한다. "또 다른 소식통에서는 남자가 술집에 있는 것 자체가 불가역적인 시간 역설을 일으킬지도 모른다고 우려했다."

시간여행은 대중문화의 전유물이 아니다. 시간여행 밈meme은 없는 곳이 없다. 신경과학자들은 **마음시간여행**mental time travel(전문 용어로는 시간감각chronesthesia)을 연구한다. 학자들이 변화와 인과의 형이상학을 거론할 때면 시간여행과 그 역설이 반드시 등장한다. 시간여행은 철학에 파고들며 현대물리학을 감염시킨다.

우리는 정신 사나운 몽상의 나래를 펴며 20세기를 지나온 것일까? 시간의 단순한 진실에 대한 감을 잃은 것일까? 아니면 그 반대일까? 눈가리개가 떨어져 마침내 과거와 미래를 있는 그대로 이해할 수 있는 종으로 진화한 것일까? 우리는 시간에 대해 많은 것을 배웠으며 그중 일부는 과학에서 배웠다.

신기한 것은 시간여행 개념이 100년도 채 되지 않았다는 사실이다. '시간여행'이라는 말이 영어에서 처음 등장한 것은 1914년인데,● 웰스

● 『옥스퍼드 영어사전』에 의거. 하지만 전례가 없는 것은 아니다. 영국의 한 여행기 작가는 《콘힐 매거진Cornhill Magazine》에 실은 글에서 트란실바니아 철도 여행을 이렇게 끝맺는다. "이 여행의 매력은 공간과 더불어 시간도 여행할 수 있을 때, 이를테면 15세기에서 두 주를 보내거나 (더 유쾌하게는) 21세기로 뛰어들 수 있을 때 완벽해질 것이다. 상상 속에서는 이 목표를 어느 정도 이룰 수 있다."

의 '시간여행자'에서 '자'를 뗀 것이다. 어떤 이유에서인지 인류는 수천 년이 지나도록 다음과 같은 질문을 던지지 않았다. 미래로 여행할 수 있다면 어떻게 될까? 세상은 어떤 모습일까? 과거로 여행할 수 있다면, 역사를 바꿀 수 있다면 어떻게 될까?

『타임머신』은 이제 필독서로 꼽힌다(읽은 사람도 있고 안 읽은 사람도 있겠지만). 독자 중에는 1960년작 영화 <타임머신>을 본 사람도 있을 것이다. 영화에서는 잘생긴 배우 로드 테일러가 시간여행자 조지로 출연하며, 자전거와 전혀 닮지 않은 기계가 등장한다. 《뉴욕 타임스》의 보슬리 크라우더는 이 타임머신을 "비행접시의 골동품 격"이라고 묘사했지만, 내가 보기엔 빨간색 플러시 의자가 달린 로코코풍 썰매 같다. 나만 그렇게 생각하는 것이 아니다. 물리학자 숀 캐럴이 말한다. "누구나 타임머신이 어떻게 생겼는지 알고 있다. 타임머신은 빨간 벨벳 천 의자, 깜빡이는 전구와 의자 뒤에 거대한 회전 원판이 붙은 증기기관 썰매와 같은 것이다."(『현대물리학, 시간과 우주의 비밀에 답하다』(다른세상, 2014) 157쪽) 영화에서는 시간여행자의 동반자 위나도 등장하는데, 이베트 미미유가 802701년의 나른한 금발 여인을 연기한다.

조지가 위나에게 미래 사람들이 과거에 대해 많이 생각하느냐고 묻자 위나가 확신 없는 표정으로 대답한다. "과거라는 건 없어요." 미래에 대해 궁금해하느냐는 질문에는 이렇게 대답한다. "미래라는 것도 없어요." 그녀는 현재를 살아가는 것에 만족한다. 모두가 불을 잊었지만 다행히 조지가 성냥을 몇 개 가져왔다. 그는 겸손하게 "나는 땜장이 기계공에 불과하오"라면서도 그녀에게 몇 가지를 가르쳐주고 싶어 한다.

그나저나 웰스가 이 판타지를 쓴 시점은 영화 기술이 막 등장했을 때였기에 그는 이 새로운 매체에 주목했다. (그에게 영감을 준 근대적 기계가 자전거만은 아니었다.) 1879년에 사진 스톱모션의 선구자 에드워드 마이브리지Eadweard Muybridge가 이미지를 연속으로 투사해 움직임 착시를 일으키는 장치 주프락시스코프zoopraxiscope를 발명했다. 이로써 이전에 한 번도 보지 못한 시간의 한 측면을 볼 수 있게 되었다. 뒤이어 토머스 에디슨이 키네토스코프kinetoscope를 발명했다. 그는 프랑스에서 에티엔쥘 마레Étienne-Jules Marey를 만났는데, 마레는 이미 크로노포토그라피chronophotographie를 만들고 있었으며 얼마 지나지 않아 루이 뤼미에르Louis Lumière와 오귀스트 뤼미에르Auguste Lumière 형제가 시네마토그라프cinématographe를 발표했다. 1894년에 런던 옥스퍼드가에서는 최초의 키네토스코프 상영관이 생겨 군중을 즐겁게 했으며 파리에도 상영관이 들어섰다. 시간여행자가 처음으로 여행을 떠나는 장면은 이렇다.

> 나는 레버를 끝까지 눌렀습니다. 그러자 램프가 꺼진 것처럼 밤이 오더니, 다음 순간에는 벌써 내일이 왔습니다. 연구실은 희미해지고 안개가 낀 것처럼 흐릿해졌습니다. 연구실은 점점 더 희미해지고, 곧이어 내일 밤이 칠흑처럼 어둡게 찾아오고, 다시 낮이 오고, 또 밤이 오고, 또 낮이 왔습니다. 밤낮이 바뀌는 속도는 점점 빨라졌습니다. 소용돌이치듯 윙윙거리는 소리가 내 귀를 가득 채웠고, 말로 표현할 수 없는 기묘한 혼란이 내 마음을 덮쳤습니다. … 어둠과 빛이 순식간에 교차되었기 때문에 번쩍거리는 빛에 눈이 아플 지경이었습니다. 간헐적인 어둠 속에서 나는 달이 빠른 속도로 회전하면서 초승달에서 보름달로 변

해가는 것을 보았고, 원을 그리며 돌고 있는 별들도 어렴풋이 보았습니다. 나는 점점 더 빠른 속도로 전진했기 때문에, 얼마 후에는 밤과 낮이 하나로 융합되어 회색의 연속이 되었습니다.(『타임머신』 43쪽)

H. G. 웰스의 착상은 이후의 모든 시간여행 이야기에 어떤 식으로든 영향을 미치고 있다. 시간여행에 대한 글을 쓰려는 사람은 『타임머신』에 오마주를 바치거나 그 그림자에서 벗어나야 한다. 21세기에 시간여행을 재발명한 윌리엄 깁슨William Gibson은 고전 소설을 만화로 각색한 15센트짜리 클래식스 일러스트레이티드Classics Illustrated 시리즈를 어릴 적에 접했다. 영화를 보았을 즈음에는 이미 『타임머신』이 자신의 것이라고, 자신이 "개인적이며 점점 커져가는 대체우주 집합의 일부"라고 느꼈다.

내 딴에는 이것을 엄청나게 복잡한 '구 안의 구' 장치로 상상했다(실제 작동 광경은 도저히 떠올릴 수 없었지만). 처음에는 시간여행이 이론적으로 매우 그럴듯해 보이는 (자기 팔꿈치에 입을 맞추는 것과 같은) 마술일지도 모른다는 의심이 들었지만, 그 의심을 뿌리쳤다.

웰스는 77세가 되었을 때 타임머신 아이디어가 어떻게 떠올랐는지 회상하려 했지만 그럴 수 없었다. 그에게는 자신의 의식을 위한 타임머신이 필요했다. 본인 입으로도 비슷한 말을 했다. 그의 뇌는 그 자신의 시대에 갇혀 있었다. 회상하기 위한 기계는 회상되기 위한 기계이기도 했다. "나는 1878년이나 1879년에 내 뇌가 어떤 상태였는지를 재구성하려고 하루 이틀 골머리를 썩였다. 매듭을 푸는 것은 불가능했다. 옛 생각과 느낌이 새로운 자료에 맞아떨어지도록 바뀌었으며 이것들은 새 장치를 만드는 데 쓰였다." 하지만 태동하던 이야기는 『타임머신』일 수밖에 없었다.

이 이야기는 그의 펜에서 오랫동안 간헐적으로 흘러나왔다. 1888년 과학사범학교에서 자신이 창간한 정기간행물 《사이언스 스쿨 저널Science Schools Journal》에 세 차례 연재한 「크로닉 아르고호The Chronic Argonauts」라는 판타지가 그 시작이었다. 그는 타임머신 이야기를 적어도 두 번 고치고 버렸는데, 초기 원고의 극적인 부분이 몇 개 남아 있다. "의식을 잃은 채 타임머신에 매달려 있는 나 시간여행자, 미래Futurity의 발견자를 상상해보라. 얼굴에서 흘러내리는 눈물로 목이 막히고 다시는 인류를 보지 못하리라는 지독한 두려움으로 가득한 자를."

웰스는 1894년에 예의 "그 오래된 시신"을 일곱 편의 익명 시리즈로 되살려 《내셔널 옵서버National Observer》에 실었으며 거의 최종판 원고를—드디어 『타임머신』이라는 제목을 달았다—《뉴 리뷰》에 연재했다. 주인공의 호칭은 'Ph.D., F.R.S., N.W.R., PAID' 모지스 네보깁펠 박사였다. "작은 체구에 누런 얼굴의 단신으로, 매부리코, 얇은 입술, 튀어나온 광대뼈, 뾰족한 턱에 빼빼 말랐으며 커다란 잿빛 눈은 간절한 표정을 짓고 이마는 엄청나게 높고 넓었다." 네보깁펠은 철학적 발명가로 탈바꿈했다가 다시 시간여행자로 탈바꿈했으나, 뚜렷해지기보다는 점점 흐릿해졌다. 그는 거창한 칭호와 (심지어) 이름을 잃었으며 생생한 신체 특징을 모두 벗어버리고 특징 없는 잿빛 허깨비가 되었다.

버티가 자신을 분투하는 사람으로 여긴 것은 당연하다. 그는 기술을 배우고 원고를 찢고 파라핀 램프 아래서 밤늦도록 다시 생각하고 쓰느라 여념이 없었다. 그가 분투한 것은 분명하다. 하지만 그가 아니라 이야기 덕분이라고 말하자. 시간여행의 시간이 찾아왔다고. 도널드 바설미Donald Barthelme는 우리가 작가를 "작품이 스스로 쓰이는 방식이자 대기의 교란을 축적하기 위한 일종의 피뢰침, 시대정신의 화살을 너덜너덜한 가슴으로 받아들인 성 세바스티아누스"로 여긴다고 주장한다. 이것이 신비주의적 비유나 거짓 겸손으로 들릴지는 모르겠지만, 많은 작가가 그렇게 말하며 진심인 것처럼 보인다. 앤 비티Ann Beattie는 바설미가 내부 기밀을 누설했다고 말한다.

> 작가는 번개에 맞고 전기가 통하고 연약해지는 것에 대해 작가 아닌 사람들에게 이야기하지 않는다. 하지만 이따금 서로 이야기할 때는 있다. 작품이 스스로 쓰이는 방식에 대해서 말이다. 이것은 언어(작품)에 몸과 마음을 줄 뿐 아니라 언어가 사람(작가)에게 다가갈 힘을 주는 놀라운 개념이라고 생각한다. 이야기가 그 일을 한다.

이야기는 숙주를 찾는 기생충 같다. 밈. 시대정신의 화살.

웰스가 말한다. "문학은 계시다. 현대문학은 당혹스러운 계시다."

웰스의 (강박에 가까운) 관심사는 어둑어둑하고 접근할 수 없는 장소인 미래였다. 시간여행자가 말한다. "나는 점점 심해지는 일종의 광기가 시키는 대로 미래로 뛰어들었습니다."(『타임머신』 45쪽) 웰스는 대다

수 사람, 즉 "지배적인 유형, 살아 있는 사람들 대다수의 유형"이 미래에 대해 전혀 생각하지 않는다고 썼다. 미래에 대해 생각하더라도, "앞으로 나아가는 현재가 시시각각 사건을 쓰는 서판 격인 텅 빈 비존재"로 치부한다. ("운명을 기록하는 신의 손가락 / 쉴 새 없이 움직이며 기록을 하네.")(『루바이야트』(민음사, 2000) 104쪽) 더 현대적인 사람, 즉 "창조적이거나 조직자적이거나 능숙한 유형"은 미래를 우리의 존재 이유로 본다. "법적인 마음은 사물이 있었기에 우리가 여기 있다고 말한다. 창조적인 마음은 사물이 있을 것이기에 우리가 여기 있다고 말한다." 물론 웰스는 창조적이고 미래지향적인 유형의 화신이 되고 싶었다. 그와 뜻을 같이하는 사람이 점차 늘었다.

지나간 시절에 사람들은 미래나 과거를 방문한다는 것을 어렴풋하게밖에 인식하지 못했다. 이런 생각을 떠올린 사람은 거의 없었다. 통념이 아니었으니까. 현대의 기준으로 보면 (철도의 시대 이전에는) 공간을 통과하는 여행조차도 드물고 느렸다.

(논란의 여지가 있긴 하지만) 범위를 넓히면 설익은 시간여행의 사례를 찾을 수 있다. '시간여행'으로 불리지 않은 시간여행이랄까. 힌두교 서사시 <마하바라타>에서는 카쿠드미가 하늘에 올라가 브라마 신을 만나고 돌아왔더니 오랜 세월이 지나 자신이 아닌 사람이 모두 죽었다. 고대 일본의 어부 우라시마 다로도 비슷한 운명을 맞는데, 멀리 여행을 갔다가 우연히 미래에 도달한다. 마찬가지로 립 밴 윙클은 자면서 시간여행을 했다고 일컬어진다. 꿈을 통한 시간여행, 환각을 통한 시간여행, 최면을 통한 시간여행도 있었다. 19세기 문학 중에는 병 속에 든 편지를 이용한 시간여행이 등장한다. 에드거 앨런 포는 상상의 바다에서

떠내려 온 "코르크 마개가 꼭 닫힌 물병"에서 발견한 "괴상하게 생긴 편지"를 묘사하는데, 편지에는 "열기구 종달새호에서 / 2848년 4월 1일"이라고 쓰여 있다.(『에드거 앨런 포 전집 4 풍자 편』(코너스톤, 2015) 235쪽)

문학 애호가들은 시간여행의 선조를 찾아서 문학사의 다락과 지하실을 뒤졌다. 1733년에 아일랜드의 성직자 새뮤얼 매든Samuel Madden은 『20세기 비망록Memoirs of the Twentieth Century』이라는 책을 출간했다. 이 책은 200년 뒤의 영국 관료들이 쓴 편지 형태의 가톨릭 비판서였다. 매든이 상상한 20세기는 예수가 세상을 다스린다는 것만 빼면 그 자신의 시대와 똑같았다. 이 책은 1733년에도 구하기 힘들었는데, 1,000부 가까운 사본을 매든 자신이 거의 다 폐기해 남은 것이 몇 부 없었기 때문이다. 이에 반해 『서기 2440년L'an deux mille quatre cent quarante: rêve s'il en fût jamais』이라는 제목의 이상주의 서적은 혁명 전 프랑스에서 선풍적인 인기를 끌었다. 이 책은 루이세바스티앵 메르시에Louis-Sébastien Mercier가 1771년에 출간한 유토피아 판타지로, 당대의 철학자 루소의 영향을 많이 받았다. (역사가 로버트 단턴Robert Darnton은 메르시에를 '시궁창의 루소Rousseaus du ruisseau'로 불렀다.) 소설의 화자가 오랜 잠에서 깨니 주름살이 생기고 코가 커져 있다. 그는 700살이 되어 미래의 파리를 맞닥뜨릴 참이다. 무엇이 새로웠을까? 복식이 달라졌다. 사람들은 헐렁한 옷, 편안한 신발, 괴상한 모자 차림이다. 관습도 바뀌었다. 감옥과 세금이 폐지되었으며 매춘부와 수도승은 혐오 대상이다. 평등과 이성이 확립되었다. 무엇보다 (단턴 말마따나) "시민의 공동체"가 폭정을 끝장냈다. 단턴이 말한다. "독자는 미래를 상상하면서 (과거가 된) 현재가 어떤 모습일지도 볼 수 있다." 하지만 지구가 평평하고 태양이 지구 주위를 돈다고 믿은 메르시에가 내다본 것은 2440년보다는 1789년이었다. 혁명이 일어나자 그는 혁명의 예언자를 자처했다.

또 다른 미래상은 1892년에 등장했는데, 이 또한 나름의 방식으로 유토피아적이었다. 『2000년의 골프, 또는 우리의 모습Golf in the Year 2000; or, What Are We Coming To』이라는 책의 저자는 스코틀랜드인 골퍼 J. 매컬로J. McCullough다(이름은 확실치 않다). 소설 첫머리에서 화자는 골프 경기를 망치고 독한 위스키를 마신 뒤에 인사불성이 된다. 깨어보니 수염이 덥수룩하다. 한 남자가 엄숙한 말투로 그에게 날짜를 말한다. "그는 호주머니 달력을 보더니 '2000년 3월 25일이오'라고 말한다." 2000년에 호주머니 달력이라니! 게다가 전구까지. 하지만 1892년에서 온 골퍼는 자기가 자는 동안 세상이 어떤 면에서 진화했음을 알아차린다. 2000년이 되면 여자들이 남자처럼 입고 일을 도맡아 하며 남자들은 매일 자유롭게 골프를 친다.

워싱턴 어빙의 「립 밴 윙클」, 그리고 우디 앨런이 1973년에 리메이크한 영화 <슬리퍼Sleeper>에서는 오랜 잠을 통한 시간여행을 써먹었다. 우디 앨런의 주인공은 현대적 신경증을 앓는 립 밴 윙클이다. "200년 동안 정신과 의사를 못 만났어요. 그는 프로이트 신봉자였죠. 계속 치료받았으면 지금쯤 거의 나았을 텐데." 눈을 떴는데 동시대인들이 모두 죽었다면 그것은 꿈일까, 악몽일까?

웰스도 1910년작 소설 『잠에서 깬 남자The Sleeper Awakes』에서 이 기법을 구사했다. 이 책은 복리의 장점을 발견한 최초의 시간여행 판타지이기도 하다. 어쨌든 잠들었다가 미래에서 깨어나는 것은 우리가 매일 밤 하는 일이다. 웰스보다 다섯 살 젊고 300킬로미터 떨어진 곳에 살던 마르셀 프루스트Marcel Proust에게 시간 의식을 가장 고양한 장소는 침실이었다. 잠이 들면 시간으로부터 자유로워지고 시간 바깥을 떠다니며 통찰과 혼란 사이를 오락가락할 수 있다.

> 잠든 사람은 자기 주위에 시간의 실타래를, 세월과 우주의 질서를 둥글게 감고 있다. 잠에서 깨어나면서 본능적으로 그 사실을 생각해내기 때문에 자신이 현재 위치한 지구의 지점과, 잠에서 깨어날 때까지 흘러간 시간을 금방 읽을 수 있다. 그러나 그 순서는 뒤섞일 수 있으며, 끊어질 수도 있다. … 잠에서 깨어나는 처음 순간, 그는 시간을 알지 못하고, 자신이 방금 잠든 것이라 생각한다. … 그 혼란은 궤도를 이탈한 세계에서 더 극심해져, 마술 의자가 전속력으로 그를 시간과 공간 속으로 여행하게 할 것이다.(『잃어버린 시간을 찾아서 1』(민음사, 2012) 19쪽)

여행은 은유적 표현이다. 끝 장면에서는 잠자던 사람이 눈을 비비며 현재로 돌아온다.

기계는 마술의 안락의자보다 더 발전했다. 19세기 말엽이 되자 소설 속 기술이 문화에 영향을 미치기 시작했다. 새로운 산업들은 미래뿐 아니라 과거에 대한 호기심을 불러일으켰다. 그래서 마크 트웨인은 1889년에 나름의 시간여행을 구상해 코네티컷 양키를 중세로 보냈다. 트웨인은 과학적 근거에 연연하지 않았으며 이야기를 허황하고 장황하게 꾸몄다. "당신은 영혼의 윤회에 대해 알고 있을 것입니다. 그런데 시대의 전위에 대해서는 알고 있습니까?"(『아서 왕 궁전의 코네티컷 양키』(시공사, 2010) 12쪽) 『아서 왕 궁전의 코네티컷 양키』의 시간여행 수단은 머리를 가격하는 것이다. 양키 행크 모건은 쇠지렛대에 머리를 맞은 뒤에 초록 들판에서 깨어난다. 그의 앞에는 갑옷을 입은 사람이 말에 앉아 있다. 말의 몸에는 "누비이불 같은, 빨간색과 녹색이 어우러진 멋진 비단이 둘러져 있었"다.(17쪽) 아래의 전형적 대화에서 코네티컷 양키는 자신이 얼마나 멀리 여행했는지 알아차린다.

> "브리지포트인가요?" 내가 손으로 가리키며 물었더니 그는 이렇게 대답했습니다.
>
> "카멜롯이오."(19쪽)

행크는 공장 기술자다. 이것은 중요한 사실이다. 그는 의욕적이고 기술에 열광하며 폭약, 전화선, 전신, 전화기 같은 최신 발명품에 조

A WORD OF EXPLANATION. 21

me out with a crusher alongside the head that made everything crack, and seemed to spring every joint in my skull and make it overlap its neighbor. Then the world went out in darkness, and I didn't feel anything more, and didn't know anything at all — at least for a while.

When I came to again, I was sitting under an oak tree, on the grass, with a whole beautiful and broad country land-

예가 깊다. 저자도 마찬가지였다. 새뮤얼 클레멘스Samuel Clemens(마크 트웨인의 본명_옮긴이)는 알렉산더 그레이엄 벨의 전화가 특허를 받은 1876년에 자신의 집에 전화기를 설치했으며 2년 전에는 색다른 글쓰기 기계인 레밍턴 타자기를 입수했다. 그는 이렇게 자부했다. "타자기를 문학에 쓴 사람은 세상에서 내가 처음이다." 19세기는 경이의 시대였다.

증기 시대와 기계 시대가 본격적으로 펼쳐졌다. 철도가 지구촌의 거리를 좁혔고 전구가 밤을 끝없는 낮으로 밝혔으며 전신은 시간과 공간을 소멸시켰다(신문에서 그렇게 말했다). 현대 기술과 이전의 농업 생활을 대조하는 것이야말로 『양키』의 진짜 주제였다. 이 부조화는 희극적인 동시에 비극적이다. 양키는 천문학을 미리 안 덕에 마법사가 된다. (마법사 행세를 하던 멀린은 사기꾼임이 들통난다.) 거울, 비누, 성냥은 경탄을 자아낸다. 행크가 말한다. "이 몽매한 나라에서 나는 아무런 의심도 받지 않은 채 지척에서 19세기 문명을 꽃피우고 있었다!"(103쪽) 그의 승리를 굳힌 발명품은 화약이다.

20세기는 어떤 마법을 가져다줄까? 미래의 도도한 시민들에게 우리는 얼마나 중세적으로 보일까? 한 세기 전인 1800년은 팡파르 없이 지나갔다. 1900년이 얼마나 다를지 예견한 사람은 아무도 없었다.● 우

● 물론 세기가 바뀌는 것은 기독교 역법에 따른 것일 뿐이었으며, 1800년에는 역법에 대해 탄탄한 합의가 이루어지지도 않았다. 한창 혁명을 겪고 있던 프랑스는 '프랑스 혁명력le calendrier républicain français'이라는 독자적 새 역법을 시행하고 있었기에, 그해는 혁명 9년 아니면 혁명 10년이었다. 혁명력의 1년은 360일로 딱 떨어졌으며 달에는 '방데미에르vendémiaire'에서 '프뤽티도르fructidor'까지 새 이름이 붙었다. 나폴레옹은 혁명 13년 프리메르frimaire(3월) 11일 황제에 즉위한 직후에 혁명력을 폐기했다.

리의 세련된 기준에 따르면 시간 인식은 전반적으로 희박했다. 1876년 이전에는 '100주년' 기념식이라는 것이 없었다. (런던 《데일리 뉴스Daily News》는 이렇게 보도했다. "미국은 최근에 매우 '100주년화'되었다. 이 단어는 올해의 성대한 기념식 이후로 쓰이고 있다. 모든 주에서 100주년 기념식이 열렸다.") '세기의 전환turn of the century'이라는 표현은 20세기 전에는 없었다. 마침내 미래가 관심사로 등극하기 시작했다.

뉴욕의 산업가 존 제이컵 애스터 4세John Jacob Astor IV는 세기의 전환 6년 전에 『다른 세상의 여행A Journey in Other Worlds』이라는 제목의 '미래 로망'을 출간했다. 이 책에서 그는 2000년에 등장할 온갖 기술 발전을 예견했다. 그의 예언에 따르면 전력이 동물의 힘을 대신해 모든 탈것을 움직인다. 자전거에는 강력한 배터리가 장착된다. 어마어마한 속도의 전기 '사륜쌍두마차'가 지구를 누비되 시골에서는 시속 55킬로미터, 도시에서는 65킬로미터 이상으로 달린다. 이 마차를 지탱하기 위해 도로에는 1센티미터 두께의 철을 아스팔트 위에 깔았다("말굽에 미끄러울지는 모르나 바퀴에는 별 영향을 미치지 않는다"). 사진술이 놀랍게 발전해 흑백이 아닌 컬러를 표현한다. "피사체의 색깔을 고스란히 재현하는 데 어떤 어려움도 없다."

애스터의 2000년에는 전화선이 지구를 둘러싸는데, 걸리적거리지 않도록 지중에 매설되며 전화로 상대방의 얼굴을 볼 수 있다. 강우는 '순수한 과학의 문제'가 되어, 대기권 상층부에서 폭발을 일으켜 구름을 만든다. 새로 발견된 반反중력 '애퍼지apergy'—"고대인들은 이 힘이 존재할 것이라 추측했으나 아는 것은 거의 없었다"—덕에 우주 공간으로 솟구쳐 목성과 토성을 방문할 수 있다. 이 모든 예언은 《뉴욕 타임스》 서평가에게 "지독하게 지루했"다. "이것은 미래 로망이나 중세 로망만큼이나 지루하"다. 애스터 또한 타이태닉호와 함께 가라앉았다.

일종의 유토피아인 이상화된 세계를 그린다는 점에서 애스터의 책은 에드워드 벨러미Edward Bellamy의 『뒤돌아보며』(아고라, 2014)에 빚지고 있었다. 역시 2000년을 무대로 한 이 책은 1887년에 미국에서 베스트셀러가 되었다. (이번 시간여행도 잠을 통해 이루어진다. 주인공은 113년간 최면에 빠진다.) 벨러미는 미래를 알지 못하는 것에 대한 좌절감을 드러냈다. 「맹인의 세상The Blindman's World」이라는 소설에서 벨러미는 우주의 지적 존재 중에서 우리 지구인만이 눈이 뒤통수에 달린 것마냥 "예지력"이 결여되었다고 상상했다. 미지의 방문객이 말한다. "자신이 언제 죽을지 모른다는 사실은 그대가 처한 조건 중에서 가장 서글픈 점이다." 『뒤돌아보며』는 유토피아의 물결을 일으켰으며 디스토피아가 뒤를 이었다. 이 책들은 한결같이 미래를 다루고 있기에, 우리는 토머스 모어의 원조격 『유토피아』가 전혀 미래를 배경으로 하지 않았음을 종종 잊어버린다. 유토피아는 머나먼 섬일 뿐이었다.

1516년까지는 아무도 미래로 골머리를 썩이지 않았다. 미래는 현재와 구분되지 않았다. 하지만 뱃사람들이 먼 장소와 낯선 사람들을 발견하고 있었기에, 먼 '장소'는 사변적 작가들에게 판타지의 원료를 제공하기에 충분했다. 레뮤엘 걸리버는 시간을 항해하지 않는다. "라푸타, 발니바르비, 루그나그, 글룹둡드리브, 일본"을 방문하는 것으로 충분하다. 상상력에 한계가 없으며 마법의 섬과 마법에 걸린 숲을 자유롭게 돌아다닌 윌리엄 셰익스피어는 다른 '시간'을 상상하지 않았다(아니, 상상할 수 없었다). 셰익스피어는 과거와 현재를 뒤섞는다. 카이사르의 로마에서는 기계식 시계가 시각을 알리고 클레오파트라는 당구를 친다. 셰익스피어는 톰 스토파드Tom Stoppard가 『아카디아Arcadia』와 『인도 잉크Indian Ink』에서 만들어내는 연극적 시간여행에 경탄했을 것이다. 스토파드는 수십 년의 시차를 두고 서로 다른 시대에서 펼쳐지는 두 이야기를 무대에 나란히 올렸다.

스토파드는 『아카디아』의 지문에서 이렇게 말한다. “이에 대해 한 마디 해야겠다. 이 희곡의 사건은 언제나 이 똑같은 방에서 19세기 초와 현재를 오간다.” 마치 보이지 않는 관문을 통해 몇백 년을 넘나들듯 소도구(책, 꽃, 찻잔, 등잔)가 이동한다. 희곡 끝부분에서는 소도구들이 탁자 위에 올라와 있는데, 기하학적 입체, 컴퓨터, 디캔터, 유리잔, 찻잔, 해나의 연구 수첩, 셉티무스의 책, 포트폴리오 두 부, 토마시나의 촛대, 등잔, 달리아, 일요판 신문 등이 한자리에 모인다. 스토파드의 무대에서 이 물체들은 시간여행자다.

우리는 조상들에게 없던 시간감각을 얻었다. 참 오래도 걸렸다. 1900년은 시간과 날짜에 대한 자의식의 불꽃을 가져다주었으며 20세기가 새로운 태양처럼 솟아올랐다. 《필라델피아 프레스Philadelphia Press》 논설위원은 이렇게 썼다. “시간의 자궁에서 분만된 어떤 세기도, 불과 여드레 뒤에 자정 기도와 세속 축제로 맞아들일 세기처럼 큰 기대와 전 세계적 희망을 불러일으키지는 못했다.” 허스트 소유의 《뉴욕 모닝 저널New York Morning Journal》은 ‘20세기 신문’을 자처하며 전기를 이용한 홍보 이벤트를 벌였다. “본 저널은 모든 뉴욕 시민이 20세기를 환영하는 취지에서 월요일 자정에 가가호호 조명을 밝힐 것을 제안한다.” 뉴욕은 빨간색, 흰색, 파란색 전구 2,000개로 시청을 장식했으며 시의회 의장은 군중에게 이렇게 연설했다. "오늘 밤 시계가 열두 번 울리면 금세기가 종지부를 찍습니다. 우리는 19세기를 과학과 문명에서 경이롭다는 말로 부족한 성취를 거둔 시기로 기억할 것입니다." 런던에서는 《포트나이틀리 리뷰》가, 이제는 이름난 미래주의자가 된 서른세 살의 H. G. 웰스에게 예언적 에세이 「기계적·과학적 진보가 인간의 삶과 생각에 미칠 영향에 대한 전망Anticipations of the Reaction of Mechanical and Scientific Progress upon Human Life and Thought」의 연재를 의뢰했다. 파리에서는 이미 당시를 '세기말fin de siècle'이라고 불렀는데 '말'에 중점을 두었다. 퇴폐와 권태가 만연했다. 하지만 그때가 되자 프랑스인들도 앞을 내다보았다.

영국 작가가 국제적으로 명성을 얻으려면 프랑스에서 책을 내야 했는데, 웰스는 오래 기다릴 필요가 없었다. 『타임머신』의 번역자 앙리 다브레Henry Davray는 웰스를 선지자 쥘 베른의 계승자로 여겼으며, 유력 출판사 메르퀴르 드 프랑스에서 1898년에 이 책을 출간했다('시간여행자의 기계La machine à explorer le temps'라는 프랑스어판 제목은 무언가 빠진 느낌이었다[•]). 아방가르드들이 시간여행 아이디어에 매료된 것은 당연했다. 앞으로Avant! 상징주의 극작자이자 익살꾼이며 '파우스트롤 박사Dr. Faustroll'라는 필명을 쓰고 열렬한 자전거 애호가이기도 한 알프레드 자리Alfred Jarry는 짐짓 진지한 제작 설명서 「시간여행자의 기계를 실제로 제작하기 위한 설명서Commentaire pour servir à la construction pratique de la machine à explorer le temps」를 즉각 발표했다. 자리의 타임머신은 상아 프레임과 세 개의 '자이로스탯gyrostat'(자이로스코프의 일종_옮긴이)을 갖춘 자전거로, 빠르게 회전하는 플라이휠, 체인 구동부, 래칫 박스가 달렸다. 상아 손잡이가 달린 레버로 속도를 조절한다. 그러고는 그럴듯한 헛소리가 이어진다. "기계에 두 가지 과거가 있음에 유의하라. 하나는 우리 자신의 현재보다 앞선 과거로, 이것을 '진짜 과거'라고 부를 것이다. 다른 하나는 기계가 우리의 현재로 돌아오면서 만들어낸 과거로, 이것은 사실상 미래를 바꾸는 것이다." 시간은 물론 4차원이다.● 훗날 자리는 그럴듯한 헛소리를 매우 과학적으로 포장한 웰스의 '대단한 침착함'을 높이 산다고 말했다.

세기말이 목전에 다가왔다. 리옹의 1900년 축제를 준비하던 아르망 제르베Armand Gervais는 신기한 것과 자동인형을 좋아하는 장난감 제조업자였는데, 장마르크 코테Jean-Marc Côté라는 프리랜서 미술가에게 채색 판화 50점을 의뢰했다. 이 작품들은 '2000년 파리en l'an 2000'에 존재할 법한 경이로운 세상을 묘사한다. 사람들은 소형 개인용 비행기를 조종하고, 비행선을 탄 채 전투를 벌이며, 해저에서 수중 크로케 경기를 벌인다. 최고의 작품인 「교실」에서는 반바지 차림의 아이들이 손을 모은 채 나무 책상 앞에 앉아 있고 교사가 수동 분쇄기에 책을 집어넣는다. 책을 빻아 만든 순수한 정보의 찌꺼기는 벽의 전선을 따라 천

● '타임머신'을 번역하기 힘든 것은 분명하다. 뉴욕의 《커런트 리터러처Current Literature》는 1899년에 이렇게 보도했다. "메르퀴르 드 프랑스 출판사에서 웰스 씨의 『타임머신』 번역본을 출간할 참이다. 번역자는 제목을 프랑스어로 옮기느라 애를 먹고 있다. '시계Le Chronomoteur', '시간 탈것Le Chrono Mobile', '한 시간에 40세기를Quarante Siècles à l'heure', '시간여행자의 기계La Machine à Explorer le Temps' 등이 물망에 올랐다."

● 자리는 이렇게 설명한다. "현재는 존재하지 않는다. 현상의 작은 일부로, 원자보다도 작다. 원자의 물리적 크기는 지름 1.5×10^{-8}으로 알려져 있다. 태양초太陽秒에서 현재에 해당하는 크기를 측정한 사람은 아무도 없다."

At School

장으로 올라갔다가, 학생들의 귀를 덮은 헤드폰으로 전달된다.

이 미래상들에는 나름의 사연이 있으니, 이 중 어느 것도 당대에는 빛을 보지 못했다. 제르베가 죽은 1899년에 제르베 공장 지하실 인쇄기에서 몇 벌이 인쇄되었는데, 공장이 폐쇄되고 25년이 지나도록 이 판화들은 지하실에 잠들어 있었다. 그러다 1920년대에 파리의 골동품상이 제르베의 물건들을 우연히 발견하고 통째로 사들였다. 그중에는 최상의 상태로 보존된 코테의 카드 한 벌도 있었다. 골동품상은 카드를 50년간 소장하다가 1978년에 랑시엔느코메디가의 자기 상점에 들른 캐나다의 작가 크리스토퍼 하이드Christopher Hyde에게 팔았다. 하이드는 카드를 러시아 태생의 과학자이자 SF 작가이며 당시까지 343종의 책을 쓰거나 엮은 아이작 아시모프Isaac Asimov에게 보여주었다. 아시모프는 '2000년 파리' 카드를 344번째 책 『미래의 나날Futuredays』로 엮었다. 그는 카드에서 놀라운 것—예언의 연대기에서 진정으로 새로운 것

—을 보았다.

예언은 유서 깊은 행위다. 미래를 예언하는 사업은 역사 시대 내내 존재했다. 예언과 복점은 가장 존경받는 일 중 하나였다(늘 가장 신뢰받지는 않았지만). 고대 중국에는 『역경』이 있었고 그리스에서는 무녀와 점술가가 영업했다. 날씨점, 손금점, 수정점은 각각 구름, 손금, 수정으로 미래를 보았다. 아시모프는 이렇게 썼다. "고대 로마의 근엄한 감찰관 카토가 이를 절묘하게 표현했다. '한 복점관이 다른 복점관 앞을 지나면서 어떻게 웃음을 참을 수 있는지 궁금하다.'"

하지만 점쟁이들이 점치는 '미래'는 개인의 문제에 머물렀다. 점쟁이들은 육각성六角星을 던지고 타로 카드를 뒤집어 질병과 건강, 행복과 불행, 귀인을 만날 수手 같은 개인의 미래를 보았다. 변하는 것은 개인이지 세상이 아니었다. 역사를 통틀어, 사람들은 부모에게서 물려받은 세상이 자식에게 물려줄 세상과 똑같으리라고 생각했다. 이전 세대는 이후 세대와 같았다. 점술가에게 몇 년 뒤 일상생활의 성격이 어떻게 달라지겠느냐고 묻는 사람은 아무도 없었다.

아시모프가 말한다. "점술을 버린다고 가정해보라. 신에게 들은 종말의 예언도 버린다고 가정해보라. 그렇다면 무엇이 남겠는가?"

미래주의futurism가 남는다. 아시모프는 미래주의를 재정의했다. H. G. 웰스가 세기의 전환기에 '미래의식futurity'에 대해 말한 뒤에 이탈리아의 미술가와 원原파시스트 집단이 미래주의라는 단어를 탈취했다. 필리포 토마소 마리네티Filippo Tommaso Marinetti는 1909년 겨울에 《라 가제타 델 에밀리아La Gazzetta dell'Emilia》와 《르 피가로Le Figaro》에 발표한 「미래파 선언Manifeste du futurisme」에서 자신과 동료들이 마침내 자유를, 과거로부터의 자유를 얻었다고 선언했다.

> 거대한 자부심이 우리를 띄워 올렸다. 우리는 그 시각에 혼자이고, 혼자 깨어 있으며 스스로의 발로 서 있다고 느꼈기 때문이다. 마치 당당한 등대나 (적대적인 별들의 군대에 맞서는) 척후병처럼. 나는 말했다. "어서! 어서, 친구들!" 젊은 사자처럼 우리는 죽음을 좇아 달렸다.

선언에는 열한 가지 강령이 실려 있었다. 1번. "우리는 위험한 것에 대한 사랑을 노래하고자 한다." 4번은 빠른 자동차에 대한 것이었다. "우리는 새로운 아름다움인 속도 덕에 세상이 더욱 장엄해졌다고 단언한다. 달리는 자동차의 후드는 폭발적인 숨을 내뿜는 뱀처럼 거대한 파이프로 장식되어 있다." '미래파futuristi'를 필두로 아방가르드를 자부하는 수많은 20세기 운동들이 탄생했다. 이들은 시선을 앞에 고정하고 과거에서 탈피해 미래로 발을 내디뎠다.

이에 반해 아시모프의 '미래주의'는 미래가 이전과 다른—어쩌면 심오하게 다른—관념적 장소라는, 더 기본적인 의미였다. 역사를 통틀어 어떤 사람도 이런 식으로 미래를 보지 못했다. 종교는 미래에 대해 별다른 생각이 없었다. 종교의 관심사는 부활이나 영원 같은 사후의 새로운 삶, 시간 바깥의 존재였다. 그러다 마침내 인류가 자각의 문턱을 넘었다. 사람들은 해 아래 새로운 것이 '있'다고 느끼기 시작했다. 아시모프는 이렇게 설명한다.

> 미래주의를 얻으려면 우선 현재 및 과거와 유의미하게 다른 상태로서 미래의

존재를 인식해야 한다. 이런 미래의 존재 가능성이 자명하게 보일지도 모르지만, 비교적 최근까지도 전혀 그렇지 않았다.

이 일은 언제 일어났을까? 본격적인 시작은 구텐베르크 인쇄기가 등장하면서, 볼 수 있고 만질 수 있고 나눌 수 있는 무언가 속에 문화적 기억을 보전하면서다. 그러다 산업혁명의 도래와 기계(방직기와 제분기와 용광로, 석탄과 철광과 증기)의 부상으로 미래주의가 임계 속도에 도달하자 이번에는 사라져가는 농업적 삶의 방식을 그리는 향수가 갑작스레 등장했다. 시인들이 앞장섰다. 윌리엄 블레이크William Blake는 이렇게 개탄했다. "시인의 목소리를 들으라!/ 그는 현재와 과거와 미래를 보나니." "어두운 사탄의 맷돌 씨"('어두운 사탄의 맷돌들'은 산업 혁명에 반대한 블레이크의 시「아득한 옛날 저들의 발길은」에 나오는 구절로, 이 책에서는 시인 자신을 가리킨다_옮긴이)보다 더 진보를 좋아하는 사람들도 있지만, 어느 쪽이든 미래주의가 탄생하려면 우선 사람들이 진보를 '믿'어야 했다. 기술 변화가 늘 일방통행으로 이루어지지는 않았으나, 이제는 그랬다. 산업혁명의 아이들은 살아생전에 거대한 변동을 목격했다. 과거로 돌아갈 방법은 없었다.

나날이 발전하는 기계에 둘러싸인 채, 블레이크가 누구보다 비난한 것은 새 질서를 강요하는 편협한 합리주의자● 아이작 뉴턴이지만, 정작 뉴턴 자신은 진보를 믿지 않았다. 뉴턴은 역사를 많이 공부했으며(대부분은 성경 속 역사였다), 자신의 시대를 은총으로부터의 타락, 과거의

● "하나님께서 우리를 / 외눈과 뉴턴의 잠에서 구하시길!"

영광을 잃고 쇠락한 잔해로 여겼다. 그는 방대한 규모의 새로운 수학을 창시하면서, 고대인은 알았으나 훗날 잊힌 비밀을 자신이 재발견한다고 생각했다. 절대시간 개념을 가졌으면서도 영원한 기독교적 시간에 대한 믿음을 버리지 않았다. 역사가들은 근대의 진보 관념이 역사 자체에 대한 근대적 관념과 더불어 18세기에 발전하기 시작했다고 주장한다. 우리는 역사감각, 즉 '역사적 시간'에 대한 감각을 당연한 것으로 여긴다. 역사가 도러시 로스Dorothy Ross는 역사감각을 "모든 역사적 현상을 역사적으로 이해할 수 있고 역사적 시간의 모든 사건을 역사적 시간의 과거 사건들로 설명할 수 있다는 원리"로 정의한다. (그녀는 이것을 "근대 서구의 뒤늦고도 복잡한 성취"라 부른다.) 지금이야 과거를 건축의 토대로 삼는다는 것이 지당해 보이지만.

그리하여 르네상스가 물러가면서 몇몇 작가가 미래를 상상하려고 애쓰기 시작했다. 『20세기 비망록』을 쓴 매든과 2440년을 꿈꾼 메르시에 말고도, 앞으로 찾아올 사회를 상상하려 시도한 사람들이 있었다. 돌이켜보면 이들을 미래주의적futuristic이라 부를 법하다(1915년 전에는 없던 영어 단어지만). 이들은 모두 아리스토텔레스와 맞섰다. 아리스토텔레스는 이렇게 썼다. "아직 일어나지 않은 일은 아무도 진술할 수 없다. 만약 거기에도 진술이 있다면, 그것을 상기함으로써 청중이 미래사를 더 잘 판단할 수 있게 과거사를 진술하는 것일 것이다."(『수사학/시학』(숲, 2017) 321쪽)

아시모프가 말한 의미에서의 최초의 진정한 미래주의자는 쥘 베른이었다. 1860년대에 기차가 시골을 가로지르고 범선이 증기선에 밀려나면서 베른은 바닷속과 하늘 위를 지나 지구 중심과 달까지 가는 탈것을 상상했다. 그는 시대를 앞선 사람이라는 평가를 받는다. 그의 자의식, 감수성은 후대에 걸맞았다. 에드거 앨런 포도 시대를 앞섰다. 현대 컴퓨터의 선구자인 빅토리아 시대 수학자 찰스 배비지Charles Babbage와 제자 에이다 러브레이스Ada Lovelace도 시대를 앞섰다. 쥘 베른이 시대를 얼마나 앞섰던지, 가장 미래주의적인 책『20세기 파리』(한림원, 1994)는 출판사를 구하지 못했다. 이 디스토피아에서는 가스를 동력원으로 하는 자동차가 다니고 "햇빛을 방불케 하는 대로의 가로등 불빛"(48쪽)이 빛났으며 기계로 전쟁을 벌였다. 노란 공책에 손으로 쓴 이 원고는 오랫동안 봉인되어 있던 가문 금고를 자물쇠공이 개봉한 1989년에야 햇빛을 보았다.

그다음의 위대한 미래주의자는 웰스 자신이었다.

이젠 우리 모두가 미래주의자다.

철학자와 펄프 잡지

Philosophers and Pulps

"시간여행이라고?! 그런 말도 안 되는 소리를 믿으라고?"

"그래, 어려운 개념이긴 하지."

— 더글러스 애덤스(1978년에 방영된 〈닥터 후〉
시리즈 中 〈해적 행성The Pirate Planet〉)

웰스와 그의 수많은 후계자들이 묘사한 시간여행은 이제 어디에나 있지만, 존재하지 않는다. 존재할 수 없다. 이렇게 말하려니 내가 소설 속 필비가 된 심정이다.

> "하지만 그건 단순한 역설일 뿐입니다." 편집장이 말했다.
>
> "그건 이치에 맞지 않으니까." 필비가 말했다.(『타임머신』, 23쪽)

1890년대의 평론가들도 같은 생각이었다. 웰스가 예상하던 바였다. 마침내 1895년 봄에 뉴욕의 헨리 홀트 출판사(75센트)와 런던의 윌리엄 하이너먼 출판사(2실링 6펜스)에서 『타임머신』을 출간하자 서평가들은 "환상적인 이야기", "평범하지 않은 놀라움", "무시무시한 상상력의 역작", "평균을 훌쩍 뛰어넘는 환상 이야기", "불가능한 이야기를 읽고 싶다면 읽을 만하다"라며 이 책을 단순히 좋은 이야기로 치켜세웠다(마지막 문구는 《뉴욕 타임스》에 실렸던 것이다). 그들은 흑낭만주의dark romantics, 에드거 앨런 포, 너새니얼 호손에게 영향을 받은것이 분명하다고 언급했다. 평론가 한 명은 이렇게 콧방귀를 뀌었다. "이런 미래 여행이 대체 무슨 쓸모가 있는지 잘 모르겠다."

웰스의 공상적 개념을 논리적으로 분석해 경의를 표한 평론가는 몇 명 되지 않았는데, 그들은 『타임머신』을 비논리적이라고 평가했다. 《팰맬 매거진Pall Mall Magazine》에서 이즈리얼 쟁윌Israel Zangwill은 손가락을 저으며 이렇게 말했다. "미래로 가는 방법은 기다리는 것뿐이다. 앉아서 미래가 오는 것을 보는 게 상책이다." 쟁윌은 이따금 소설과 유머를 썼으며 곧 유명한 시온주의자가 되었는데, 자신이 시간을 매우 잘 안다고 생각했다. 그는 저자를 꾸짖었다.

> 웰스 씨, 진실로 말하건대 '늙은 시간 어르신' 말고는 어떤 시간여행자도 있을 수 없습니다. 시간은 공간의 네 번째 차원이 아니라, 공간을 영구적으로 이동하면서 진동으로 스스로를 반복해 원래의 발생점으로부터 점차 멀어지는 것입니다. 무한을 통과해 우주를 가로지르는 음성 파노라마이자 한 번 생겼으면 결코 지나가지 않는 소리와 영상의 연속체라고요.

(쟁윌은 포를 읽었음이 분명하다. 대기를 뚫고 무한히 확장되는 진동—"어떤 사고도 소멸될 수 없다."—과 이 문장 또한 무한히 앞으로 나아간다.)

> 하지만 사물의 총합에 영구적으로 등록되어, 공간의 무한함에 의해 소멸로부터 보호되고, 평행 운동으로 이동해야 하는 눈과 귀에 보이고 들리며 점에서 점으로 나아가고 또 나아갈 뿐입니다.

쟁윌은 웰스의 논리를 반박하면서도 그의 '훌륭한 작은 로망'은 존경하지 않을 수 없었다. 하지만 『아라비안나이트』에 타임머신의 전신前身이 등장한다고 교묘하게 덧붙였다. 공간을 가로지르는 마법 양탄자 말이다. 한편 쟁윌은 시간여행의 독특한 의미, 또는 역설을—이에 대해서는 곧 살펴볼 것이다—(심지어 1895년에도) 웰스 자신보다 더 잘 이해한 듯하다.

『타임머신』은 '앞'이라는 한 방향을 바라본다. 겉보기에 웰스의 타임머신은 레버를 당기면 과거로 여행할 수 있을 것 같지만 시간여행자는 과거로의 여행에는 전혀 관심을 보이지 않았다. 쟁월은 이것이 잘된 일이라고 말한다. 과거로 갔다가는 골치 아픈 일이 벌어질 테니 말이다. 우리의 과거는 시간여행자가 돌아다니지 않은 과거다. 시간여행자가 포함된 과거는 다른 과거, 새로운 과거일 것이다. 이런 논리를 말로 표현하기란 쉬운 일이 아니었다.

> 그가 과거로 여행했다면 (새로 발명된 기계와 그 자신의 존재가 결부된 한) '이론상ex hypothesi' 허위인 과거를 재생산했을 것이다.

자기 자신을 만나는 문제도 있다. 이 문제는 쟁월이 처음으로 지적했으며 그 뒤로도 무수히 제기된다.

> 그가 예전의 삶에 다시 출현했다면, 동시에 두 가지 형태로, 다른 나이로 존재했어야 한다. 이는 보일 로치 경조차 힘겨워했을 위업이다.

(쟁월의 독자들은 로치를 다음과 같은 말을 남긴 아일랜드 정치인으로 알고 있을 것이다. "의장 귀하, 본인이 새가 아닌 다음에야 한 번에 두 장소에 있는 것은 불가능합니다.")●

서평가들이 몰려왔다 떠나고 얼마 안 가서 철학자들이 판에 끼어

● 보일 경은 이런 말도 남겼다. "후손이 우리에게 해준 게 뭐가 있다고 그들을 위해 번거로움을 감수해야 하나?" 이 농담은 시간여행을 감안하면 다르게 해석할 수 있다. 후손은 우리에게 많은 일을 할 수 있다. 이를테면 역사의 전개를 바꾸는 은밀한 임무를 암살자와 현상금 사냥꾼에게 맡겨 현재로 보낼 수 있다.

들었다. 처음 시간여행을 접했을 때 그들의 반응은 당혹스러움이었다. 마치 교향악단 지휘자가 오르간 연주자에게서 눈을 떼지 못하듯. 컬럼비아대학교의 월터 피트킨Walter Pitkin 교수는 1914년《저널 오브 필로소피Journal of Philosophy》에 "현대 픽션에서 이끌어낸 경박한 사례"라고 썼다. (시간이 측정 가능하고 절대적인 양이며 t만큼 친숙하게 알려진 영역인) 과학에서 예사롭지 않은 일이 벌어지고 있었다. 철학자들은 심기가 불편했다. 철학자들이 시간이라는 주제로 돌아선 새 세기 초기에 그들은 누구보다 한 명의 사상가로 인해 골머리를 썩어야 했다. 그는 젊은 프랑스인 앙리 베르그송Henri Bergson이었다. 미국에서는 윌리엄 제임스William James가 '심리학의 아버지'라는 월계관에 안주하지 않고 베르그송에게서 새로운 활력을 찾았다. 제임스는 1909년에 이렇게 말했다. "그의 저작을 읽으면 대담해진다. 베르그송을 읽지 않았다면, 결코 이룰 수 없는 목표를 추구하며 혼자서 끝없이 종이를 검게 물들이고 있었을 것이다." (제임스는 이렇게 덧붙였다. "베르그송의 독창성이 어찌나 심오한지 나는 그의 아이디어 중 상당수가 지극히 당혹스러울 따름이다.")

베르그송은 텅 빈 균일한 매질로서의 공간 개념, 즉 뉴턴이 선포한 절대공간이 얼마나 인위적인지 명심하라고 말한다. 그는 이 개념이 인간 지성의 창조물임을 지적한다. "우리는 질質이 없는 공간을 지각하거나 생각할 수 있는 특수한 능력을 가지고 있다고 말하지 않을 수 없다."(『시간과 자유의지/자라투스트라는 이렇게 말했다』(삼성출판사, 1990) 91쪽) 과학자들이야 이 추상적 빈 공간이 계산에 유용하다고 생각할지도 모르지만, 이 공간을 '실재'와 혼동하는 실수를 저지르지는 말아야 한다. 시간은 말할 것도 없다. 시계로 시간을 측정할 때, 시간을 그래프 위의 축으로 삼아 도표를 그릴 때, 우리는 시간을 단지 공간의 또 다른 형태로 상상하는 함정에 빠질 수 있다. 베르그송은 시간 t, 즉 시, 분, 초로 나뉘는 물리학자의 시간이 철학을 감옥으로 전락시켰다고 생각했다. 그는 불변하는 것, 절대적인 것, 영원한 것을 거부하고 유동, 과정, 변화를 끌어안았다. 베르그송은 시간의 철학적 분석이 인간의 시간 경험과 떼려야 뗄 수 없는 관계라고 생각했다(그에 따르면 마음 상태들이 중첩되어 한 상태에서 다른 상태로 단절 없이 넘어가는 것을 우리는 '지속la durée'으로 경험한다).

베르그송은 시간과 공간을 뭉뚱그리기보다는 둘을 별개로 취급했다. "시간과 공간이 뒤섞이는 것은 둘 다 허구적 존재가 될 때뿐이다." 그는 공간이 아니라 시간이야말로 의식의 본질이며, 순간들의 이질적 흐름인 지속이야말로 자유의 열쇠라고 생각했다. 철학자들은 물리학을 따라 새로운 길에 들어섰으며 베르그송은 뒤처지고 말았지만, 그때만 해도 엄청나게 인기가 있었다. 콜레주 드 프랑스에서 진행된 그의 강연에는 수많은 인파가 몰렸으며, 프루스트가 그의 결혼식에 하객으로 참석했고, 제임스는 그를 마법사라고 불렀다. 제임스는 이렇게 외쳤다. "물결 속으로 다시 뛰어들라. 살에 매인 감각으로, 늘 합리주의의 먹잇감이던 감각으로 고개를 돌리라." 이 지점에서 그는 물리학과 결별했다.

> 진정으로 '존재'하는 것은 만들어진 사물이 아니라 만들어지고 있는 사물이다. 일단 만들어진 사물은 죽은 사물이다. … 철학은 죽은 결과물의 조각들을 헛되이 짜깁기하며 과학을 따를 것이 아니라, 실재의 운동에 대한 살아 있는 이해를 추구해야 한다.

피트킨은 가련한 과학자들을 베르그송의 맹공으로부터 구해내겠다 생각했던 것 같다. 명성을 누리던 짧은 시기에 《타임》에서 "아이디어가 많고 그중 일부는 원대한 사람"으로 묘사된 피트킨은 (신사실주의를 자처했으나) 단명한 운동의 창립 회원이었다. 그는 1914년 에세이에서 베르그송의 '결론' 일부가 마음에 들지만 '방법 전체'는 경멸한다고 공언했다. 특히 과학적 절차를 거부하고 심리학적 내성을 강조한 것에 반발했다. 피트킨은 시공간 난문제를 논리 증명으로 해결할 수 있다고 주장했다. 물리학자의 t와 t'와 t''를 받아들이면서도, 시간이 공간과 다름을 결정적으로 증명하려 들었다. 즉, 우리는 공간 속에서 이리저리 이동할 수 있지만 시간 속에서 이동할 수는 없다. 아니, 시간 속에서 이동하기는 하지만 자유롭게 이동할 수는 없다. "사물은 나머지 모든 사물과 함께여야만 시간 속에서 이동할 수 있다." 이것을 어떻게 증명하겠다는 걸까? 뜻밖의 방법이 있었다.

> 증명을 최대한 단순화하기 위해, 나는 몽상 전문가 H. G. 웰스가 펼친 가장 허황한 문학적 상상을 진지하게 비판할 것이다. 물론 내가 뜻하는 것은 그의 유쾌한 희문戲文『타임머신』이다.

웰스 씨의 유쾌한 희문이 이 근엄한 잡지의 주목을 끈 것은 이번이 처음이었다(마지막은 아니었지만).

피트킨은 이렇게 썼다. "당신은 13세기로 돌아갈 수 없으며 13세기 사람이 우리 시대로 올 수도 없다. 웰스 씨는 한 사람이 공간 차원들에서 가만히 있으면서도 그 공간장場의 시간에 대해서는 움직인다고 상상해보라고 말한다. 말 한번 잘했다! 최선을 다해 게임을 즐겨보자. 우리는 무엇을 발견하는가? 매우 당혹스러운 사실을 발견한다. 이 사실을 알면 진지한 사람들은 시간여행에 대한 흥미를 잃을 것이다."

> 여행자는 (기하학자의 '순수 공간'과 같은) 추상적 시간을 여행하는 것이 아니다. 그는 실제 시간을 여행한다. 하지만 실제 시간은 역사이며 역사는 물리적 사건이 전개된 것이다. 물리적·생리적·정치적 및 기타 활동의 연쇄인 것이다.

정녕 이 길로 가야겠는가? 공상 소설에서 논리 오류를 찾아야겠는가?

물론 그래야 한다. 시간여행을 하는 사람은 (비록 '펄프' 잡지에서일지라도) 탈무드 학자를 뿌듯하게 할 만한 규칙과 정당화를 금세 생각해냈다. 무엇이 허용되고 무엇이 가능하고 무엇이 그럴듯한가에 대한 규칙이 진화하고 다변화했다. 하지만 논리는 존중해야 한다. 아이디어가 많을뿐더러 그중 일부는 원대하기도 한 피트킨 교수가 《저널 오브 필로소피》에 쓴 글에서 출발하는 게 좋겠다.

그의 논증은 1970년경의 전형적인 10대 SF 애호가에게는 그다지 정교하게 보이지 않을지도 모른다. 공정을 기하자면, 그는 인류가 세계에 대해 공통적으로 가지고 있는 직관이 실재의 낯섦을 이해하는 데 종종 실패한다는 사실을 인정한다. 과학은 늘 우리를 놀라게 한다. 이를테면 위는 어느 방향일까? 그가 말한다. "과거에는 지구가 구이고 반대편 사람들이 머리를 아래로 향한 채 걷는 것은 '사물의 본성상' 불가능하다고 주장되었다." (그는 공간 차원이 더도 덜도 아닌 세 개라는 아리스토텔레스의 상식을 덧붙였을 법도 하다. "선은 한 방향으로, 면은 두 방향으로, 입체는 세 방향으로 정도를 가지며 이를 넘어서는 정도는 없다. 이 셋이 전부이기 때문이다.") 피트킨은 시간여행이 불가능하다고 느껴지는 것이 "우리가 가진 편견 때문인지, 우리가 전혀 알지 못하는 사실과 속임수 때문인지" 묻는다. 허심탄회하게 논의해보자. "그 답이 무엇이든 형이상학에 헤아릴 수 없는 영향을 미친다."

피트킨은 이렇게 논리의 도구를 들이댄다. 그의 요점은 아래와 같다.

• 타임머신이 시간을 뚫고 질주하면 모든 것이 빨리 나이를 먹으므로 타임머신에 탄 사람도 나이를 먹어야 한다. "국가가 흥망하고 격동이 일어나 파괴하고 잦아들며 주택이 노고로 건설되었다 갑작스러운 전쟁의 광란에 불탄다." 그런데 여행자는 옷이 말끔하며 단 하루도 나이를 먹지 않는다. "어떻게 이럴 수 있을까? 10만 세대世代를 지나친 이가 10만 세대만큼 늙지 않는 이유가 무엇인가? 여기에 명백한 모순, "전체 논리 전개에서의 최초 모순"이 있다.

• 시간은 일정한 속도로 흐르며, 이 속도는 누구에게나 어디에서나 같아야 한다. "두 물체나 계의 시간적 이동 속도나 변화 속도가 다를" 수는 결단코 없다. (피트킨은 알베르트 아인슈타인이 베를린에서 어떤 악마를 불러내고 있는지 까맣게 몰랐다.)

• 시간을 여행하려면 공간을 여행할 때와 마찬가지로 산술 법칙을 따라야 한다. 계산을 해보자. "며칠 만에 100만 년을 주파하는 것은 1센티미터로 1,000킬로미터를 주파하는 것과 똑같다." 1,000킬로미터는 1센티미터와 같지 않다. 따라서 100만 년은 며칠과 같을 수 없다. "이것은 당신이나 내가 자기 집 현관까지만 이동해놓고 뉴욕에서 피킨

까지 갈 수 있다고 주장하는 것과 동일하게 완벽한 자기모순 아닌가?"

• 시간여행자는 물체에 부딪힐 수밖에 없다. 예를 들어 그가 자신의 연구실을 떠나 1920년 1월 1일로 이동한다고 가정해보자. 그가 없는 동안, 홀로 남은 아내가 집을 판다. 집은 철거된다. 연구실이 있던 자리에 벽돌이 쌓인다. "그런데 여행자는 어디에, 대체 어디에 있는가? 그가 같은 장소에 머문다면 틀림없이 벽돌 더미에 깔릴 것이다. 그의 소중한 기계도 마찬가지다. 단언컨대 이것은 여행자에게 더없이 거북한 상황이다. 벽돌이 몸을 관통할 테니 말이다."

• 천문학적 시점에서 보건대 천체 운동도 고려해야 한다. "시간만 이동하고 공간적으로는 전혀 이동하지 않는 여행자는 지구가 달아난 자리에 남은 텅 빈 에테르 속에서 순식간에 질식할 것이다."

피트킨은 시간여행이 불가능하다고 결론짓는다. 어느 누구도 웰스 씨의 타임머신을 타고서 미래나 과거로 여행할 수 없다고. 우리는 과거와 미래, 우리 삶의 하루하루를 상대할 다른 방법을 찾아야 한다고.

웰스 씨를 옹호할 필요는 없다. 그는 새로운 물리학 이론을 내놓을 생각이 전혀 없었기 때문이다. 그는 시간여행을 믿지 않았다. 타임머신은 주의를 딴 곳으로 돌리려는 속임수手, handwaving이자 독자가 불신을 접어두고 이야기에 빠져들도록 하는 마법 가루였다. (영어사전에서 'handwavium'을 참고할 것.) 시간여행자의 장광설이 (10년 뒤 물리학에서 등장한) 시공간에 대한 혁명적 견해와 맞아떨어진 것은 순전히 우연이었다. 물론 그것이 결코 우연이 아니었다는 것만 빼면.

웰스는 속임수를 그럴듯하게 보이도록 하려고 공을 들였다. 이 최초의 시간여행 기술은 꽤 탄탄했다. 사실 그는 피트킨을 비롯한 평론가들의 반半과학적 반박을 예상했다. 이를테면 그의 소설에서 등장인물인 의사는 우리가 공간 속을 자유롭게 이동할 수 있지만 시간 속을 자유롭게 이동하지는 못한다는 점에서 공간이 시간과 다르다고 말한다.

시간여행자는 이렇게 받아친다. "공간 속에서는 자유롭게 돌아다닐 수 있다고 확신하십니까? 좌우로도, 앞뒤로도 충분히 자유롭게 갈 수 있습니다. … 하지만 위아래 방향은 어떨까요? 여기서는 중력의 작용이 우리를 제약합니다."(『타임머신』 23쪽) 물론 그의 말은 20세기보다는 19세기에 더 진실에 가까웠다. 당시에 우리는 세 차원을 누비고 다니는 일에 친숙했지만, '공간 여행'('우주여행space travel'은 '공간 여행'으로 번역할 수도 있다)에는 제약이 따랐다. 철도와 자전거는 새로운 문물이었으며 승강기와 열기구도 낯설었다. 시간여행자가 말한다. "열기구가 생기기 전에는, 펄쩍펄쩍 뛰어오르거나 지표면의 기복을 오르내리는 것을 제외하면 인간은 수직 이동의 자유를 누리지 못했습니다."(23쪽) 열기구가 3차원에 대해 하는 일을 타임머신은 4차원에 대해 할지도 모른다는 얘기다.

우리의 주인공은 타임머신의 모형 시제품을 과학과 마법의 혼합물로서 내놓는다. "기묘하게 비뚤어지고, 이 가로대 언저리가 이상하게 번쩍이는 것처럼 보이는 것을 알 수 있을 겁니다. 어떤 면에서는 비현실적인 것처럼 보이죠."(27쪽) 작은 손잡이를 돌리자 모형 타임머신이 한 줄기 산들바람을 일으키며 허공으로 사라진다. 이제 웰스는 현실론자들에게서 그다음 반론을 예상하고 있다. 타임머신이 과거로 갔다면, 지난주 목요일에 그들이 이 방에 있을 때 왜 보지 못했을까? 만일 미래로 갔다면, 여전히 일련의 각 순간을 통과해야 하는데 왜 보이지 않을까? 해명은 유사심리학 용어로 제시된다. 시간여행자가 심리학자를 바라보며 말한다. "그건 식역識閾 아래의 표상입니다. 말하자면 희석된 표상이죠."(29쪽) 이것은 "빙글빙글 돌아가는 바퀴살이나 허공을 날아가는 총알을 볼 수 없는 것"과 같은 까닭에서다. (심리학자가 대답한다. "아, 그렇군. … 진작 생각해냈어야 하는 건데.")

마찬가지로 웰스는 시간여행자가 벽돌 더미나 예상치 못한 물건에 부딪힐 위험이 있다는 철학자의 반론도 예상했다. "내가 빠른 속도로 시간 속을 여행하고 있는 동안은 이것이 별로 문제가 되지 않았습니다. 나는 말하자면 농도가 묽어져서, 공간에 개재하는 물체들의 틈새를 증기처럼 빠져나가고 있었으니까요."(45쪽) 여기까지는 간단하다. 하지만 잘못된 장소에서 멈추는 것은 여전히 위험할 수 있다. 그리고 흥미진진하다.

> 멈추려면 방해가 되는 물체 속에 내 몸의 분자 하나하나를 밀어 넣어야 했습니다. 그것은 내 몸의 원자를 장애물의 원자와 직접 접촉시키는 것을 의미했고, 이런 접촉은 격렬한 화학 반응, 어쩌면 엄청난 폭발을 일으켜 나와 기계를 가능한 모든 차원에서 '미지의' 차원으로 날려 보낼지도 모릅니다.(45쪽)

웰스는 규칙을 세웠고, 그 뒤로 전 세계의 모든 시간여행자들은 그 규칙을 따라야 했다. 따르지 않더라도 해명은 해야 했다. 잭 피니Jack Finney는 1962년 《새터데이 이브닝 포스트Saturday Evening Post》에서 시간여행 이야기를 이런 식으로 표현했다. "이미 점유된 시간과 공간에 나타날 수 있다는 위험이 존재한다. 다른 분자와 뒤섞이는 것은 불쾌하고 걸리적거릴 것이다." 더 흔한 결과는 폭발이다. 필립 K. 딕Philip K. Dick은 1974년에 이렇게 썼다. "재진입에는 공간적으로 위상이 벗어나 두 인접 물체와 분자 수준에서 충돌할 위험이 있다. 알다시피 '어떤 두 물체도 같은 시간에 같은 공간을 차지할 수 없'다." 이것은 "누구도 한 번에 두 장소에 있을 수 없다"라는 말의 완벽한 귀결이다.

웰스는 지구를 우주의 한 위치에 고정된 점으로 취급하는 것을 결코 정당화하지 않았다. 하긴 타임머신이 여행에 쓸 동력원을 어디서 얻는지도 개의치 않았다. 이 문제에서도 웰스는 전통을 확립했다. 자전거조차 누군가 페달을 밟아야 하건만 타임머신은 우주의 은총을 받아 연료를 무한히 공급받는다.

이 문제를 생각한 지 한 세기나 지났는데도 우리는 시간여행이 진짜가 아님을 누군가에게 번번이 지적받아야 한다. 시간여행은 불가능한 일이다. 윌리엄 깁슨이 의심했듯, 자기 팔꿈치에 입맞추는 차원의 마술이다. 하지만 이름난 이론물리학자에게 이 말을 하면 그는 애처롭다는 눈빛으로 나를 쳐다본다. 그는 시간여행에 아무 문제가 없고, 적어도 미래로 여행하는 것은 충분히 가능하다고 말한다.

음, 그렇긴 하지. 그러니까 어쨌든 우리 모두는 시간 속에서 앞으로 나아가고 있다는 뜻인가?

물리학자는 아니라고 말한다. 그뿐만이 아니라고, 시간여행은 쉬운 일이라고! 아인슈타인은 시간여행을 하는 방법을 보여준다. 블랙홀에 가까이 가서 빛의 속도에 가깝게 가속하기만 하면 된다. 그러면 미래가 우리를 환영할 것이다.

아인슈타인의 요점은 가속과 중력이 둘 다 시계를 상대론적으로 느리게 하기 때문에 우주선에서 한두 살 나이를 먹고서 100년 뒤에 집으로 돌아가 조카의 손녀와 결혼할 수도 있다는 것이다(로버트 하인라인Robert Heinlein의 1956년작 소설 『시간의 블랙홀』(한뜻, 1995)에서 톰 바틀렛이 그랬듯이). 이것은 입증된 사실이다. GPS 위성이 위치 계산을 정확하게 하려면 상대론적 효과를 보정해야 한다. 하지만 이것은 시간여행이라고 말하기 힘들다. 시간지연(아인슈타인의 표현으로는 '차이트딜라타치온Zeitdilatation')일 뿐이다. 이것은 노화 방지 장치이며● 일방통행로다. 과거로 돌아갈 방법은 없다. 웜홀을 찾지 못한다면.

웜홀wormhole은 휘어진 시공간을 가로지르는 지름길—다중적으로 연결된 공간의 '손잡이 부위'—을 일컫는 존 아치볼드 휠러의 신조어다. 몇 년에 한 번씩 누군가 웜홀—통과가능traversable wormhole 웜홀, 심지어 "거시 초정적 구대칭 장경 통과가능 웜홀macroscopic ultrastatic spherically-symmetric long-throated traversable wormhole"—을 통한 시간여행 가능성을 제기하며 신문 헤드라인을 장식한다. 이 물리학자들은 한 세기 동안 출간된 과학소설들에 자기도 모르게 물든 것이 틀림없다. 그들은 우리와 같은 이야기를 읽고 같은 문화에서 자랐다. 시간여행은 그들의 뼛속 깊이 스며 있다.

● 미국의 우주인 스콧 켈리Scott Kelly는 1년 가까이 고속 궤도를 돌다 2016년 3월에 지구로 돌아왔을 때 지상의 쌍둥이 형제 마크보다 8.6밀리초 젊어진 것으로 추측되었다. (그런가 하면 마크가 고작 340일을 사는 동안 스콧은 일출과 일몰을 1만 944회 겪었다.)

우리가 살아가는 문화사적 순간에는 회의론자와 비관론자가 오히려 시간여행의 진짜 실천가다. 바로 과학소설 작가들이다. 1986년에 아이작 아시모프는 시간여행이 "이론적 근거로 보건대 도저히 불가능하"다고 선언했다. 심지어 단서를 달지도 않았다.

> 시간여행은 실현될 수 없으며 실현되지도 않을 것이다. (불가능한 것은 없다고 생각하는 낭만주의자와는 논쟁을 벌이지 않겠지만, 여러분이 타임머신의 제작을 지켜볼 마음을 먹지 않으리라 믿는다.)

킹즐리 에이미스Kingsley Amis는 1960년의 과학소설 문화를 평가하면서 당연하다는 듯 이렇게 말했다. "이를테면 시간여행은 상상할 수도 없다." 그리하여 과학소설 장르의 소설가들은 웰스의 속임수 설명—"사이비 논리의 장치"—을 변주하거나 (시간이 지나면서) 독자들이 불신을 접어둘 것이라 무턱대고 믿는다. 이렇듯 과학소설 작가들은 열린 미래를 기꺼이 받아들이는 반면에 물리학자와 철학자는 결정론에 굴복한다. 에이미스가 말한다. "미래에 흥미를 두는 소설 장르가 있어서 다행이다. 이 장르는 대개 상수로 간주되는 것을 과감히 변수로 취급한다."

웰스 자신으로 말할 것 같으면, 계속해서 신자들을 실망시켰다.● 그

● 웰스를 좋아했으며 그에게 영감을 받아 시간 희곡 시리즈를 쓴 J. B. 프리스틀리J. B. Priestley는 이렇게 말했다. "그는 결코 무례하지는 않았지만, 내가 30대에 시간 문제로 골머리를 썩이는 것을 안쓰럽게 여겼다. 그는 자신이 잘 다루는 악기를 포기하고는 누구의 연주도 들으려 하지 않는 사람 같았다." 웰스에게 실망한 또 다른 추종자 W. M. S. 러셀W. M. S. Russell은 1995년에 열린 100주년 심포지엄에서 프리스틀리의 불평을 되풀이했다. "놀라운 성취를 이룬 지 100여 년 뒤, 우리가 기억해야 할 것은 환멸스러운 노년의 웰스가 아니라 『타임머신』을 쓴 젊은 웰스다."

는 1938년에 이렇게 말했다. "독자는 어마어마하고 색다른 것들에 대해 매우 혼란을 느꼈다. 현실감을 일으키는 일은 식은 죽 먹기다. 뜻밖의 장치 한두 개를 갑자기 등장시키면 그만이다. 이게 수법이다." (그는 '세계 두뇌의 조직화Organization of the World Brain'라는 제목으로 미국 일곱 도시에서 순회 강연을 한 뒤에 런던으로 돌아온 직후였으며, 자신에게 미래를 내다보는 특별한 힘이 있다는 추측을 반박해야겠다고 생각했다. "예언자인 척하는 것은 아무짝에도 쓸모가 없다. 내게는 수정 구슬도, 천리안도 없다.")

웰스의 수법이 어떻게 작동하는지 다시 한 번 살펴보자.

> … 춤추는 그림자들을 생생하게 기억한다. 우리는 모두 어리둥절하면서도 의심을 품고 그를 따라갔다. 연구실에서 우리는, 우리 눈앞에서 사라지는 것을 목격했던 작은 기계 장치의 확대판을 보았다. 기계의 일부는 니켈이었고 일부는 상아였다. 또한 일부는 수정을 줄이나 톱으로 잘라낸 게 분명했다. 기계는 대체로 완성되어 있었지만, 뒤틀린 수정 막대들이 아직 완성되지 않는 채 작업대 위에 놓여 있었다. 그 옆에는 도면이 몇 장 놓여 있었다. 나는 좀 더 잘 보려고 막대 한 개를 집어 들었다. 그것은 석영처럼 보였다.
> "이보게." 의사가 말했다. "진심인가? 아니면 속임수인가?"(31쪽)

웰스의 첫 독자들에게 기술은 특별한 설득력이 있었다. 이 막연한 기계는 마법으로는 결코 할 수 없는 방식으로 독자의 믿음을 사로잡았다. 마법을 부리려면『코네티컷 양키』에서처럼 머리를 강타하거나 시곗바늘을 거꾸로 돌리는 주술적 행위를 해야 한다. 만화영화 <고양이

펠릭스의 시간 대소동>은 두 장치를 다 구사한다. 늙은 시간 어르신은 시계를 '서기 1년'과 '석기 시대'로 되감고는 가련한 펠릭스를 몽둥이로 후려친다.

그 이전인 1881년에는 에드워드 페이지 미철Edward Page Mitchell이라는 언론인이 「뒤로 간 시계The Clock That Went Backward」라는 소설을 《뉴욕 선New York Sun》에 익명으로 발표했다. 소설에서 귀신처럼 하얀 잠옷을 입고 하얀 나이트캡을 쓴 거트루드 할머니는 2.5미터짜리 네덜란드제 시계와 미스터리한 관계가 있다. 시계는 작동하지 않는 것처럼 보이지만, 어느 날 밤 그녀가 깜박거리는 촛불 아래 추를 감자 바늘이 뒤로 가기 시작하더니 그녀가 쓰러져 죽는다. 이 일은 판 스톱 교수의 철학 논문 소재가 된다.

시계가 뒤로 가서는 안 되는 이유가 무엇인가? 시간 자체가 방향을 틀어 자신의 경로를 되짚어 가면 왜 안 되는가? 절대적 관점에서 보면 과거가 현재에 앞서고 현재가 미래에 앞서는 순서는 순전히 자의적이다. 세상이 그렇듯 어제, 오늘, 내일의 순서가 내일, 오늘, 어제가 되어서는 안 될 이유는 전혀 없다.

미래가 과거와 다르다면 거울을 뒤집거나 시계를 되감으면 어떻게 될까? 운명의 신이 우리를 처음 순간으로 데려다줄 수 있을까? 결과가 원인에 영향을 미칠 수 있을까?

뒤로 가는 시계는 1919년 머리 렌스터Murray Leinster라는 필명으로 발표된 소설 「달아난 빌딩The Runaway Skyscraper」에 다시 등장했다. 소설은 이렇게 시작된다. "이 모든 일은 메트로폴리탄 타워의 시계가 뒤로 가기 시작하면서 시작되었다." 타워가 떨리고, 삐걱거리는 소리와 끙끙대는 소리에 사무실 직원들이 불안해하고, 하늘이 어두워지고, 밤이 찾아오고, 전화기에서는 잡음만 나고, 해가 너무 일찍 떠서 빠르게 서쪽으로 진다.

빚 문제로 고민하던 젊은 엔지니어 아서가 외친다. "포탄이 떨어지는 건가?" 아서의 비서 에스텔이 맞장구친다. "너무 기이한 광경이에요." 스물한 살의 그녀는 '노처녀'가 될까 봐 걱정이다. 풍경이 빠른 속도로 변하고 손목시계가 뒤로 간다. 마침내 아서가 추론을 내린다. 그는 이렇게 설명한다. "어떻게 설명해야 할지 모르겠군. 웰스의 책 읽어봤어? 『타임머신』 같은 거."

에스텔이 고개를 젓는다. 아서가 단호하게 설명한다. "어떻게 설명해야 자네가 이해할 수 있을지 모르겠지만, 시간은 길이나 너비 같은 차원에 불과해." 그는 건물이 "4차원으로 진입했다"라고 결론짓는다. "시간이 뒤로 가고 있어."

이런 이야기들이 속속 등장했다. 또 다른 수법은 악마를 불러내는 것이다. 삽화가 실린 잡지 《센추리Century》 1916년판에 발표된 맥스 비어봄Max Beerbohm의 「에노크 솜즈」에는 "가끔 도미노 룸이나 다른 데서 본 적이 있는, 키가 크고 화려하며 어딘가 메피스토펠레스와 닮아 보이는 남자"가 등장한다.(『일곱 명의 남자』(아모르문디, 2013) 14쪽) 에노크 솜즈는 "구부정하고 꾸물거리며" 1890년대 런던 문단에서 헛되이 분투하는 "침침한" 남자다.(6쪽) 그는 여느 작가와 마찬가지로 후세가 자신을 어떻게 기억할지 전전긍긍한다. 그가 외친다. "지금부터 백 년 후라! 생각을 해봐요! 단 몇 시간이라도 좋으니 그때 다시 살아날 수 있다면 얼마나 좋을까요!"(15쪽)

물론 그것은 악마의 단서다. 그는 거래를 제안한다. 20세기판 파우스트의 계약이다.

악마가 프랑스어로 말한다. "파르페트망Parfaitement(좋습니다). 시간은 착시에 불과하지요. 과거와 미래는 현재와 마찬가지로 상존하고 있어요. 아니, '바로 모퉁이만 돌면'이라고들 표현하는 정도의 비율로 존재한다고 해야 할까. 내가 선생을 어떤 날짜로든 전환해주겠소. 내가 선생을 발사하면, 휙!"(16쪽)

악마는 세상 물정에 밝다. 여느 사람과 마찬가지로 그도 『타임머신』을 읽었다. 그가 말한다. "그러나 가능하지도 않은 기계에 대해 글을 쓰는 것과, 초자연적인 권능을 지닌 존재는 전혀 다른 얘기죠."(17쪽) 악마가 '휙!' 하고 말하자 가련한 에노크의 소원이 이뤄진다. 1997년으로 옮겨진 그는 대영박물관 열람실에 출현하고, 장서 목록의 S칸으로 직행한다. (작가로서의 명성을 가늠하는 데 그보다 좋은 곳이 어디 있겠는가?) 그곳에서 그는 자신의 운명을 확인한다. 알고 보니 '에노크 솜즈'는 맥스 비어봄이라는 풍자 작가 겸 만평가가 1916년에 발표한 소설의 허구적 등장인물이었다.

1920년대가 되자 하루하루 미래가 다가오는 것 같았다. 무선 송신이 출현하면서 뉴스가 어느 때보다 빨리, 어느 때보다 많이 전파되었다. 1927년 무렵에는 웰스도 신기술을 충분히 경험했다. 그는 무선 전신, 무선 전화, "온갖 방송 산업"이 등장하면서 통신 기술이 성숙기에 이르렀다고 생각했다. 라디오는 영광스러운 꿈으로 출발했다. 문화의 가장 좋은 열매, 가장 현명한 생각, 가장 좋은 음악이 전국의 가정에 전달되었다. "샬리아핀과 멜바가 우리에게 노래할 것이며 쿨리지 대통령과 볼드윈 씨가 우리에게 간략하게, 진심으로, 직접 이야기할 것이다. 세상에서 가장 존엄한 이들이 우리에게 인사와 덕담을 건넬 것이다. 화재가 나거나 배가 난파하면 화염의 굉음과 도움을 청하는 비명 소리를 들을 수 있을 것이다." A. A. 밀른A. A. Milne이 아이들에게 이야기를 들려주고 알베르트 아인슈타인이 대중에게 과학을 선사했다. "잠자리에 들기 전에 모든 운동 경기 결과와 일기예보, 정원 가꾸는 법, 독감 치료법, 정확한 시각을 알 수 있게 된다."

하지만 웰스의 꿈은 좌절되고 말았다. 라디오의 현주소를 독자들에게 평가해달라는 《뉴욕 타임스》의 요청을 받고서, 그는 성탄절 양말 속에서 석탄 덩어리를 발견한 아이처럼 실망감을 쏟아냈다. 그는 이렇게 썼다. “일류 음악 대신, 리틀 윙클비치 부둣가 밴드가 연주하는 삼류 음악이 흘러나왔으며 가장 현명한 목소리 대신 브레이 아저씨와 트워들 아주머니가 지껄였다.” 잡음마저도 거슬렸다. “사랑스러운 늙은 어머니 자연은 자신의 기분을 담은 ‘잡음atmospherics’의 그물을 전 세계에 던졌다.” 웰스는 긴 하루를 보낸 뒤에 댄스 음악으로 위안을 삼았다. “하지만 댄스 음악은 저녁 시간의 일부를 차지할 뿐, 어느 때든 허풍선이 박사가 등장해 떠벌이는 소리를 들어야 한다.”

《뉴욕 타임스》 편집자들은 웰스의 가혹한 평가에 당혹했다. 그들은 웰스가 라디오 방송을 “해외에서 접할” 수밖에 없음을 강조했다. 하지만 웰스가 실망한 것은 라디오의 현재 상태만이 아니었다. 그의 수정구슬은 라디오 방송이라는 산업 전체가 소멸할 운명임을 보여주었다. “방송의 미래는 십자말풀이와 옥스퍼드 바지의 미래와 같다. 매우 하찮은 미래일 것이다.” 축음기로 음반을 틀 수 있는데 누가 라디오로 음악을 들으려 하겠는가? 라디오 뉴스는 연기처럼 사라질 것이다. “방송에서 토해낸 정보는 다시 곱씹을 수 없다.” 그는 진지한 생각에 관해서는 무엇도 책을 대신할 수 없다고 말했다.

웰스는 영국 정부가 “방송 프로그램을 주관하려고 봉급제 관료 조직”을 만들었다고 지적했다. 그것이 바로 신新영국방송회사New British Broadcasting Company였다. “결국 그 존경스러운 위원회에서 제작하는 방송을 들을 사람은 아무도 없을 것이다.” 남은 청취자는 “눈 멀고 외롭고 괴로운 사람”이거나 “조명이 부실한 집에 틀어박혀 사는 등의 이유로 글을 읽을 수 없는 사람이나 축음기와 자동 피아노의 장점을 깨닫지 못한 사람, 사색하거나 대화할 능력이 없는 사람”뿐일 터였다. BBC

의 첫 실험적 텔레비전 방송을 고작 5년 앞둔 때였다.

하지만 웰스만 미래주의 놀이를 한 것은 아니었다. RCA의 데이비드 사노프David Sarnoff는 웰스가 잘난 체한다고 쏘아붙였으며 발명가 리 드 포리스트Lee de Forest는 웰스에게 더 좋은 라디오가 필요하다고 말했다. 가장 이례적인 반박을 내놓은 사람은 룩셈부르크 망명자이자 《라디오 뉴스Radio News》 발행인 겸 WRNY 방송국 운영자인 휴고 건스백Hugo Gernsback이었다. 열아홉 살의 나이에 뉴욕에 발을 디딘 이후로 건스백은 열성 취미가들에게 라디오 부품을 판매하는 통신 판매 회사 일렉트로 임포팅 컴퍼니Electro Importing Company를 설립해 《사이언티픽 아메리칸》 등에 감질나는 광고를 실었다. 3년 안에 그는 《모던 일렉트릭스Modern Electrics》를 창간했으며 20대에 아마추어 무선 통신 집단 사이에서 이름이 널리 알려졌다. 《타임스》에 기고한 편지에서 건스백은 이렇게 말했다. "저는 라디오가 그렇게 울적한 죽음을 맞이했다는 말을 믿기를 거부합니다. 무엇보다 놀라운 것은 가까운 미래에 모든 라디오에 텔레비전 장치가 장착될 것임을 예언자 웰스 씨가 내다보지 못했다는 것입니다. 본인 나라 사람이 개발하고 있었는데도 말입니다." (건스백에게 무엇보다 놀라운 것은 이것만이 아니었다. 건스백은 같은 편지에서 이렇게 말을 이었다. "웰스 씨의 논평에서 무엇보다 놀라운 것은 그가 위인들의 목소리를 끊임없이 듣고 싶어 한다는 것입니다. 그런 세상이 불가능하다는 것은 단순한 수학 계산으로 알 수 있는데도 말입니다. 세상에는 위인이 많지 않습니다.")

건스백은 남다른 인물이었다. 그는 독학파 발명가이자 기업인이었으며 후대인들에게 허풍쟁이로 불렸다. 값비싼 맞춤 양복 차림으로 시내를 활보하고, 고급 레스토랑에서 외알 안경을 쓴 채 포도주 목록을 들여다보고, 빚쟁이들을 요리조리 피해 다녔다. 잡지 하나가 실패하면 둘을 창간했다. 그의 잡지 중에서 가장 영향력을 발휘한 것은《라디오 뉴스》가 아니었다. "사진을 곁들인 섹스학 잡지"《섹솔로지Sexology》도 아니었다. 미래 역사에 가장 큰 영향을 미친 건스백의 작품은《어메이징 스토리스Amazing Stories》라는 제목의 25센트짜리 **펄프 잡지**pulp magazine였다(값싼 갱지wood pulp paper를 썼기 때문에 이런 이름이 붙었다).《어메이징 스토리스》의 거친 종이 위에는 무료 샘플을 내건 밀워키 윌윈드 사의 "휘발유 1리터로 190킬로미터", "자는 동안 코의 피부와 연골 형태를 바로잡아줍니다. 30일 무료 체험, 안내문 공짜", "경이로운 과학적 발견: 엑스레이 큐리오. 옷, 나무, 돌 등 어떤 물체도 꿰뚫어 볼 수 있습니다. 몸 안의 뼈를 보세요. 단돈 10센트" 등 다양한 광고가 실렸다. 건스백이 판매하는 제품은 불티나게 팔려나갔다. 그는 뉴욕의 청중에게 미래의 경이로움에 대해 강연했으며 자신의 강연을 WRNY에서 생방송으로 중계했다.《뉴욕 타임스》는 강연 소식을 숨 가쁘게 보도했다. 1926년에는 이런 기사가 올라왔다. "지난 50년간 휴고 건스백이 예견한 바에 따르면 석탄 수천 톤을 라디오로 운송하고, 도보로 이동할 때 전기 롤러스케이트를 활용하고, 냉광冷光으로 전기를 절약하고, 전기로 작물을 재배하고 수확하는 방법이 과학 분야에서 발견될 것이다." 또한 기상을 완벽하게 조절하고 도시의 모든 마천루에 비행기 착륙장이 건설될 터였다.

대형 건물 꼭대기에 자리 잡은 거대한 고주파 전류 구조물은 혹서기나 야간에

폭우를 몰아내거나 (필요하다면) 비를 필요한 만큼 내리게 할 것이다. 조만간 근사한 빌딩들이 하늘을 뚫고 자주색의 기묘한 전기 조명이 밤을 밝힐지도 모른다. 앞으로 50년 뒤에는 자신이 좋아하는 방송국에서 진행되는 프로그램을 눈으로 보고 자신이 좋아하는 가수를 대면할 수 있을 것이다. 앞으로 50년 뒤에는 권투 선수 뎀프시가 라이벌 터니와 겨루는 장면을 비행기나 아프리카 야생에서도—그때까지 남아 있을 어떤 야생에서도—볼 수 있을 것이다.

건스백은 일생 동안 80건의 특허를 취득했으며 1911년에 레이더의 출현을 예견했다.

그는 라디오를 통한 최초의 최면 실험을 진행해 "완벽한 성공"을 거뒀다고 주장했다. 건스백의 《사이언스 앤드 인벤션Science and Invention》에서 마술 부서장을 지낸 최면술사 조지프 더닝어Joseph Dunninger는 16킬로미터 떨어진 곳에서 레슬리 B. 던컨이라는 피험자에게 최면을 걸었다. 《타임스》도 이 사건을 보도했다. "그런 다음 던컨의 몸을 의자 두 개 위에 놓아 인간 다리를 만들고 《사이언스 앤드 인벤션》 통신원 조지프 H. 크라우스가 이 즉석 다리에 앉았다."

이 모든 시도는 사실적인 논조로 소개되었다. 한편 허구를 위한 매체로는 《어메이징 스토리스》가 있었다.

1926년 4월에 창간된 《어메이징 스토리스》는 당시만 해도 이름이 없던 한 장르를 전적으로 다루는 최초의 정기 간행물이었다. 1902년 파리에서 알프레드 자리는 '과학소설' 또는 '가설 소설hypothetical novel'—"만일 …라면 어떨까?"라고 묻는 소설—을 높이 평가하는 에세이를 썼는데, 미래가 어떠냐에 따라 가설 소설이 훗날 미래주의적인 것으로 드러날지도 모른다고 주장했다. 과학소설가 모리스 르나르Maurice Renard는 이 완전히 새로운 장르를 선포한 인물이다. 그는 이 장르를 '과학적이고 경이로운 소설le roman merveilleux scientifique'이라고 불렀다. 그는 《르 스펙타퇴르Le Spectateur》에서 이렇게 썼다. "내가 말하는 것은 새로운 장르다." 어쨌거나 '장르'는 프랑스어 단어다. 그는 이렇게 덧붙였다. "웰스 이전에는 믿기지 않았을 것이다."

건스백은 '사이언티픽션scientifiction'이라는 용어를 고안했다. 그는 《어메이징 스토리스》 창간호에서 이렇게 말했다. "'사이언티픽션'이란 쥘 베른, H. G. 웰스, 에드거 앨런 포 식의 이야기를 뜻한다. 과학적 사실과 예언적 이상이 뒤섞인 매혹적인 소설이다." 그는 이런 이야기를

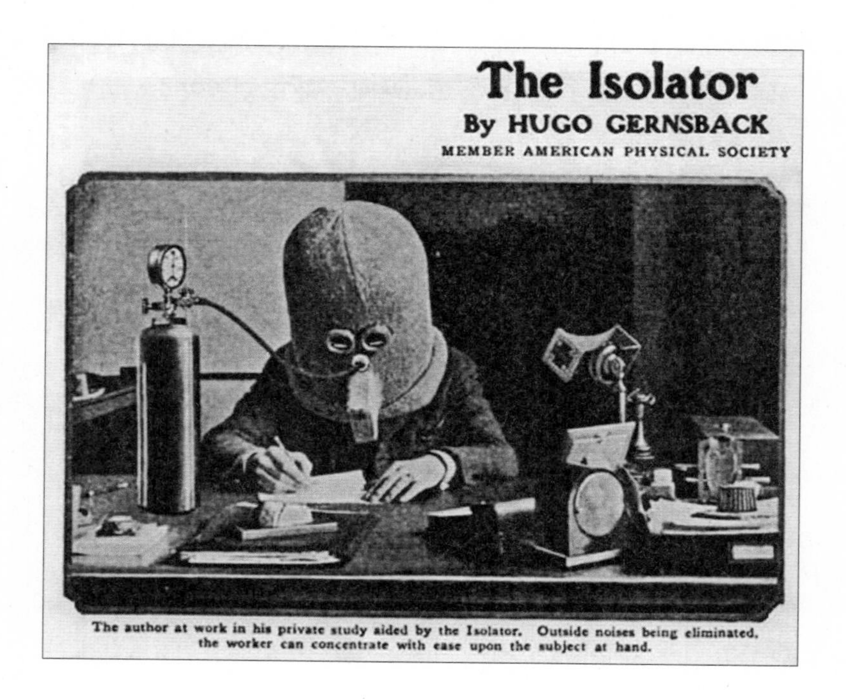

The author at work in his private study aided by the Isolator. Outside noises being eliminated, the worker can concentrate with ease upon the subject at hand.

이미 꽤 여러 편 발표했으며—심지어 《라디오 뉴스》에서도—연재 소설 『랠프 124C● 41+: 2660년 로맨스Ralph 124C 41+: A Romance of the Year 2660』를 직접 쓰기도 했다(이 소설은 자신의 《모던 일렉트릭스》에 발표되었으며 훗날 마틴 가드너Martin Gardner에게서 "지금껏 최악의 SF 소설"이라는 평가를 받았다).● '사이언티픽션'은 몇 해 지나지 않아 '사이언스 픽션'이 되었다. 건스백은 파산해 《어메이징 스토리스》의 주도권을 잃었지만, 잡지는 80년 가까이 발행되면서 과학소설 장르를 주도했다. "오늘의 허황한 허구—내일의 엄연한 사실"이 《어메이징 스토리스》의 모토였다.

건스백은 작가 지망생을 위한 짧은 에세이에서 이렇게 썼다. "과학소설의 이야기는 과학적 주제를 해명하는 동시에 이야기여야 함을 명심하라. 과학소설은 합리적이고 논리적이면서도 밝혀진 과학적 원리에 근거해야 한다."● 《어메이징 스토리스》 초기 발행분에서는 베른, 웰스, 포의 소설과 머리 렌스터의 「달아난 빌딩」을 재수록했으며 이듬해에는 『타임머신』을 전재했다. 건스백은 재수록 비용에 개의치 않았다. 신작 소설에는 25달러를 제시했지만 제대로 지급하지는 않았다. 건스

● 소리 내어 읽으면 "……을 예견하는 사람One to foresee…"이 된다.

● 킹즐리 에이미스도 이 책을 읽었다. "『랠프 124C 41+』는 말도 안 될 만큼 재주가 많은 동명의 주인공이 발명하거나 보여준 기술적 위업을 소개한다. 잠재적 구혼자 두 명—한 명은 인간이고 다른 한 명은 화성인이다—과 실랑이를 벌인 뒤에 랠프는 복잡한 냉동 보존술과 혈액 주입술을 이용해 죽은 소녀를 되살린다. 그 밖의 경이로운 기술로는 수면학습기hypnobioscope와 3차원 컬러텔레비전(이것의 의미가 우리의 추측과 같다면, 저작권은 건스백에게 있다)이 있다."

● 건스백은 하지 말아야 할 것도 몇 가지 제시했다. "교수를 등장시킨다면 그가 헌병이나 8번가 '경찰'처럼 말하지 않도록 하라. 그의 입에서 싸구려 농담이 나오지 않도록 하라. 준準기술 잡지와 연설 기사를 읽어서 학술 용어의 감을 익히라."

백은 SF 장르를 열성적으로 홍보하는 과정에서 과학소설연맹Science Fiction League이라는 동호인 단체를 설립하고 3개국에 지부를 두었다.

그리하여 문학적 소설과 구별되는, 또한 열등하다고 치부되는 장르로서의 과학소설이 탄생했다. 탄생 장소는 만평이나 포르노그래피와 별반 다르지 않은 쓰레기 잡지였다. 하지만 이와 함께 탄생한 문화적 형태와 사고방식은 금세 (쓰레기로 치부할 수 없을 만큼) 위상이 높아졌다. 킹즐리 에이미스는 얼마 지나지 않아 이렇게 썼다. "1930년에 과학소설을 쓴 사람은 괴짜나 글품팔이였을 테지만, 1940년이 되자 버젓한 정상인 취급을 받을 수 있게 되었다. 여러분은 이제 어엿한 매체가 된 과학소설과 함께 성장한 첫 세대의 일원이었다." 펄프의 지면들 사이에서 시간여행의 이론과 실제가 꼴을 갖추기 시작했다. 잡지에는 소설 말고도 꼼꼼한 독자의 편지와 편집자의 글이 실렸다. 역설이 발견되면 지면에 실렸다(쉬운 일은 아니었다).

1927년 7월에 T. J. D.라는 독자는 이렇게 썼다. "이런『타임머신』은 어떨까?" 다른 가능성을 생각해보자. 우리의 발명가가 학창 시절로 돌아가면 어떻게 될까? "그의 손목시계는 앞으로 가지만 실험실 벽에 걸린 시계는 뒤로 간다." 그가 어린 시절의 자신을 맞닥뜨리면 어떻게 될까? "그는 이 '또 다른 자아'와 만나 악수를 해야 할까? 신체적으로는 다르지만 성격상으로는 똑같은 두 사람이 존재하는 걸까? 거참! 아인슈타인 어디 갔어?"

2년 뒤에 건스백은 새로운 사이언티픽션 잡지를 창간했다. 이번에는《사이언스 원더 스토리스Science Wonder Stories》라는 제목으로,《에어 원더 스토리스Air Wonder Stories》의 자매편이었다. 1929년 12월 호에서는「시간 발진기The Time Oscillator」라는 시간여행 소설을 특집으로 실었다.● 이 소설에서도 수정과 다이얼이 달린 괴상한 기계와 4차원에 대한 전문적 논의가 등장했다. ("앞에서 설명했듯 시간은 상대적 용어에 불과하다. 실제로는 아무 의미도 없다.") 이번 여행자들은 먼 과거로 향하는데, 이에 대해 건스백은 특별한 편집자 주를 달았다. 그는 이렇게 물었다. "시간 여행자가 과거로 돌아가, 10년 전이든 1,000만 년 전이든 그 시기의 삶에 참여하고 사람들과 어울릴 수 있을까? 아니면 자신의 시간 차원에 매달려 그저 바라보기만 할 뿐 무기력한 구경꾼이 되어야 할까?" 건스백은 역설을 똑똑히 볼 수 있었으며, 이를 말로 표현했다.

> 내가 과거로, 이를테면 200년 전으로 여행해 할아버지의 증조할아버지 댁을 방문한다고 가정해보자. 나는 아직 어리고 결혼하지 않은 그를 쏘아 죽일 수 있는데, 그러면 나 자신의 출생도 막을 수 있다. 바로 그 순간 혈통이 끊어질 테기 때문이다.

그 뒤로 이 역설은 '할아버지 역설'로 불리게 된다. 이 반박은 또 다른 이야기의 소재가 된다. 건스백은 독자들에게 의견을 보내달라고 청했으며 오랫동안 수많은 편지가 답지했다. 샌프란시스코에 사는 한 소년은 "시간여행에 치명타를 가하는" 또 다른 역설을 제안했다. 과거로

● 편집자 주에서는 이렇게 설명한다. "시간여행 이야기는 언제나 대단히 흥미로운데, 가장 큰 이유는 이것이 한 번도 실현된 적 없지만 인류가 훨씬 큰 과학적 성취를 거둘 미래에도 그러리라고는 아무도 말할 수 없기 때문이다. 앞으로든 뒤로든 시간을 여행하는 것이 얼마든지 가능해질지도 모른다."

여행해 자기 엄마와 결혼하면 어떻게 될까? 내가 나의 아버지가 되는 걸까?

정말이지 아인슈타인 어디 갔어?

고대의 빛

Ancient Light

프링글이 말했다. "시간은 머릿속 개념이야.
그들은 온갖 곳에서 시간을 찾다가 그것이 인간의 마음속에
있음을 발견했어. 시간이 4차원이라고 생각한 거지.
아인슈타인 기억하지?"

— 클리퍼드 D. 시맥(1951)

시계가 생기기 전, 우리는 시간을 유동적이고 변덕스럽고 비일관된 것으로 경험했다. 뉴턴 이전 사람들은 시간이 보편적이고 미덥고 절대적이라고 생각하지 않았다. 시간이 상대적임은 잘 알려져 있었다(이것은 심리학적 용법이다. 1905년경에 등장한 새로운 의미와 헷갈리지 말 것). "시간은 다른 사람한테는 다른 걸음으로 달린다오."● 시계는 시간을 구체화했고 뉴턴은 시간을… 공식화했다. 뉴턴은 시간을 과학의 필수 요소, 즉 방정식에 끼워 넣을 인수인 시간 t로 만들었다. 그는 시간을 "신의 감각 기관"의 한 부분으로 여겼다. 그의 견해는 돌판에 새겨져 우리에게 전해졌다.

> 절대, 진짜, 수학적 시간이란 스스로 있으며, 외부의 어떠한 것과도 관계가 없이 자신의 본성에 따라서 늘 똑같이 흐른다.(『프린키피아』 7쪽)

우주의 시계는 어디서나 똑같이, 보이지 않고 불가해하게 째깍거린다. 절대시간은 신의 시간이다. 이것이 뉴턴의 신조였다. 그에게는 증거가 없었으며 그의 시계는 우리의 시계에 비하면 쓰레기나 다름없었다.

> 시간을 정확히 잴 수 있는 한결같은 움직임이란 없을지도 모른다. 모든 운동은 가속이 되거나 감속이 되지만, 절대시간은 그 어떠한 변화도 없다.(『프린키피아』 10쪽)

● 로절린드는 이렇게 덧붙인다. "시간이 누구하고 천천히 걷고 누구하고 빨리 걷고 누구하고 냅다 뛰며 누구하고 마냥 서 있는지 알려드리죠."(『셰익스피어 전집』(문학과지성사, 2016) 1279쪽)

종교적 확신 말고도 수학적 필연성 또한 뉴턴에게 동기를 부여했다. 뉴턴이 용어를 정의하고 법칙을 표현하려면 절대공간과 마찬가지로 절대시간이 필요했다. 운동은 시간에 따른 장소 변화로 정의되며 가속은 시간에 따른 속력 변화로 정의된다. 절대적이고 진실하고 수학적인 시간을 배경 삼아 뉴턴은 우주 전체의 구조를 건축할 수 있었다. 이 시간은 편의적이며 계산의 얼개가 되는 추상적 개념이었다. 하지만 뉴턴에게 이 시간은 세계에 대한 언명이기도 했다. 믿을 수도 있고 믿지 않을 수도 있다.●

알베르트 아인슈타인은 믿었다. 어느 정도는.

그는 앙상한 바위를 깎고 주랑과 공중 버팀벽으로 떠받치고 조각과 장식 창살을 늘어놓아 거대하고 화려한 성당으로 만든—여전히 공사 중이며, 안에는 숨겨진 지하실과 무너진 예배당이 있는—법칙과 계산의 건축물을 믿었다. 이 건축물에서 시간 t는 필수 불가결한 역할을 했다. 누구도 전체 구조를 파악할 수 없었지만, 아인슈타인은 대다수 사람들보다 많이 이해했으며 문제를 발견했다. 내적 모순이 있었다. 20세기 물리학의 위대한 성취는 제임스 클러크 맥스웰James Clerk Maxwell이 전기, 자기, 빛을 통합한 것이다. 온 세상을 뚜렷이 하나로 묶은 성취였다. 전류, 자기장, 전파, 빛 파동은 전부 하나였다. 맥스웰의 방정

● 철학자이자 물리학자이며 상대론의 선조인 에른스트 마흐Ernst Mach는 1883년에 절대시간을 이렇게 반박했다. "우리는 사물들의 변화를 **시간의 축 위에서 측정**할 수 있는 능력을 결코 갖고 있지 못하다. 시간이란 추상화의 산물이라고 보는 편이 더 옳을 것이다. 우리는 사물들의 변화를 통해 그것에 도달한다."(『역학의 발달』(한길사, 2014) 362쪽) 아인슈타인은 1916년에 마흐의 부고를 쓰면서 이 문장을 긍정적으로 인용했지만 그 자신은 편리한 추상화를 차마 버릴 수 없었다. 시간은 그의 우주에서 여전히 필수적인 속성으로 남았다.

식 덕분에 처음으로 빛의 속도를 계산할 수 있게 되었다. 하지만 그의 방정식은 역학 법칙와 정확하게 맞아떨어지지 않았다. 이를테면 빛 파동은 수학적으로는 분명히 파동이지만 대체 무엇의 파동이란 말인가? 소리가 진동을 전달하려면 공기나 물 같은 매질이 필요하다. 마찬가지로 빛 파동은 보이지 않는 매질—이른바 '발광luminiferous' 에테르—의 존재를 암시했다. 실험물리학자들은 당연히 이 에테르를 검출하려고 애썼으나 아무도 성공하지 못했다. 1887년에 앨버트 마이컬슨Albert Michelson과 에드워드 몰리Edward Morley는 지구의 운동 방향과 같은 방향으로 진행하는 빛의 속도와 직각으로 진행하는 빛의 속도 차이를 측정하는 기발한 실험을 실시했다. 그들은 아무런 차이도 발견하지 못했다. 여기서 이런 의문이 제기된다. 에테르가 과연 필요할까? 순수하게 빈 공간을 이동하는 물체의 전기역학을 생각하는 것이 가능할까?

이제 우리는 빈 공간에서 빛의 속도가 초속 2억 9,979만 2,458미터로 일정하다는 사실을 안다. 어떤 로켓도 빛을 따라잡거나 조금이라도 격차를 줄일 수 없다. 아인슈타인은 이 문제를 해결하려고 골머리를 썩였다("심리적 긴장", "온갖 종류의 신경증적 갈등"). 발광 에테르를 버릴 것인가, 빛의 속도를 절대적인 것으로 받아들일 것인가. 돌파구가 필요했다. 훗날 아인슈타인의 회상에 따르면, 베른에서의 어느 화창한 날 그는 친구 미셸 베소Michele Besso와 이 문제를 의논했다. "이튿날 나는 그를 다시 찾아가 인사도 생략한 채 말했다. '고맙네. 문제를 완전히 풀었어.' 시간 개념의 분석이 나의 해법이었다." 빛의 속도가 절대적이라면 시간 자체는 절대적일 수 없다. 우리는 완벽한 동시성, 즉 두 사건이 동시에 일어날 수 있다는 가정에 대한 믿음을 버려야 한다. 관찰자마다 나름의 현재 순간을 경험한다. 아인슈타인은 이렇게 말했다. “시간은 절대적으로 정의할 수 없다.” 정의할 수는 있지만 ‘절대적으로’ 정의할 수는 없다. “시간과 신호 속도signal velocity 사이에는 불가분의 관계가 있다.”

신호는 정보를 전달한다. 단거리 달리기 선수 여섯 명이 100미터 경주로의 출발선에 서 있다고 가정해보라. 양손과 한쪽 무릎으로 땅을 짚고 발을 스타팅 블록에 걸친 채 총성을 기다린다. 이때의 신호 속도는 소리가 공기 속을 진행하는 속도인 초속 몇백 미터다. 요즘 기준으로는 이 소리도 느려서, 올림픽 경기에서는 총을 쓰지 않고 전선을 통해 (빛의 속도로) 스피커로 신호를 보낸다. 동시성을 좀 더 면밀히 감안하려면 빛이 선수, 심판, 관중의 눈까지 이동하는 신호 속도를 고려해야 한다. 결국 모든 사람에게 똑같은 순간—“시간상의 점point in time”—은 없다.

벼락이 철도 옆의 두 지점을 때린다고 가정해보자(이런 이야기에서는 말보다 기차가 더 일반적이다). 가장 훌륭한 현대 장비를 갖춘 물리학자라면 두 벼락이 동시에 쳤는지 확실히 알 수 있을까? 그럴 수 없다. 기차를 탄 물리학자는 역에 서 있는 물리학자와 다르게 판단할 것이다. 모든 관찰자는 나름의 기준틀이 있으며 모든 기준틀은 나름의 시계가 있다. 우주적 시계는 존재하지 않는다. 신의 시계든 뉴턴의 시계든.

우리가 알게 된 사실은 ‘지금’을 공유할 수 없다는 것이다. 보편적 현재 순간은 존재하지 않는다. 하지만 이것이 모든 사람에게 놀라운 소식이었을까? 아인슈타인이 태어나기 전에 시인이자 성직자인 존 헨리 뉴먼John Henry Newman은 이렇게 썼다. “시간은 공통의 성질이 아니라

네 / 이 마음과 저 마음이 받아들이고 파악하기에 / 긴 것은 짧고 / 빠른 것은 느리고 / 가까운 것은 멀다네 / 누구나 자신의 시간 표준이 있지." 그는 직관적으로 알았다.

1817년에 영국의 작가 찰스 램Charles Lamb은 지구 반대편 호주에 사는 친구 배런 필드Barron Field에게 이런 편지를 썼다. "그대의 지금은 저의 지금이 아니고 그대의 예전도 저의 예전이 아니지만, 저의 지금이 그대의 예전일 수도 있고 저의 예전이 그대의 지금일 수도 있습니다. 어느 누가 이런 문제를 이해할 수 있겠습니까?"

이제는 누구나 이런 문제를 이해할 수 있다. 우리에게는 표준 시간대가 있으니까. 우리는 날짜 변경선International Date Line이라는 가상의 선을 상정하고 이를 기준으로 화요일과 수요일이 나뉜다고 상상할 수 있다.● 시차 적응이 안 돼 고생할 때조차—이것은 본질적으로 시간여행으로 인한 병이다—우리는 '영혼 지연soul delay'에 대한 윌리엄 깁슨의 설명에 의미심장한 표정으로 고개를 끄덕일 수 있다.

> 그녀의 인간 영혼은 한참 뒤처져 있다. 그녀를 데려온 비행기가 대서양 상공 수백 킬로미터를 날고 있을 때, 그녀의 영혼은 사라진 비행운 아래 유령처럼 배꼽 모양으로 똬리를 틀고 있다. 비행기만큼 빨리 움직이지 못한 영혼은 뒤에 남으며, 잃어버린 수화물처럼 도착지에서 기다려야 한다.

● 세계 일주로 시간여행을 할 수 있을까? 포는 1841년 《새터데이 이브닝 포스트Saturday Evening Post》에 「일요일의 연속A Succession of Sundays」(『에드거 앨런 포 전집 4』(코너스톤, 2015)에 「일주일에 세 번 있는 일요일Three Days in a Week」이라는 제목으로 수록되었다_옮긴이)을 발표하면서 그 가능성을 처음으로 문학적으로 활용했으며, 그 뒤에 쥘 베른은 『80일간의 세계 일주』의 놀라운 결말에 써먹었다.

우리는 별빛이 고대의 빛임을 안다. 아득한 은하가 지금의 모습이 아니라 예전의 모습일 뿐임을 안다. 존 밴빌이 소설 『고대의 빛Ancient Light』에서 상기시키듯 '고대의 빛'이야말로 우리가 가진 전부다. "심지어 여기, 이 탁자 위에서도 제 눈에 맺힌 빛이 당신 눈에 도달하려면 시간이 걸려요. 작은, 극히 작은 시간이지만 걸리긴 한다고요. 그러니 어딜 보든 우리는 과거를 보는 셈이죠."● (그렇다면 미래도 엿볼 수 있을까? 똑똑한 시간여행자 조이스 캐럴 오츠Joyce Carol Oates가 트위터에서 말한다. "태양의 빛이 우리에게 도달하려면 몇 분이 걸리기 때문에, 우리는 늘 과거의 햇빛 속에서 살아간다. 교정쇄를 읽는 것과는 정반대다.")

감각에 닿는 모든 것이 과거로부터 올 때, 어떤 관찰자도 다른 어떤 관찰자의 현재를 살아가지 않을 때, 과거와 미래의 구별이 무너지기 시작한다. 우리 우주에서 일어나는 사건들은 원인과 결과로 연결될 수 있지만, 시간상으로 충분히 가까우면서도 충분히 멀어서 둘을 연관시킬 수 없고 무엇이 먼저인지 아무도 모를 수도 있다. (물리학에서는 '광추light cone' 바깥에 있다고 말한다.) 그렇다면 우리는 시공간의 구석에 홀로 처박힌 채 애초에 상상한 것보다 더 고립된 존재다. 점쟁이가 어떻게 미래를 아는 체하는지 아는가? 리처드 파인먼은 현재를 아는 점쟁이조차

● 1895년에 『타임머신』 서평을 쓰던 이즈리얼 쟁윌에게도 같은 생각이 계시처럼 떠올랐다. "오늘 우리에게 도달하는 빛은 천 년 전에 사멸한 별에서 왔는지도 모른다. 이 광선은 억만 킬로미터를 날아야 했기에 이제야 우리 지구에 부딪혔다. 이 사건들을 그 별의 표면에서 똑똑히 지각할 수 있다면 우리는 현재에서 과거를 볼 것이며 그 연도의 광선이 우리의 의식에 처음으로 부딪힌 지점까지 실제로 공간을 통해 어떤 연도로든 여행할 수 있을 것이다. 마찬가지로 우주 공간에서는 지구의 과거 전체가 여전히 펼쳐지고 있다. 그곳의 관찰자에게는 지구의 과거가 '오늘'로 보인다. 그는 앞으로 다가가 중세를 볼 수도 있고 뒤로 물러나 불타는 로마 앞에서 바이올린을 연주하는 네로를 볼 수도 있다."

한 명도 없다고 말했다.

아인슈타인의 막강한 아이디어는 물리학 학술지뿐 아니라 대중 언론을 통해서도 급속히 퍼져나가 철학의 잔물결에 파문을 일으켰다. 철학자들은 놀라고 수세에 몰렸다. 베르그송과 아인슈타인은 파리에서 공개적으로 맞붙었으며 편지를 주고받으며 사적으로 논쟁을 벌였다. 둘은 서로 다른 언어를 말하는 것 같았다. 하나는 과학적이고 계량적이고 현실적이었으며, 다른 하나는 심리학적이고 유창하고 못 미더웠다. 과학사가 히메나 카날레스Jimena Canales가 말한다. "아인슈타인이 발견한 '우주의 시간'과 베르그송이 말하는 '삶의 시간'은 위태로이 상충하는 나선형의 길을 따라 내려가 20세기를 두 문화로 갈랐다." 우리는 단순성과 진리를 찾을 때는 아인슈타인주의자요, 불확실성과 유동성을 끌어안을 때는 베르그송주의자다. 베르그송이 인간 의식을 시간의 중심에 놓은 반면에, 시계와 빛에 의존하는 아인슈타인의 과학에는 정신이 있을 자리가 없었다. 베르그송은 이렇게 썼다. "내게 시간은 가장 실질적이고 필요한 것이자 행위의 필요조건이다. 즉, 시간은 행위 자체다." 1922년 4월 프랑스철학회Société Française de Philosophie의 지식인 청중 앞에서 아인슈타인은 조금도 물러서지 않았다. "철학자의 시간은 존재하지 않습니다." 승자는 아인슈타인이었다.

아인슈타인의 개념 틀은 우리가 사물의 진정한 성격을 이해하는 데 어떤 영향을 미쳤을까? 그의 전기 작가 위르겐 네페Jürgen Neffe는 이 상황을 근사하게 요약한다. "아인슈타인은 이 현상들에 대해 아무런 설명도 내놓지 않았다. 빛과 시간이 실제로 무엇인지 아는 사람은 아무도 없다. 아무도 그것이 '무엇'인지 알려주지 않는다. 특수상대성이론은 세상을 측정하는 새로운 규칙, 즉 앞선 모순을 극복하는 완벽하게 논리적인 구성물을 제시할 뿐이다."

헤르만 민코프스키는 특수상대성이론에 대한 아인슈타인의 1905년 논문을 흥미롭게 읽었다. 그는 취리히에서 아인슈타인에게 수학을 가르친 적이 있었다. 이제 그는 마흔네 살, 아인슈타인은 스물아홉 살이 되었다. 민코프스키는 아인슈타인이 시간 개념을 "옥좌에서" 끌어내렸을 뿐 아니라 '시간'이 존재하지 않고 '시간들'만이 존재함을 밝혀냈음을 깨달았다. 하지만 그는 제자가 중요한 과업을 끝내지 않았다고 생각했다. 모든 실재의 본성에 대한 새로운 진리를 미처 설파하지 않았다는 것이다. 그래서 민코프스키는 강연을 준비했다. 1908년 9월 21일 쾰른의 학술 회의에서 진행된 그의 강연은 아직까지도 유명하다.

강연 제목은 '공간과 시간Raum und Zeit'이었으며 그의 임무는 두 개념이 공허하고 무의미하다고 단언하는 것이었다. 그는 의기양양하게 말문을 열었다. "공간과 시간에 대한 제 견해를 여러분 앞에 내놓고자 합니다. 이 견해는 실험물리학의 토양에서 자랐으며 거기에 강점이 있습니다. 저의 견해는 급진적입니다. 이제 공간 자체와 시간 자체는 한갓 그림자로 사라질 운명이며 둘의 결합만이 독립적 실재성을 간직할 것입니다."

그는 청중에게 길이, 너비, 두께를 나타내는 세 개의 직교 좌표 x, y, z로 공간을 표시할 수 있음을 상기시켰다. 이제 t가 시간을 나타낸다고 가정하자. 그는 분필로 칠판에 네 개의 축을 그릴 수 있다고 말했다. "4라는 숫자를 좀 더 추상화한다고 해서 수학자에게 해로울 것은

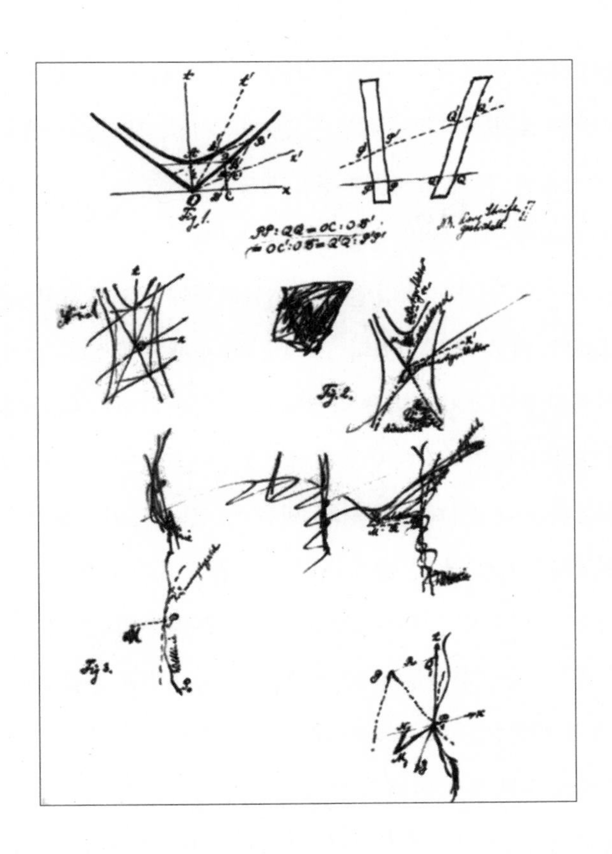

없습니다." 더 나아가보자. 그는 후끈 달아올랐다. 그는 이것이 "시간과 공간에 대한 새로운 관념"이자 "모든 자연법칙 중 으뜸"이라고 선언했으며 이 관념을 "절대적 세계의 원리"라고 불렀다.

네 숫자 x, y, z, t는 '세계점world point'을 이룬다. 탄생부터 죽음까지 물체의 존재를 좇는 모든 세계점을 합치면 '세계선world line'이 만들어진다. 그렇다면 이 모든 것을 뭉뚱그린 것은 뭐라고 불러야 할까?

생각할 수 있는 모든 x, y, z, t 값 체계의 총합을 우리는 '세계'라고 부를 것이다.

'디 벨트Die Welt!' 좋은 이름이다. 하지만 지금은 시공간(시공 연속체)이라고만 부르자. 우리는 "시간은 언제나 시간, 장소는 언제나 / 그리고 다만 장소일 뿐"(『T. S. 엘리엇 전집』(동국대학교출판부, 2001) 83쪽)이라는 T. S. 엘리엇의 말을 빌려 저항하지만 허사다.

민코프스키가 자신의 강연이 실험물리학에 근거했다고 말한 것에는 다소 오해의 소지가 있었다. 그의 진짜 주제는 추상 수학이 우주에 대한 이해를 뜯어고치는 힘을 가졌다는 것이었다. 그는 뭐니 뭐니 해도 기하학자였다. 물리학자이자 역사가인 피터 갤리슨Peter Galison은 이렇게 표현했다. "아인슈타인이 시계, 막대기, 광다발, 기차를 만지작거렸다면 민코프스키는 격자, 표면, 곡면, 투영을 가지고 놀았다." 민코프스키는 가장 심오한 시각적 추상화의 관점에서 생각했다.

민코프스키는 "한갓 그림자"라고 말했다. 이것은 한갓 시어가 아니었다. 그의 표현은 거의 문자 그대로였다. 우리에게 지각된 실재는 플라톤의 동굴에서 불로 인해 투영된 그림자와 같은 투영이다. 세계—절대적 세계—가 4차원 연속체라면 우리가 임의의 순간에 지각하는 모든 것은 전체의 조각이다. 시간감각은 환각이다. 아무것도 지나가지 않고 아무것도 변하지 않는다. 우주—우리의 좁은 시야에 보이지 않는 진짜 우주—는 이 무시간적이고 영원한 세계선의 총체를 이룬다. 민코프스키는 쾰른에서 이렇게 말했다. "이 세계선들의 상호 관계야말로 물리 법칙의 가장 완벽한 표현일거라 기대해봅니다." 석 달 뒤에 그는 맹장이 파열되어 타계했다.

따라서 시간이 네 번째 차원이라는 발상이 앞으로 기어 나왔다. 단번에 등장한 것은 아니었다. 1908년에 《사이언티픽 아메리칸》에서는 네 번째 차원을 앞의 세 차원에서 유추되는 가설적 공간으로 "단순하게 설명"했다. "4차원에 들어가려면 현재 세계 밖으로 빠져나가야 한다." 이듬해에 《사이언티픽 아메리칸》은 '4차원'을 주제로 논문 공모전을 열었는데, (독일의 물리학자들과 영국의 판타지 작가가 참여했는데도) 우승자와 입상자 중 누구도 4차원을 시간으로 간주하지 않았다. 시공 연속체는 정말로 급진적이었다. 실험물리학자 막스 빈Max Wien은 자신의 첫 반응을 이렇게 묘사했다. "뇌가 살짝 떨리더니 공간과 시간이 어우러져 잿빛의 무지막지한 혼돈을 이루는 듯했다."● 시공 연속체는 상식에 반한다. 블라디미르 나보코프Vladimir Nabokov가 절규한다. "공간의 본질은 시간의 본질과 다르다. 그리고 상대성 논리주의자들에 의해 주창된 4차원이란 변종은 외다리의 유령에 의해 대체된 한 버팀대의 네 가지다."(『추억을 잃어버린 사랑. 하』(모음사, 1991) 232쪽) 이 비판에서 필비의 분위기가 느껴지는가? 아인슈타인조차 민코프스키의 주장을 '불필요하게 현학적überflüssige Gelehrsamkeit'이라며 즉각 받아들이지 않았다. 하지만 아인슈타인은 생각을 고쳐먹었다. 1955년에 친구 베소가 죽었을 때 아인슈타인이 가족에게 건넨 위로의 말은 수없이 인용되었다.

> 그가 나보다 조금 앞서서 이 희한한 세상을 떠났군요. 이 사실에는 아무런 의미도 없습니다. 물리학을 믿는 우리에게 과거, 현재, 미래의 구분은 끈질기게 퍼진 망상일 뿐이니까요.(『아인슈타인이 말합니다』(에이도스, 2015) 151쪽)

● 빈은 (이를테면 타이태닉호에서 쓴) 초기 무선 송신기인 '스파크 갭 송신기Löschfunkensender'의 발명자다.

아인슈타인은 3주 뒤에 죽었다.

하지만 여기에는 우스운 반전이 있다.

아인슈타인이 완벽한 동시성의 불가능성을 발견한 지 한 세기 뒤에, 상호 연결된 우리 세계의 기술은 어느 때보다 동시성에 의존한다. 전화망 교환기가 동조되지 않으면 전화가 연결되지 않는다. 절대시간을 '믿는' 물리학자는 아무도 없지만 인류는 공식적인 시간 척도에 합의했다. 워싱턴의 미국해군천문대United States Naval Observatory, 파리 근교의 국제도량형국Bureau International des Poids et Mesures 등에는 원자시계가 금고 안에서 절대영도에 가까운 온도로 보존되고 있는데, 이 원자시계들이 네트워크로 연결된 광속 신호를 통해 상대론적 보정을 하는 덕분에 전 세계 사람들이 자신의 시계를 맞출 수 있다. 과거와 미래에 대한 혼란은 용납되지 않는다.

뉴턴은 이것이 당연하다고 생각했을 것이다. 국제 원자시는 뉴턴이 만든 절대시간을 성문화한 격이었으며, 방정식이 성립하고 기차가 제시간에 도착하는 것 또한 절대시간 덕이다. 아인슈타인보다 한 세기 '전'에는 동시성 측면에서의 이러한 기술적 성취를 상상조차 할 수 없었을 것이다. 동시성이라는 개념 자체가 거의 존재하지 않았으니 말이다. 머나먼 장소에서 시간이 어떻게 될 것인가의 문제를 궁리한 희귀한 철학자가 한 명 있긴 했지만. 1646년에 의사이자 철학자인 토머스 브라운Thomas Browne은 이 문제의 답을 아는 것은 꿈도 꿀 수 없다고 말했다.

다른 장소에서 시간이 얼마나 다른지 알아내는 것은 평범한 문제나 달력의 문제가 아니라 수학적 문제다. 아무리 현명한 자도 정답을 내놓지 못한다. 여러 장소의 시간들은 경도에 따라 서로를 예측하는데, 모든 장소에 대해 정확한 경도를 알 수 없기 때문이다.

모든 시간은 현지 시간이었다. '표준시'는 철도가 등장하기 전에는 쓰임새가 전혀 없었으며 전신이 등장하기 전에는 확립될 수 없었다. 영국은 19세기 중엽에 철도 시간railway time을 도입했는데, 그리니치의 왕립천문대Royal Observatory와 런던의 일렉트릭 타임 컴퍼니Electric Time Company에 있는 새로운 전자기 시계에서 전신 신호가 송출될 때 시계를 맞췄다('시계를 맞추다synchronize'라는 표현이 이때 처음 등장했다). 새로운 방식으로 조정되는 베른의 시계탑과 전기식 길거리 시계에도 신호가 전송되었다.● 이런 기술들이 있었기에 아인슈타인의 아이디어와 H. G. 웰스의 아이디어가 탄생할 수 있었다.

미국 포토맥강 근처의 산꼭대기에는 시간부Directorate of Time가 있다. 이곳은 해군의 부서로, 법률상 공식적으로 미국의 시간을 관리한다. 마찬가지로 파리에는 국제도량형국이 있는데, 국제 킬로그램 원기도 이곳에 보관되어 있다. 이곳들은 협정 세계시temps universel coordonné(UTC)를 관리한다. 하지만 '우주 시간temps universel'이라는 명

● 이 문제의 권위자 피터 갤리슨은 아인슈타인과 베소가 1905년 5월에 그 운명의 날에 대해 얘기하면서 베른 북동쪽 언덕에 서 있었을 것이라고 주장한다. 두 사람은 베른의 오래된 시계탑과 북쪽으로 무리Muri에 있는 또 다른 시계탑을 동시에 볼 수 있었을 것이다.

칭은 오만한 듯하다. '지구 시간'이라고만 불러도 충분할 것이다.

현대의 모든 시간 측정 장치는 과학적이지만 임의적이다. 철도가 놓이면서 표준 시간대가 꼭 필요해졌으며, 돌이켜 생각해보면 표준 시간대에는 시간여행의 의미가 이미 담겨 있었음을 알 수 있다. 표준 시간대는 지령에 의해 한꺼번에 확정되지 않았다. 여러 번에 걸쳐 독자적으로 시작되었다. 이를테면 (훗날 '두 정오의 날the Day of Two Noons'로 알려진) 1883년 11월 18일 일요일에 뉴욕시티 타임 텔레그래프 컴퍼니Time Telegraph Company 총무이사 제임스 햄블릿James Hamblet은 손을 뻗어 웨스턴 유니언 텔레그래프 빌딩 표준 시계의 진자를 멈췄다. 그는 신호를 기다렸다가 진자를 다시 흔들었다. 《뉴욕 타임스》에서는 이렇게 보도했다. "그의 시계는 100분의 1초의 정확도로 맞춰졌는데, 이것은 사람이 거의 감지할 수 없을 만큼 미세한 차이이다." 도시 전역에서 시보가 새 시간을 알렸으며 보석상에서는 자기네 시계를 맞췄다. 《뉴욕 타임스》는 새로운 시간의 시작을 과학소설풍으로 설명했다.

> 《타임스》 독자가 오늘 아침 8시에 식탁에서 신문을 펼치는 순간 뉴브런즈윅 세인트존은 9시이고, 시카고 또는 세인트루이스는 7시이고—시카고 당국은 표준 시간을 거부했는데, 이는 시카고 자오선이 본초 자오선으로 선정되지 못했기 때문인 듯하다—콜로라도 덴버는 6시이고, 샌프란시스코는 5시다. 이것이 사건의 전말이다.

물론 전말은 이렇게 간단하지 않았다. 철도의 표준 시간대는 임의적이었기에 모든 사람을 만족시키지 않은 데다 새로운 변칙이 뒤따랐다. 그것을 미국에서는 일광절약시간Daylight Saving Time이라고 부르고 유럽에서는 서머타임Summer Time이라고 부른다. 서머타임을 한 세기 동안 겪은 지금도 어떤 사람들은 1년에 두 번 시간을 건너뛰는 것을 거북해하거나 심지어 신체적으로 불편해한다. (서머타임은 철학적으로도 심란하다. 저 시간은 어디로 가는 걸까?) 최초의 서머타임은 1차대전 당시 독일에서 시행한 '조머차이트Sommerzeit'였는데, 목적은 석탄을 절약하는 것이었다. 곧이어 미국에서도 서머타임을 채택했다가, 폐기했다가, 다시 채택했다. 영국에서는 저녁에도 사냥을 하고 싶던 국왕 에드워드 7세가 왕실 소유지의 시계를 그리니치 시간보다 30분 앞선 '샌드링엄 시간'에 맞추도록 했다. 프랑스를 점령한 나치는 모든 시계를 베를린 시간에 맞춰 한 시간 앞당기라고 명령했다.

이것은 분과 초만의 문제가 아니었다. 머나먼 지역들 사이에 긴밀한 소통이 이루어지면서 날과 해도 혼란에 빠졌다. 인류는 대체 언제 보편력uniform calendar에 합의할 것인가? 1차대전 이후 창설된 국제연맹에서 이 문제를 해결하겠다고 나섰다. 국제연맹 산하 지적협력위원회Committee on Intellectual Cooperation에서는 철학자 베르그송을 위원장으로 선출했다. 아인슈타인도 잠시 위원을 지냈다. 국제연맹은 부활절 날짜를 정확하게 계산하는 데 연연하지 않는 나라들에 그레고리력을 도입시키려고 애썼다(그레고리력 자체도 수백 년에 걸친 갈등과 개정의 산물이었다). 시간을 앞이나 뒤로 건너뛴다는 생각은 불안을 자아냈으며 나라들은 협조하려 들지 않았다. 불가리아와 러시아는 자국민이 갑자기 13일 더 나이를 먹게 할 수 없다고 불평했다. 세계화라는 명분으로 인생의 13일을 내어줄 수 없다는 것이었다. 이와 반대로 프랑스가 그리니치 표준시에 합류하기로 결정하자 파리의 천문학자 샤를 노르만Charles Nordmann은 이렇게 말했다. "어떤 사람들은 법률의 권위에 의거해 9분 21초 젊어지는 것이 좋은 일이라는 생각으로 위안을 삼았을지도 모른다."

시간은 독재자와 국왕이 권력을 행사하는 대상이 된 것일까? 파리의 고약한 풍자가 마르셀 에메Marcel Aymé가 1943년에 새로운 종류의 시간여행 소설을 발표했는데 영어판 제목이 '서머타임의 문제The Problem of Summer Time'였다. 프랑스어판 제목은 '칙령Le décret'이었다. 매년 여름에 시간을 한 시간 앞당기고 매년 겨울에 뒤로 돌려놓는 것이 얼마나 쉬운지를 과학자와 철학자가 발견한 이후에 칙령이 반포된다. 화자가 말한다. "시간이 인간의 손아귀에 있다는 깨달음이 조금씩 퍼져나갔다." 인류는 시간의 역동적인 주인이다. 자신의 필요에 맞게 시간을 빨리 가도록 할 수도 있고 느리게 가도록 할 수도 있다. 어쨌든 "낡고 장엄한 속도의 시대는 끝났다".

> 상대적 시간, 심리적 시간, 주관적 시간, 심지어 압축할 수 있는 시간을 놓고 논의가 무성했다. 우리 조상들이 천년에 걸쳐 전승한 시간 개념이 실은 말도 안 되는 헛소리임이 분명히 드러났다.

시간을 (겉보기에) 장악한 권력자들은 끝이 보이지 않는 전쟁의 악몽에서 벗어날 방도를 발견한다. 그들은 시간을 17년 앞당긴다. 1942년이 1959년으로 훌쩍 넘어갔다. (같은 맥락에서 할리우드 영화 제작자들은 달력을 뜯어내고 시곗바늘을 돌려 시간 이동의 효과를 연출하기 시작했다.) 칙령으로 세계와 전 인류가 17년을 늙었다. 전쟁은 끝났다. 누군가는 죽고 누군가는 태어났으며 누구에게나 밀린 일이 있다. 다들 어리둥절하다.

에메의 화자는 파리에서 기차를 타고 시골로 간다. 그곳에서 놀라운 일이 그를 기다리고 있다. 칙령이 아직 전파되지 않은 곳이 있었다. 폭풍우를 만나고 포도주를 마시고 잠을 설친 뒤 머나먼 마을에서 그는 현역 독일군을 맞닥뜨린다. 자신의 나이는 56세여야 하는데 거울 속의 자신은 39세로 보인다. 한편 그는 그 17년 동안 새로 얻은 기억을 여전히 간직하고 있다. 심란하다. 아니, 이건 불가능하다. "어떤 시대를 산다는 것은 세상과 나 자신을 그 시대 고유의 방식으로 본다는 뜻이라는 생각이 들었다." 그는 앞으로 닥칠 시간에 대한 기억에 짓눌린 채 같은 삶을 살아야 할 운명일까?

그는 17년의 시차를 두고 동시에 존재하는 두 평행세계의 존재를 느낀다. 설상가상으로, 이 "신비한 도약과 시간의 굴곡"을 경험하고 나면 평행세계가 과연 둘뿐일까, 하는 의문이 든다.

> 이제 나는 무한한 우주라는 악몽을 받아들였다. 이곳에서 공식적인 시간은 한 우주에서 다른 우주로, 또 다른 우주로 나의 의식이 상대적으로 이동하는 것을 나타낼 뿐이었다.

지금—또 지금—그리고 또 다른 지금.

> 3시에 내가 펜을 쥐고 있는 세계를 인식한다. 3시 1초가 되자 내가 펜을 내려놓는 다음 우주를 인식한다.

인간의 마음으로 이해하기에는 너무 복잡하다. 다행히도 그의 기억이 희미해지기 시작한다. 모든 기억이 그렇듯. 그가 과거에 대해—미래에 대해, 다시 과거에 대해—쓴 것이 꿈처럼 보이기 시작한다. "이따금 지극히 평범한 데자뷔를 느끼는데, 횟수가 점차 줄어든다."

시간여행자에게 기억이란 무엇일까? 이것은 어려운 문제다. 우리는 기억이 우리를 '돌아가게' 한다고 말한다. 버지니아 울프에게 기억은 "재봉사이고, 게다가 변덕스러"웠다. ("추억은 바늘을 안팎으로, 위아래로, 이리저리 누빈다. 우리는 다음이 어떻게 되는지, 뒤에 뭐가 오는지 알지 못한다.")(『올랜도』(솔, 2010) 93쪽)

앨리스가 "전 어떤 일이 일어나기 전에는 기억할 수가 없어요"라고 말하자 왕비가 대꾸한다. "과거로만 작용하는 건 기억력이 형편없어서 그러는 거야."(『이상한 나라의 앨리스』(열린책들, 2007) 208쪽) 기억은 우리의 과거이기도 하고 과거가 아니기도 하다. 우리가 이따금 상상하듯 기억은 기록되지 않는다. 만들어지며 끊임없이 새로 만들어진다. 시간여행자가 자신을 만나면 누가 무엇을 언제 기억할까?

21세기에는 기억의 역설이 더 친숙해진다. 스티븐 라이트Steven Wright가 말한다. "나는 지금 건망증과 데자뷔를 동시에 겪고 있다. 이걸 전에 잊었다는 생각이 든다."

타임게이트
By Your Bootstraps
XII
I
II
III
IV
V
VI
VII
VIII
IX
X
XI

시간여행 같은 개소리는 집어치워.
시간여행 이야기를 시작하면 하루 종일
빨대로 도표를 그리면서 지껄여야 하니까.
— 라이언 존슨(2012)

잠긴 방 안에 담배, 커피포트, 타자기가 놓여 있고 한 남자가 앉아 있다. 그는 시간에 대해 모르는 게 없다. 시간여행에 대해서도 안다. 그는 밥 윌슨Bob Wilson으로, 박사 논문「형이상학의 엄밀함에 대한 수학적 측면의 탐구An Investigation into Certain Mathematical Aspects of a Rigor of Metaphysics」를 완성하려고 안간힘을 쓰고 있다. 그가 타자기를 두드린다. "좋은 예로 '시간여행'이 있다. 어떤 시간 이론에서든 시간여행을 상상하고 그 필연성을 정식화할 수 있을 것이다. 이 정식화는 각 이론의 역설을 해소한다." 유사철학적 속임수가 이어진다. "지속은 공간이 아니라 의식의 속성이다. '물자체'를 가지지 않기 때문이다."

그의 뒤에서 목소리가 들린다. "부질없는 짓이야. 어차피 순 헛소리니까." 밥이 고개를 돌리자 "몸집과 나이가 자기와 비슷한 남자"가 보인다. 좀 더 나이가 들었는지도 모르겠다. 그는 수염이 덥수룩하고 눈에 멍이 들었고 윗입술이 부었다. 남자는 허공에 떠 있는 구멍—"눈을 꼭 감았을 때 보이는 색깔처럼 아무것도 없는 커다란 원반"—에서 나타난 것처럼 보인다. 그는 옷장을 열어 밥의 진을 찾아내서는 제멋대로 마신다. 어딘지 익숙해 보인다. 여기 사정에 밝은 것이 틀림없다. 그가 말한다. "조라고 부르게."

우리—미래, 그러니까 시간여행에 빠삭한 21세기 사람들—는 사건이 어떻게 전개될지 알지만, 이 이야기의 시점은 1941년이므로 가련한 밥은 영문을 알지 못한다.

밥을 찾아온 남자는 허공의 구멍이 타임게이트Time Gate라고 설명한다. "시간은 게이트의 양쪽에서 나란히 흐르지. 원에 발을 내딛기만 하면 미래로 갈 수 있어." 조는 밥에게 게이트를 통과해 미래로 가라고 말한다. 하지만 밥은 이것이 좋은 생각인지 의심스럽다. 두 사람이 진병을 주거니 받거니 하며 이야기를 나누는데 세 번째 남자가 나타난다. 그는 마치 밥과 조의 가족인 것처럼 비슷하게 생겼다. 그는 밥에게 게이트로 들어가지 말라고 한다. 누구 말을 들어야 하나? 이때 전화벨이 울린다. 네 번째 남자가 상황을 점검한다.

사변적 철학자와 펄프 잡지 독자들의 예상대로다. 시간여행에서는 자신을 만날 수 있다. 마침내 그 일이, 온갖 방식으로 일어나고 있다. 소설이 끝나기 전에 우리는 주인공 다섯 명을 만나게 된다. 그들은 모두 밥이다. 저자도 밥이다. 로버트 앤슨 하인라인Robert Anson Heinlein은 여러 필명 중 하나인 앤슨 맥도널드Anson MacDonald로 이 소설을 쓰고 있었다. 원래 제목은 '밥의 바쁜 하루Bob's Busy Day'였는데, 펄프 잡지 《어스타운딩 사이언스 픽션Astounding Science Fiction》에 '타임게이트By His Bootstraps'라는 제목으로 발표되었으며 당시만 해도 가장 정교하고 복잡하고 교묘하게 짜인 시간여행 소설이었다.

어떤 할아버지도 죽지 않고 어떤 미래의 어머니도 임신하지 않고, 그저 재치 있는 말을 주고받다가 주먹을 날린다. 장면을 묘사하는 것도 밥인데, 나이를 더 먹고 아는 게 더 많은 또 다른 밥의 시점에서 사건이 되풀이된다. 독자는 '조'가 밥과의 첫 만남을 기억하리라 예상하겠지만, 그는 시점의 변화에 혼란을 느낀다. 변화를 알아차리는 데는 시간이 걸린다. 밥들은 자각의 증진이라는 사다리를 올라가야 한다. 시간선timeline을 정리하려면 민코프스키 도표가 필요하다. 하인라인은 소설의 초안을 잡으면서 도표 하나를 직접 그리기도 했다.

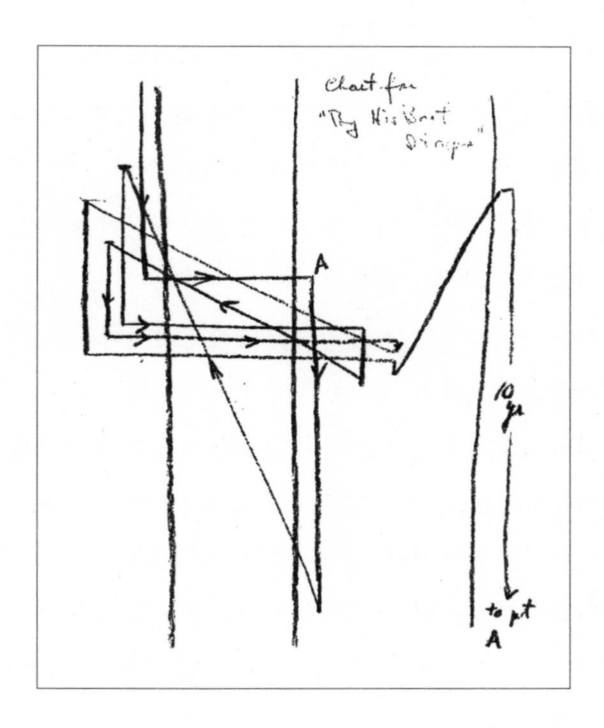

물론 소설에서는 여러 시간선이 겹친다. 밥의 시간선 이외에 기승전결이라는 독자의 시간선도 있다. 중요한 것은 우리의 시점이다. 저자는 우리를 살살 구슬러 이끌어간다. 그는 가련한 주인공을 이렇게 묘사한다. “그가 이런 문제를 이해할 기회는 개 사료가 어떻게 깡통에 들어가는지를 콜리가 이해할 기회만큼 많았다.”

로버트 하인라인은 바이블 벨트의 중심인 미주리 버틀러 출신으로, 미 해군에 입대하면서 남캘리포니아로 이주해 양차 대전 사이에 장교후보생으로 복무했으며, 최초의 항공모함 중 하나인 렉싱턴호에서 통신 장교로 근무하기도 했다. 그는 자신이 대포와 사격 관제에 재능이 있다고 여겼으나 폐렴에 걸리는 바람에 의병 제대를 해야 했다. 그의 첫 소설은 1939년에 쓴 공모작이었다. 《어스타운딩 사이언스 픽션》에서는 그에게 원고료 70달러를 주었으며 그는 타자기를 두드리기 시작했다. 그는 금세 펄프 세계에서 가장 왕성하고 독창적인 작가가 되었고 그 뒤로 2년 동안 「타임게이트」를 비롯한 소설과 단편 소설을 여러 필명으로, 스무 편 넘게 발표했다.

첫 번째 수상작 「생명선」은 친숙한 방식으로 첫머리를 연다. 미스터리한 과학자가 의심 많은 청중 앞에서 시간이 예나 지금이나 네 번째 차원임을 설명한다. 그가 말한다. "자네들이 믿든 말든 간에, 오랫동안 시간의 4차원성은 아무 의미를 갖지 못했지. 바보들을 꾀기 위해 떠벌이들이 써먹곤 하던 케케묵은 수법이었어."(『세계 SF 걸작선』(고려원미디어, 1993) 199쪽) 그는 청중에게 자신의 말을 문자 그대로 받아들여 4차원 시공간에서 인간의 형체가 어떨지 머릿속에 그려보라고 말한다. 인간이란 무엇인가? 네 축에서 측정할 수 있는 시공간적 존재다.

> 잠시 뒤면 지금 시공의 생명체인 자네가 그동안 살아왔던 이전의 범주까지, 그러니까 아마도 이곳의 시간축과 직각으로 교차하는 영역인 1905년 정도까지 마치 지금 일어나고 있는 일처럼 선명하게 다다르게 될 것이네. 그 한쪽 극단에는 달콤한 우유 냄새를 맡으며 턱받이에 침을 흘리는 갓난아이가 있고, 반대쪽 극단에는 1980년대의 어느 곳에선가 한 노인이 있을 것이네. 자 그러면, 이제 로저스라고 불리는 이 시공의 생명체를 수년간 살아온 하나의 기다랗고 예쁜 벌레라고 상상해보게.(199~200쪽)

기다랗고 예쁜 벌레. 문화는 천천히 조심스레 시공 연속체를 소화했다. 쉬운 조각을 일일이 설명할 필요가 없어졌기에 이젠 미묘한 뉘앙스를 표현할 수 있었다.

「타임게이트」의 재미는 밥들과의 우스꽝스러운 조우에 있다. 1인 익살극을 다섯 배로 부풀린 이 소설에는 엉뚱한 곳에 놓인 모자, 어리둥절해 화가 난 여자 친구('양다리two-timing'라는 단어가 꼭 들어맞는 상황), 그리고 엉뚱한 시각에 닫혀 웃음을 자아내는 문門의 SF 버전인 타임게이트가 등장한다. 모자는 없어졌다 나타났다 다시 없어지다가 급기야 토끼처럼 번식하는 것처럼 보인다. 밥은 밥과 함께 취한다. 밥은 취한 밥을 보고 놀라며 밥을 내키는 대로 부른다. 하지만 하인라인은 과학에도 공을 들인다. 철학인지도 모르겠지만. 밥 중에서 가장 나이가 많고 현명한 3만 년 뒤의 밥이 과거의 자신에게 말한다. "공간에서의 인과는 인간이 지속을 지각하는 것에 제한받을 필요가 없으며 제한받지도 않아." 젊은 밥은 곰곰이 생각하다 이렇게 대꾸한다. "잠깐만요. 엔트로피는 어쩌고요? 엔트로피를 피해갈 수는 없다고요." 이런 식이다. 자세히 들여다보면 이 대화는 서부 영화 세트장에서 페인트칠만 된 가게 정면처럼 공허하다.

하인라인은 처음에는 이 소설을 별로 대단하게 여기지 않았다. 그래서 《어스타운딩 사이언스 픽션》의 거물 편집자 존 W. 캠벨John W. Campbell이 그의 소설을 특별한 작품으로 치켜세우자 무척 놀랐다. 이 소설은 사람들이 시공간을 통과해 되돌아가기 시작할 때 생기는 두 가지 철학적 난제에 나름의 방식으로 대처하기 시작한다. 첫 번째 난제는 그들이 누구냐의 문제다. 이것을 '자아의 연속성'이라고 부르기로 하자. 밥들을 1번 밥, 2번 밥 등으로 불러도 나쁠 것 없지만, 성실한 화자는 각각의 밥을 언어로 구분하기가 여의치 않음을 깨닫는다. "그의 예전 자신이 세 번째 복제의 존재를 심술궂게 무시하면서 그를 쳐다보았다." 영어에 대명사가 부족하다는 사실을 문득 실감한다.

하지만 제3의 인물이 누구인지는 미처 예상하지 못했다.

그가 눈을 뜨자 또 다른 자신—취한 자신—이 최신 판과 대화를 나누고 있었다.

밥은 자신을 응시할 뿐 아니라 자신의 외모가 마음에 들지 않는다. "윌슨은 그 친구의 얼굴이 마음에 들지 않는다고 생각했다." (이 경험을 재현하려 시간여행을 할 필요는 없다. 우리에게는 거울이 있으니까.)

자신self이란 무엇일까? 이것은 프로이트에서 라캉을 거쳐 호프스태터와 데닛에 이르는 20세기 사상가들이 고민한 문제다. 시간여행은 이 주제를 더 심오하게 변형한다. 우리는 다중 인격personalities과 또 다른 자아egos를 얼마든지 가지고 있다. 우리는 자신이 어릴 적 자신과 '같은'지, 다음 번에 자신을 바라볼 때에도 자신이 '똑같은 사람'인지 의심하는 법을 배웠다. 시간여행 문학은—1941년에 밥 하인라인은 자신의 작품이 문학이라 불릴 것이라고는 꿈도 꾸지 못했겠지만●—철학자들이 도맡던 질문을 탐구하는 방법을 내놓기 시작한다. 본능적이고 어수룩하게, 말하자면 날것 그대로 들여다보면서.

● "밥 윌슨은 사기꾼과 철학자가 반반씩 섞인 인물이었다"라는 하인라인의 묘사는 자신을 자랑스럽게 지칭한 것이다.

나와 대화를 나누는 상대방이 나일 수 있을까? 손을 뻗어 누군가를 만지면 그는 정의상 다른 사람일까? 대화의 '기억'을 가지고 있으면서 바로 그 말을 내뱉을 수 있을까?

> 윌슨의 머리가 다시 지끈거리기 시작했다. 그가 간청했다. "그러지 마. 저 친구를 나처럼 대하지 마. **이게 나야.** 여기 서 있는 사람."
> "그러시든지. 저 친구는 자네**였던** 남자야. 그에게 어떤 일이 일어날지 기억하지?"

그는 결론에 이른다. "자아는 자신이었다. 자신은 자신이다. 이것은 입증되지 않았고 입증할 수 없으며 직접 경험되는 최초 진술이다." 앙리 베르그송은 이 소설을 재미있게 읽었을 것이다.

> 그는 자신의 생각을 말로 표현할 방법을 궁리했다. 자아는 의식이 있는 점이다. 기억 지속의 선을 따라 끊임없이 확장되는 연쇄의 마지막 항이다. 이 생각을 신뢰할 수 있으려면 수학적으로 정식화하려고 시도해야 했다. 구어에는 아주 기묘한 부비 트랩이 들어 있다.

그는 예전의 자신 또한 자신을 유일하게 일관되고 지속된 존재인 밥 윌슨으로 느꼈다는 사실을 받아들인다(그렇게 기억하므로). 하지만 이것은 환각일 수밖에 없다. 4차원 연속체에서 각 사건은 제 나름의 시공간 좌표가 있는 절대적 개별자다. "순전한 필연성에 의해 그는 비동일성 원리—'어떤 것도 다른 어떤 것과, 심지어 자신과도 동일하지 않다'—를 확장해 자아를 포함하지 않을 수 없었다. 지금의 밥 윌슨은 10분 전의 밥 윌슨이 '아니'다. 각각의 밥 윌슨은 4차원 과정의 개별적 조각이다."
이 모든 밥은 한 덩어리 빵의 조각들이 같지 않듯 서로 같지 않다. 하지만 그들에게는 기억의 연속성이 있다("그들 모두를 관통하는 기억의 길"). 그의 머릿속에 데카르트가 떠오른다. 철학에 대해 조금이라도 아는 사람이라면 '나는 생각한다. 그러므로 나는 존재한다cogito ergo sum'를 알 것이다. 누구나 느낌으로 안다. 이것은 '호모 사피엔스' 고유의 환각이다.

독자인 우리가 어떻게 밥을 통일된 자아로 이해하지 않을 수 있겠는가? 우리는 비비 꼬인 그의 모든 시간선을 그와 함께 헤쳐오지 않았던가. '자신'은 그가 들려주는 이야기다.

이제 우리는 자유의지의 문제에 도달한다(이번이 마지막은 아닐 것이다). 이것은 하인라인이 서사를 전개하면서 탐구하기로 마음먹은 두 번째 철학적 난제였다. 좋든 싫든 어차피 탐구하게 되었을 테지만. 그에게는 선택의 여지가 없었다. 밥을 과거로 보내 예전 자신을 만나게 하고 더 새롭고 현명한 시점에서 과거를 다시 살게 하면, 밥이 이 질문을 던지는 것은 필연적이다. "이번에는 다르게 할 수 없을까?"

다시 시계를 거꾸로 돌리면, 더 나이를 먹고 더 현명해진 3번 밥은 1번 밥이 어떻게 해야 하는가에 대한 2번 밥의 의견에 반대한다. 그는 그(들)에게 선택의 여지가 있다고 전제한다. 예전 밥은 나중의 자신인 우월한 지혜에 머리를 숙일까? 그럴 리가. 그는 여전히 한 자신의 눈에 멍이 들게 하고 다른 자신을 타임게이트로 밀어 넣어야 한다.

독자는 전체 그림을 밥보다 훨씬 먼저—말하자면 위에서—본다. 밥은 타임게이트를 시공간에 들어가는 창문으로 이용하려 하지만, 조작하기가 쉽지 않다. 이따금 그는 "인간인지도 모르는 그림자가 휙휙 지나가는 것"을 본다. 아니, 느낀다고 해야 하나. 우리는 그것이 동굴 벽에 비친 자신의 그림자임을 안다. 1번 밥과 나머지 모두가 분투해 성취하는 결과는 자신의 운명을 완성하는 것이다. 여기서 역설은—이것이 역설이라면—자신의 반복되는 경험이 미리 정해진 것임을 점차 깨닫더라도 아주 열심히 노력해야 한다는 것이다. 트랙에서 벗어날 방법은 없다. 밥은 이미 했던 말을 자신이 되풀이하는 것을 들으며 대본을 다시 쓰려고 노력하지만 허사다. 그가 스스로에게 말한다. "너는 자유로운 행위자야. 너는 지금 동요를 부르고 싶어. 그래, 해봐. 그리고 이 악순환을 끊는 거야." 하지만 바로 그 순간 동요 가사가 생각나지 않는다. 그의 대사는 이미 쓰여 있다. 그는 쳇바퀴에서 내릴 수 없다.

그가 외친다. "하지만 그건 불가능해! 내가 무언가를 한 것은 하기로 되어 있었기 때문이라는 거야?"

그가 차분하게 대꾸한다. "그럼 아니야? 네가 거기 있었잖아."

젊은 밥은 여전히 심기가 불편하다. "인과의 고리를 결코 끊을 수 없다는 말이군." 늙은 밥은 어렵게 얻은 지식을 가지고도 자신의 운명을 성취하는 일을 결코 중단하지 않는다. 그는 예전 자기들이 자신들의 몫을 할 때까지 기다리지 않고 열심히 그들을 조종한다. 화자가 말한다. "모두가 미래를 대비해 계획을 세운다. 그는 과거에 대비할 참이었다." 대체로 보자면 이 이야기는 제 꼬리를 밀면서 그게 필요한 일인지 궁리하는 뱀이다.

저자는 남캘리포니아에서 생활비를 벌기 위해 수동 타자기로 이야기를 지어내고 줄거리에 개연성을 부여하고 등장인물에게 설득력을 부여하려고 애쓴다. 그에게는 나름의 자유의지 문제가 있다. 그는 자신이 창조한 인물들을 꼭두각시로 만든다. 줄이 보였다 안 보였다 한다. 그들은 시야가 좁아져 있다. 도표를 그려놓은 전지적 저자만이 모든 것을 한눈에 본다. 우리 독자는 이야기에 붙박여 과거를 기억하고 미래를 예상한다. 우리는 필멸자다. 우리에게 지금은 지금이다.

소설을 읽거나 삶을 살 때 이것을 뛰어넘기란 쉬운 일이 아니다. 하인라인 말마따나 "지속적 관점에서 벗어나 영원한 관점에서 생각하려면 탄탄하고도 섬세한 지적 노력"을 경주해야 한다. 자유의지는 쉽사리 폐기할 수 없다. 직접 경험되기 때문이다. 우리는 선택을 한다. 식당에 가서 종업원에게 "우주가 예정한 메뉴를 갖다주시오"라고 말한 철학자는 없었다. 아인슈타인은 특별히 자유롭다고 느끼지 않으면서도 자신의 '의지'로 담뱃대에 불을 붙일 수 있다고 말했다. 그는 쇼펜하우어를 즐겨 인용했다. "인간은 자신이 의지하는 바를 행할 수 있지만 자신의 의지작용을 의지할 수는 없다Der Mensch kann wohl tun, was er will; aber er kann nicht wollen, was er will.".(『自由, 必然 그리고 맹목적 意志』(춘추각, 1990) 15쪽)

자유의지 문제는 잠자는 거인이었다. 아인슈타인과 민코프스키는 무심코 그를 흔들어 깨웠다. 두 사람의 추종자들은 시공 연속체를 얼마나 문자 그대로 받아들였을까? 영구적으로 고정된 '블록 우주'를 우리의 편협한 3차원 의식이 통과한다고 생각했을까? 영국의 물리학자이자 무선 수신의 선구자인 올리버 로지Oliver Lodge는 1920년에 이렇게 물었다. "미래가 모두 미리 정해진 채 우리의 3차원 거처로 '밀려 들어오'기를 기다릴 뿐일까? 우연성의 요소는 전혀 없을까? 자유의지는 없는 것일까?" 그는 일종의 겸손을 촉구했다. "내가 이야기하는 것은 신학이 아니라 기하학이다. 유추와 수학적 분석을 단순히 더듬는 것으로 심오한 실재에 대한 문제를 해결할 수 있다고 착각하는 것은 어리석인 실수일 것이다. 인류가 존재한 지는 그리 오래되지 않았다. 과학 연구를 시작한 것은 최근이며 여전히 사물의 표면, 사물의 3차원 표면만을 긁적거리고 있다." 한 세기가 지난 지금도 달라진 것은 없는 듯하다.

철학자들은 굳이 시공 연속체가 아니어도 자유의지에 문제가 있다고 말할 수 있었다. 논리 규칙이 인간의 연장통에 담기자마자 고대인들은 이것으로 가장 매혹적인 수수께끼를 만들어낼 수 있음을 알게 되었다. 인간의 언어는 시제만 바꿔도 과거와 미래를 넘나들 수 있기에, 방심하면 함정에 빠질 수 있다.

아리스토텔레스는 이렇게 말했다. "그런데, (지금) 있는 것(일)과 (이미) 생긴 것(일)에 대해서는 반드시 긍정문이나 부정문이 참이거나 거짓, 둘 중 하나이어야 한다."(『범주론·명제론』(이제이북스, 2007) 142쪽) 달리 말하자면 현재에 대한 진술과 과거에 대한 진술은 참이거나 거짓이다. '어제 해전海戰이 벌어졌다'라는 명제를 생각해보자. 이 명제는 참 아니면 거짓이지 중간일 수 없다. 따라서 이것이 미래에 대한 진술에도 해당하는지 살펴보는 것은 당연하다. '내일 해전이 벌어질 것이다.' 토요일이 되면 이 명제는 참 아니면 거짓이 될 것이다. 하지만 '지금'은 참이어야 할까, 거짓이어야 할까? 언어와 논리의 관점에서 보면 두 명제는 같아 보이며, 따라서 같은 규칙이 적용되어야 한다. 내일 해전이 벌어질 것이다. 이 명제가 참이나 거짓이 아니라면 대체 무엇이란 말인가?

아리스토텔레스는 확답을 내리지 못했다. 그는 미래에 대한 명제를 예외로 치부했다. 미래에 대해서는 또 다른 상태의 여지를—그것을 '미정'이라 부르든 '우연'이라 부르든 '미지'라 부르든 '미결'이라 부르든—논리에 두어야 한다고 생각했다. 현대 철학자들은 이것을 찜찜하게 여긴다.

주말이 되면 해전이 '벌어졌을will have been' 것이다. 모든 언어에 미래 완료 진행 시제가 있는 것은 아니다. 이 시제가 있는 언어에서는 이 진술이 자연스럽게 느껴진다. 해전은 벌어졌을 것이거나 벌어져 있지 않을 것이거나 둘 중 하나다. 때가 되면 어느 쪽인지 알 수 있다. 그것은 필연적'이었을to have been' 것이라고 보이게 될 것이다. 이런 식으로 언어와 논리는 단단한 우주라는 영원론적eternalist 관점, 즉 뉴턴과 라플라스가 밝혀낸 한 치의 오차도 없는 물리법칙의 도래로 견고해진 관점을 뒷받침한다. 블록 우주 묶음은 4차원 시공 연속체로 포장되고 밀봉된 듯했다. 새로운 물리학은 철학자들에게 지대한 영향을 미쳤다(그들이 인정하든 하지 않든). 과거와 미래가 전혀 다르다는 직관적 통념에서 그들을 해방시켰다. 즉, 철학자들을 해방시키면서 나머지 우리를 가뒀다. 버트런드 러셀은 1926년에 이렇게 썼다. "과거와 미래가 현재만큼 실질적임을 인정해야 하며, 시간에 대한 노예 상태로부터의 해방은 철학적 사유에 필수적이다."● 한 숙명론자가 말한다. "일어나는 일은 모

● "시간이 실재의 특징으로서 중요하지 않고 피상적이라는 말에는 일리가 있다. 말로 표현하지는 못해도 느낄 수는 있다."

두 일어나야 했다." 증명 끝.

캘리포니아 출신의 실재론자 도널드 C. 윌리엄스Donald C. Williams가 20세기 중엽에 「내일의 해전The Sea Fight Tomorrow」이라는 논문으로 논란을 재점화했다. 그가 내세운 실재론은 4차원—즉, 완전히 현대적인—실재론이었다. 그가 제시한 "세계에 대한 관점, 또는 세계에 대해 이야기하는 방법"(잊기 쉬운, 중요한 구분)은 아래와 같다.

> 이 관점은 존재, 사실, 사건의 총체를 공간 차원과 더불어 시간 차원에 영원히 퍼져 있는 것으로 취급한다. 미래 사건과 과거 사건은 결코 현재 사건이 아니지만, 명백하고 중요한 의미에서 세계 구조의 통합적이고 확고한 요소로서 지금 또한 영원히 존재한다.

1960년대에 내일의 해전은 철학 학술지에서 새 생명을 얻었다. 숙명론의 논리를 놓고 격론이 벌어졌다. 논쟁의 이정표는 브라운대학교의 형이상학자이자 양봉가 리처드 테일러Richard Taylor의 에세이 「숙명론Fatalism」이었다. 그는 이렇게 썼다. "숙명론자는 우리 모두가 과거에 대해 생각하는 방식으로 미래에 대해 생각한다." 숙명론자는 과거와 미래를 주어진 것으로, 또한 동등하게 주어진 것으로 받아들인다. 그들은 이 관점을 종교에서나 (나중에는) 과학에서 취했을 것이다.

> 우리는 모든 것이 불변의 법칙에 따라 일어나고, 임의의 미래 시점에 세계에서 일어나는 사건은 직전에 일어나고 있던 다른 사건들에서 주어진바 그 시점에 일어날 수 있는 유일한 사건이며, 이 다른 사건들은 직전의 총체적 세계 상태에

서 주어진바 그 시점에 일어날 수 있는 유일한 사건이고, 이런 식으로 계속 나아간다면 우리가 할 수 있는 일은 아무것도 남지 않는다고 가정할 수 있으며, 이를 위해 신을 끌어들일 필요도 없다.

테일러는 "어떤 신학이나 물리학에 의존하지 않고" 오로지 철학적 추론으로 숙명론을 입증하겠다고 주장했다. 그는 기호 논리를 이용해 해전에 대한 여러 진술을 P와 P', Q와 Q'의 항으로 나타냈다. 그에게 필요한 것은 "현대 철학에서 거의 보편적으로 상정하는 전제"였다. 해결책이 필요했다. 숙명론이든 논리 규칙이든. 철학 전투가 이어졌다. 테일러의 전제 중에는 사람들에게 자명하게 보이지 않는 것이 있었다. "시간은 그 자체로 '유효'하지 않다. 즉, 단순한 시간의 경과만으로는 그 무엇의 능력도 증가시키거나 감소시킬 수 없다." 말하자면 시간 자체는 변화의 행위자가 아니라, 오히려 멋모르는 행인에 가깝다. 시간은 아무것도 하지 않는다. (어떤 사람은 테일러의 주장을 이렇게 비판했다. '단순한' 시간의 경과가 무엇인가? 어딘가에서 무언가가 달라지지 않은 채—시계가 똑딱거리거나 행성이 운동하거나 근육이 씰룩거리거나 섬광이 보이지 않은 채—시간이 경과할 수 있는가?)

20년 뒤 애머스트대학에서 데이비드 포스터 윌리스David Foster Wallace라는 철학과 학부생(철학 교수의 아들이기도 했다)이 골치 아픈 논쟁—"유명하고도 악명 높은 테일러 논변"—에 푹 빠졌다. 그는 친구에게 "테일러의 글을 읽다가 궤양 걸리겠어"라고 편지를 보내기도 했지만, 그럼에도 논쟁에 뛰어들었다. 그의 집착은 우수 논문으로 결실을 맺었다. 논문 제목은 허구적 인물 밥 윌슨의 「형이상학의 엄밀함에 대한 수학적 측면의 탐구」에서 가져왔을 것이다. 윌리스는 도표를 그려 '세계 상황'과 그에 대해 가능한 '딸'과 '어머니'의 관계를 정리했다. 하지만 윌리스는 철학의 형식적·공리적 측면에 매혹되고 끊임없이 쾌감과 만족을 느꼈음에도 결코 이를 무턱대고 받아들이지 않았다. 논리의 한계와 언어의 한계는 그에게 생생한 쟁점으로 남아 있었다.

말은 사물을 표상하지만 말은 사물이 아니다. 우리는 이 사실을 알면서도 곧잘 잊어버린다. 숙명론은 말로 쌓은 철학이며, 그 궁극적 결론은 '말'에 대한 것이지 반드시 실재에 대한 것은 아니다. 테일러는 퇴근할 때 우리와 마찬가지로 승강기 버튼을 누른다. '걱정할 필요 없어. 승강기가 자신의 운명을 따를 테니까'라고 생각하지 않는다. 이렇게 생각할지는 모르겠다. '내가 승강기 버튼을 누르는 것은 자유로운 선택이 아니라 운명으로 정해진 것이다.' 하지만 그럼에도 단추를 누르는 수고를 마다하지 않는다. 그냥 서서 기다리지 않는다.

물론 테일러는 이 논리를 충분히 알고 있었다. 그는 만만한 상대가 아니다.

> 숙명론자는—그런 사람이 만일 있다면—자신이 미래에 대해 아무것도 할 수 없다고 생각한다. 이듬해, 내일, 바로 다음 순간 일어나는 일이 자신에게 달리지 않았다고 생각한다. 그는 자신의 행동조차 (천체의 운동, 오래전 역사적 사건, 중국의 정치적 변화와 마찬가지로) 자신의 소관이 아니라고 생각한다. 따라서 자신이 무엇을 할지 숙고하는 것은 무의미하다. 숙고는 자신의 소관이라고 믿는 것에 대해서만 하는 것이기 때문이다.

테일러는 이렇게 덧붙였다. "사실 우리는 자신이 한 일이나 하지 않은 일에 대해서는 숙고하려는 유혹조차 느끼지 않는다."

나는 테일러가 시간여행 소설을 많이 읽었는지, 심지어 (이 문제와 관련해서는) 내가 사는 세상에서 살았는지 의심이 든다. 우리가 사는 세상에서는 후회가 일상이며, 이따금 우리는 일어났을지도 모르는 일에 대해 숙고하지 않는가. 우리가 눈을 돌리는 곳마다 사람들은 승강기 버튼을 누르고 문손잡이를 돌리고 택시를 부르고 음식을 입에 넣고 연인에게 애정을 구걸한다. 우리는 미래가 우리의 손아귀에 있지 않으며 아직 정해지지 않은 것처럼 행동한다. 그럼에도 테일러는 우리의 '주관적 느낌'을 일축했다. 우리가 자유의지의 환각을 겪는 이유는 우연하게도 과거에 대해서보다 미래에 대해서 덜 알기 때문이라는 것이다.

그 뒤로 많은 철학자가 테일러를 논박하려 들었으나 그의 논리는 난공불락이었다. 윌리스는 "사람들이 행위자로서 세상의 사건 전개에 영향을 미칠 능력이 있"다는 통념적 직관을 옹호하고 싶었다. 그는 기호 논리의 심연에 뛰어들었다. 간단한 문장 하나만 예로 들자면, "명백히 어떤 분석하에서도 나는 O나 O′를 해야 하므로(O′는 not-O이기 때문), 즉 (O ∨ O′)이므로, 또한 (I-4)에 의해 내가 O를 하는 것이 가능하지 않거나 O′를 하는 것이 가능하지 않거나 둘 중 하나이므로(~◊O ∨ ~◊O′)—이것은 (~◊~~O ∨ ~◊~O)와 동치이고, 따라서 (~O ∨ O)와 동치다—우리에게 남는 것은 (O ∨ ~O)이다. 따라서 내가 O나 O′ 중에서 무엇을 하든 나는 필연적으로 그것을 하며 다르게는 할 수 없다." ('명백히'라니!) 논문 끝부분에서 윌리스는 한발 물러서 기호의 연쇄뿐 아니라 기호 표상의 수준을 봄으로써—말하자면 위에서 내려다봄으로써—테일러의 숙명론을 논파했다. 월리스는 의미론의 영역과 형이상학의 영역을 구분했다. 그는 엄격히 말에 국한할 경우 테일러의 논리가 내적으로 유효할 수도 있지만, 의미론적 전제와 논증에서 형이상학적 결론으로 도약하는 것은 반칙이라고 주장했다.

그는 이렇게 결론지었다. "테일러의 주장은 실은 숙명론이 실제로 '참'이라는 것이 결코 아니었다. 어떤 기본적인 논리학적·의미론적 원리에 따른 입증을 통해 우리에게 강요되었을 뿐이다. 테일러와 숙명론자들이 형이상학적 결론을 강요하고 싶다면 의미론이 아니라 형이상학을 해야 한다." 형이상학에는 (우리가 앞에서 보았으며 라플라스가 완벽하게 표현한) 결정론의 신조가 있다. (월리스에 따르면) 결정론은 바로 이것이다.

> 결정론은 한순간에 정확하고 총체적인 사태와, 사태들 사이의 인과관계를 좌우하는 물리법칙이 주어진다면 다음 순간에 성립할 수 있는 가능한 사태는 하나뿐이라는 개념이다.

테일러는 이것을 당연시한다. 'X이면 Y이다'의 의미는 논리학에서 하나뿐이다. 하지만 물리적 세계에서는 그 의미가 좀 더 까다로우며 (지금쯤 다들 이해했겠지만) 늘 의심의 여지가 있다. 논리학은 엄격하지만 물리학은 미끄럽다. 물리적 세계에서는 우연이 작용하며 우발적 사건이 일어날 수 있다. 불확실성은 원칙이다. 세계는 어떤 모형보다 복잡하다.

테일러는 선결문제 요구의 오류에 빠졌다. 그는 숙명론을 입증하기 위해 결정론을 '가정'했다. 많은 물리학자가 그렇게 한다. 심지어 지금도. 리처드 파인먼이 말한다. "물리학자들은 다만 다음과 같은 질문에 자신이 대답할 뿐이라고 생각하는 경향이 있다. '조건들은 이러이러하다. 이제 다음에는 무슨 일이 일어날까?'"(『물리 법칙의 특성』(북하우스, 2016) 172쪽) 결정론은 논리학자와 마찬가지로 물리학자의 수많은 정식화에 배어 있다. 하지만 정식화는 정식화일 뿐이다. 물리 법칙은 인위적 구성물이자 편의적 개념이다. 우주와 동연同延(내포는 다르지만 외연이 같은 개념_옮긴이)이 아니다.

"일어난 일만이 유일하게 가능했을까?" 윌리스는 이 칠흑 같은 물속에 오랫동안 머문 뒤 철학은 이만하면 됐다고 판단했다. 그는 대안적 미래를 염두에 두고 있었으며 그것을 선택했다. 윌리스는 훗날 이렇게 말했다. "나는 그곳을 떠나 다시는 돌아가지 않았다."

시간의 화살

Arrow of Time

시간의 대단한 점은 계속 간다는 것이다.
하지만 물리학자는 이 측면을 종종
간과하는 경향이 있다.
— 아서 에딩턴(1927)

우리는 시간 속에서 자유롭게 도약할 수 있지만—힘들게 얻은 이 모든 기예는 무언가에 이로울 것임이 틀림없다—시계를 다시 1941년으로 돌려보자. 프린스턴의 젊은 물리학자 두 명이 머서가 112번지의 흰색 목조 주택에 들른다. 그들은 아인슈타인 교수의 서재로 안내받는다. 위대한 과학자 아인슈타인은 셔츠 없이 스웨터만 입고 양말 없이 신발만 신었다. 두 방문객이 입자의 상호작용을 묘사하기 위해 자신들이 만들고 있는 이론을 설명하는 동안, 아인슈타인은 예의 바르게 귀를 기울인다. 그들의 이론은 도발적이며 역설로 가득하다. 입자가 다른 입자에 시간상으로 앞쪽뿐 아니라 뒤쪽으로도 영향을 미칠 수 있다는 것이다.

존 아치볼드 ('조니') 휠러는 서른 살로, 새로운 학문인 양자역학의 성채인 코펜하겐에서 닐스 보어Niels Bohr와 연구하다 1938년에 프린스턴에 왔다. 이제 보어가 서쪽으로 배를 타고 오자 휠러는 다시 그와 손잡았다. 이번 연구 주제는 우라늄 원자의 핵분열 가능성이었다. 리처드 ('딕') 파인먼은 스물두 살로, 휠러가 총애하는 대학원생이자 자신만만하고 재기발랄한 뉴요커다. 조니와 딕은 신경이 곤두서 있으며 아인슈타인은 두 사람에게 공감 어린 격려를 해주었다. 그는 이따금 나타나는 역설에는 개의치 않았다. 회상에 따르면 아인슈타인은 이미 1909년에 이와 비슷한 가능성을 고려했다.

물리학은 수학과 말로 이루어진다. 언제나 말과 수학으로 이루어진다. 말이 '실재'를 나타내느냐는 물음이 늘 생산적인 것은 아니다. 사실 물리학자들은 이 물음을 무시하는 것이 상책이다. 빛 파동은 '실재'일까? 중력장은 어떨까? 시공 연속체는? 이런 물음은 신학자들에게 맡기

자. 어느 날은 '장field' 개념이 필수 불가결하더라도—실제로 뼛속에서 장을 느낄 수 있는데, 어쨌든 자석을 갖다 대면 쇳가루가 저절로 무늬를 이루는 것을 볼 수 있다—이튿날은 장을 내다버리고 새로 시작하고 싶어지니까. 휠러와 파인먼도 마찬가지였다. 자기장—전기장이기도 하지만, 실은 그냥 전자기장이다—은 패러데이와 맥스웰이 발명(발견)한 것으로, 아직 100년도 채 되지 않았다. 중력장, 보손장, 양-밀스장에 이르기까지 장은 우주를 가득 채우고 있다. 장은 시공간적으로 달라지는 양으로, 힘의 차이를 나타낸다. 지구는 태양에서 공간을 통해 퍼지는 중력장을 느낀다. 나무에 매달린 사과는 지구의 중력장을 보여준다. 장이 없으면, 손잡이도 끈도 없이 진공을 가로질러 동작이 일어나는 마법 같은 현상을 믿어야 한다.

맥스웰의 전자기장 방정식은 매우 아름답게 작동했지만, 1930년대와 1940년대 들어 물리학자들은 양자 영역에서 문제를 겪기 시작했다. 그들은 맥스웰 방정식에 따르면 전자의 에너지와 반지름 사이에 상관관계가 있다는 사실을 잘 알고 있었기에 전자의 크기를 매우 정확하게 계산할 수 있었다. 그런데 양자역학에서는 전자에 반지름이 전혀 없는 것처럼 보인다. 전자는 공간을 전혀 차지하지 않는 0차원의 점 입자다. 수학자들에게는 불행히도 0으로 나눈 결과는 무한이었다. 파인먼은 이런 무한 중 상당수가 전자에 대한 전자 자신의 순환적 효과—전자의 '자체 에너지self energy'—에서 비롯한다고 생각했다. 이 지긋지긋한 무한을 없애기 위해 그는 전자가 스스로에게 작용하지 못하게 한다는 간단한 발상을 떠올렸다. 장을 없앤다는 뜻이다. 입자는 다른 어떤 입자와도 직접 상호작용할 수 있게 되었다. 상대성을 어길 수는 없었기에 동시에 상호작용할 수는 없었다. 상호작용은 빛의 속도로 일어났다. 빛의 본질은 바로 전자의 상호작용이다.

파인먼은 훗날 스톡홀름에서 노벨상 수상 기념 연설을 하면서 이를 설명했다.

> 전하 하나를 흔들면 다른 전하가 나중에 흔들린다는 것이었습니다. 전하 사이에는 직접적 상호작용이 있었습니다. 지연이 있기는 했지만 말이죠. 한 전하의 운동과 다른 전하의 운동을 연결하는 힘 법칙에는 지연이 있을 수밖에 없습니다. 이 전하를 흔들면 저 전하는 나중에 흔들립니다. 태양의 원자가 흔들리고 8분 뒤에 제 눈의 전자가 흔들리는 것은 둘 사이의 직접적 상호작용 때문입니다.

문제는—이것을 문제라 할 수 있다면—상호작용 규칙이 시간상으로 앞으로뿐 아니라 뒤로도 작용한다는 것이었다. 상호작용은 대칭이었다. 이것은 과거와 미래가 기하학적으로 동일한 민코프스키의 세계에서 일어나는 종류의 사건이다. 심지어 상대성 이전에도 맥스웰의 전자기 방정식과 그에 앞선 뉴턴의 역학 방정식이 시간에 대해 대칭이라는 사실은 잘 알려져 있었다. 휠러는 전자의 반입자인 양전자가 시간을 거슬러 움직이는 전자라는 아이디어를 파고들었다. 그리하여 조니와 딕은 전자가 앞으로 미래 속으로도 빛나고 뒤로 과거 속으로도 빛나는 것처럼 보이는 이론을 내놓았다. 파인먼은 계속해서 이렇게 말했다. "저는 당시에 어엿한 물리학자였기에 '아, 안 돼. 어떻게 저럴 수 있지?'라고 말하지 않았습니다. 오늘날 모든 물리학자가 아인슈타인과 보어를 연구하면서 알게 된 사실은, 처음에 완전한 역설로 보이던 개념을 실험 상황에서 꼼꼼히 완벽하게 분석하면 실은 전혀 역설이 아닐 수 있다는 것이니까요."

결국 그 역설적 개념은 양자전기역학 이론에 필요하지 않은 것으로 드러났다. 파인먼이 제대로 이해했듯 이런 이론은 모형이다. 결코 완전하지 않으며 결코 완벽하지 않다. 이것을 우리의 손이 닿지 않는 실재와 혼동해서는 안 된다.

> 기본 물리 법칙이 발견되었을 때 하도 형태가 다양해서 처음에는 분명히 같지 않아 보이던 것을 조금만 수학적으로 만지작거리면 그 관계를 보여줄 수 있다는 사실이 늘 신기합니다. 이것은 전에 말한 것과 똑같은 것을 전에 말한 것과 전혀 비슷하지 않은 방식으로 말하는 것입니다.
>
> 하나의 물리적 실재를 여러 물리 개념으로 서술할 수 있는 것이죠.

한편에는 또 다른 문제가 숨어 있다. 열을 연구하는 학문인 열역학은 또 다른 버전의 시간을 제시했다. 물론 물리학의 미시 법칙은 시간이 특정 방향을 선호하는지에 대해 아무 말도 하지 않는다. (혹자는 '미시 법칙'보다는 '기본 법칙'이라고 말하지만 둘은 의미가 약간 다르다.) 뉴턴, 맥스웰, 아인슈타인의 법칙은 과거와 미래에 대해 불변한다. 시간의 방향을 바꾸는 것은 양의 기호를 음으로 바꾸는 것만큼 간단하다. 미시 법칙은 가역적이다. 당구공들이 부딪히거나 입자들이 상호작용하는 동영상을 만들었다면 영상을 거꾸로 재생해도 전혀 이상하지 않다. 하지만 큐볼이 랙—완벽한 삼각형을 이룬 채 정지해 있는 당구공 열다섯 개—을 부수어 모든 공을 당구대 사방으로 보내는 동영상을 만들었다고 가정해보라. 이 동영상을 거꾸로 재생하면, 공들이 질주하다 마치 마법에 걸린 듯 일사불란하게 모이는 광경이 우스꽝스러울 만큼 비현실적으로 보인다.

우리가 사는 거시 세계에서는 시간이 뚜렷한 방향을 가진다. 영화 기술이 갓 등장했을 때 영화 제작자들은 필름을 뒤집어 흥미로운 효과를 낼 수 있음을 발견했다. 뤼미에르 형제는 단편 영화 <기계 도살자 Charcuterie mécanique>를 거꾸로 돌려 소시지가 돼지로 복원되는 광경을 보여주었다. 거꾸로 상영한 동영상에서는 오믈렛이 흰자와 노른자로 나뉘었다가 달걀로 돌아가고 껍질 조각들이 저절로 제자리에 돌아와 붙는다. 요동치는 연못에서 돌멩이가 튀어나오고 분수의 물방울이 구멍으로 빨려 들어간다. 연기가 벽난로 속 불꽃으로 들어가고 숯이 통나무로 바뀐다. 생명 자체는 말할 것도 없다. 본질적으로 불가역적이니 말이다. 켈빈 경 윌리엄 톰슨William Thomson, Lord Kelvin은 1874년에 이 문제를 알아차렸으며 의식과 기억이 이 문제에 결부되어 있음을 간파했다. "살아 있는 피조물은 미래에 대한 의식적 앎을 가진 채 거꾸로 자랄 수 있지만, 과거의 기억은 결코 사라질 수 없다."

우리는 가장 자연스러운 과정들이 가역적이지 '않음'을 종종 상기할 필요가 있다. 이 과정들은 오로지 한 방향으로, 시간의 앞쪽으로만 전개된다. 우선 켈빈 경은 "고체의 마찰, 유체의 불완전한 유동성, 고체의 불완전한 탄성이 모든 '불완전함들', 온도의 불균등, 고체와 유체에서 압력으로 발생한 열의 전도, 불완전한 자기 유지력, 유전체誘電體에 남은 전기적 극성, 운동에 의해 전류에서 유도되는 열 발생, 유체의 확산 및 유체 내에서 고체의 용해와 그 밖의 화학적 변화, 방사성 열과 빛의 흡수" 등 몇 가지 목록을 제시했는데, 마지막 항목이 조니와 딕의 관심사였다.

어느 시점엔가 우리는 엔트로피에 대해 이야기해야 한다.

'시간의 화살'은 여러 언어에서 과학자와 철학자가 즐겨 쓰는 문구다(영어로는 'arrow of time', 프랑스어로는 'la flèche du temps', 독일어로는 'Zeitpfeil', 터키어로는 'zamanın oku', 러시아어로는 'ось времени'라고 한다). 이 문구는 누구나 아는 복잡한 사실을 간단하게 표현한 것이다. 시간에 방향이 있다는 사실 말이다. 1940년대와 1950년대에 널리 퍼진 이 문구는 영국의 천체물리학자 아서 에딩턴Arthur Eddington의 펜 끝에서 흘러나왔다. 에딩턴은 아인슈타인을 지지했다. 1927년 겨울 에든버러대학교에서 진행한 일련의 강연에서 에딩턴은 과학적 사고의 본질에서 일어나고 있는 거대한 변화를 이해하려 시도했다. 이듬해에 강연 내용을 엮은 『물리적 세계의 본성The Nature of the Physical World』이 출간되어 인기를 끌었다.

그는 이전의 모든 물리학을 고전물리학(이것도 에딩턴이 만든 표현이다)으로 봐야 한다고 생각했다. 그는 청중에게 말했다. "고전물리학이라는 문구가 명확하게 정의되었는지는 모르겠습니다. 이 물리학이 무너지기 전에는 아무도 고전이라고 부르지 않았으니까요. (이제 고전물리학은 어쿠스틱 기타, 다이얼식 전화, 천 기저귀처럼, 기존 문물에 속하는 새로운 문물이 등장하면서 기존 문물을 구별해 일컫는 역신조어retronym가 되었다.)● 첫

● 역신조어는 어휘의 타임머신으로, 과거와 현재의 대상을 불러내어 마음의 눈 속에 나란히 놓는다.

1,000년간 과학자들은 '시간의 화살' 같은 특별한 문구가 필요하지 않았다. 시간에 방향이 있다는 것은 명백한 사실이었으니까. "시간의 대단한 점은 계속 간다는 것이다." 하지만 더는 명백하지 않았다. 물리학자들은 시간의 방향이 없어지도록 자연법칙을 새로 썼다. 기호를 바꿔 $+t$와 $-t$를 구별하기만 하면 그만이었다. 하지만 그럴 수 없는 자연법칙이 하나 있었다. 그것은 열역학 제2법칙이었다. 바로 엔트로피 법칙이다.

톰 스토파드가 『아카디아』에서 창조한 10대 영재 토마시나가 설명한다. "뉴턴 방정식은 앞으로도 가고 뒤로도 가요. 어느 쪽이든 상관없죠. 하지만 열 방정식은 방향을 따져요. 그래서 한쪽으로만 간다고요."

우주는 가차 없이 무질서를 향한다. 에너지는 파괴할 수 없으나 소멸한다. 이것은 미시 법칙이 아니다. 그렇다면 $F=ma$ 같은 '기본' 법칙일까? 혹자는 그렇지 않다고 주장한다. 어떤 관점에서 보면 세계의 개별적 구성 요소—낱 입자, 또는 극소수의 입자—를 지배하는 법칙은 일차적이며, 많은 구성 요소에 대한 법칙은 일차 법칙에서 파생되어야 한다. 하지만 에딩턴은 열역학 제2법칙이야말로 '기본' 법칙—"자연법칙 중에서 가장 높은 위치를 차지하"며 우리에게 시간을 선사하는 법칙—이라고 생각했다.

민코프스키의 세계에서는 과거와 미래가 마치 동쪽과 서쪽처럼 우리 앞에 드러나 있다. 일방통행 표지판은 찾아볼 수 없다. 그래서 에딩턴이 하나 세웠다. "저는 공간에서 유추되지 않는 시간의 일방향적 성질을 표현하기 위해 '시간의 화살'이라는 단어를 이용할 것입니다." 그는 철학적 의미가 있는 세 가지 특징을 제시했다.

1. 시간은 의식에 의해 생생하게 인식된다.

2. 시간은 우리의 추론 능력에 균등하게 부과된다.

3. …를 제외하면 자연과학에 전혀 등장하지 않는다.

'…'는 바로 질서와 혼돈, 체계성과 무작위성을 고려하기 시작할 때를 뜻한다. 열역학 제2법칙은 낱낱의 대상뿐 아니라 앙상블(다수의 유사한 계系_옮긴이)에도 적용된다. 기체가 든 상자 속의 분자들은 앙상블이다. 엔트로피는 이 분자들의 무질서를 나타내는 척도다. 헬륨 원자 10억 개를 상자 한쪽으로 몰고 아르곤 원자 10억 개를 반대쪽으로 몬 뒤 한동안 돌아다니게 하면, 이 원자들은 깔끔하게 나뉜 채로 있는 것이 아니라 균일한—무작위—혼합물이 되고 만다. 임의의 지점에서 아르곤 원자가 아니라 헬륨 원자가 발견될 확률은 50퍼센트다. 확산 과정은 즉각적이지 않으며 한 방향으로 일어난다. 두 가지 원소의 분포 상황을 보면 과거와 미래를 쉽게 구별할 수 있다. 에딩턴은 이렇게 말했다. "무작위 요소는 세계에 불가역성을 가져다줍니다." 무작위성이 없으면 시계가 뒤로 갈 수 있다.

파인먼은 '삶의 우연'이라는 표현을 즐겨 썼다. "이제 당신은 아마도 비가역성은 삶의 보편적인 우연에 의해 야기된다는 것을 알게 되었을 것이다."(『물리 법칙의 특성』 170쪽) 컵에 든 물을 바다에 버리고 시간이 지난 뒤에 컵을 바다에 담그면 똑같은 물을 뜰 수 있을까? 물론 그럴 수도 있다. 확률이 아예 0은 아니니까. 단지 지독히 작을 뿐. 당구대 위에서 부딪히던 당구공 열다섯 개가 다시 모여 완벽한 삼각형을 이룰 수는 있지만, 이런 모습을 본다면 우리는 동영상이 거꾸로 재생되었음을 안다. 열역학 제2법칙은 확률 법칙이다.

'섞기'는 시간의 화살에 뒤따르는 과정 중 하나다. 섞인 것은 저절로 분리되지 않는다. 스토파드의 토마시나는 엔트로피를 네 마디로 표현했다. "저어서 가를 수는 없어요." (그녀의 가정교사 셉티무스는 이렇게 대답한다. "그럴 수 없지. 그러려면 시간이 뒤로 가야 하니까. 시간은 뒤로 갈 수 없으므로 저을수록 섞일 수밖에 없어. 무질서에서 나온 무질서는 무질서로 들어가서 바뀌지 않고 바꿀 수도 없는 분홍색이 완성되지. 그럼 영영 돌이킬 수 없어.") 맥스웰은 이렇게 썼다.

> 교훈: 열역학 제2법칙이 참인 정도는 물 한 컵을 바다에 부었을 때 그 물을 다시 뜰 수 없는 정도와 같습니다.

하지만 맥스웰은 아인슈타인의 앞 세대였다. 그에게 시간은 정당화할 필요가 없는 개념이었다. 과거가 과거이고 미래가 아직 오지 않았음은 그에게 자명한 사실이었다. 하지만 이제는 문제가 그렇게 간단하지 않다. 1949년에 레옹 브릴루앵Léon Brillouin은 「생명, 열역학, 사이버네틱스Life, Thermodynamics, and Cybernetics」라는 에세이에서 이렇게 말했다.

> 시간은 흘러가며 다시는 돌아오지 않는다. 이 사실을 접한 물리학자는 무척 심란해한다.

물리학자는 시간이 특정 방향을 선호하지 않는 미시 법칙과—가역적이므로—시간의 화살이 과거에서 미래로 향하는 거시 세계 사이에서 곤란한 간극을 느낀다. 몇몇 물리학자는 기본 과정이 가역적이며 거시 규모의 과정은 통계에 불과하다고 얼버무린다. 이 간극은 단절이자 설명이 빠진 고리다. 어떻게 뛰어넘을 수 있을까? 이 간극에는 이름이 있으니, '시간의 화살 딜레마' 또는 **로슈미트 역설**Loschmidt's paradox이라고 한다.

아인슈타인은 일반상대성이론을 만들면서 위대한 깨달음의 순간에 이 문제가 마음에 걸렸음을 인정했다. "나는 이 문제를 해명하는 데 성공하지 못했다." 4차원 시공 연속체 도표에서 *P*라는 세계점이 다른 두 세계점 *A*와 *B* 사이에 놓여 있다고 가정하자. 아인슈타인은 이렇게 주장했다. "*P*를 지나는 '시간과 같은' 세계선을 그어보라. 이 세계선을 화살표로 만들어 *B*가 *P*에 선행하고 *P*가 *A*에 선행한다고 주장하는 것이 타당할까?" 아인슈타인은 열역학이 관여할 때만 그렇다고 결론 내렸다. 하지만 그는 '정보의 어떠한 이전移轉'에도 열역학이 관여한다고도 말했다. 소통과 기억은 엔트로피적 과정이다. "*B*에서 *A*로 (전신) 신호를 보낼 수는 있지만 *A*에서 *B*로 보낼 수는 없다면 시간의 일방향(비대칭)적 성격이 확립된다. 즉, 화살의 방향은 결코 자유롭게 선택될 수 없다. 여기서 필수적인 사실은 신호를 보내는 것이 열역학의 의미에서 불가역적 과정, 즉 엔트로피 증가와 연관된 가정이라는 것이다."

따라서 태초에 우주는 엔트로피가 낮았어야 한다. 아니, '매우' 낮았어야 한다. 우주는 매우 질서 정연한 상태, 즉 극단적으로 불가능한 상태였어야 한다. 이것은 우주의 미스터리다. 엔트로피는 그 뒤로 계속 증가했다. 몇 년 뒤에 유명해진 파인먼은 자신의 물리학 지식을 교과서로 엮은 책에서 이렇게 말했다. "이것이 바로 우주가 미래를 향해 진행되는 방식이다."

> 우리의 눈에 보이는 모든 비가역성은 여기에 근원을 두고 있으며, 성장과 붕괴의 모든 과정도 이 길을 따라가고 있다. 그래서 우리는 지금보다 무질서도가 작았던 과거를 기억할 수는 있지만 지금보다 무질서도가 큰 상태, 즉 미래를 기억할 수는 없다.(『파인만의 물리학 강의』 46-11절)

그렇다면 마지막에는?

우주는 최대 엔트로피를 향해 나아간다. 이것은 다시는 돌아올 수 없는 궁극적 무질서의 상태다. 달걀은 모두 스크램블이 되고 모래성은 바람에 무너지고 해와 별은 균일한 먼지로 바뀔 것이다. H. G. 웰스는 엔트로피와 열 사망heat death에 대해 이미 알고 있었다. 시간여행자가 위나를 버리고 혈거인 몰록과 미련한 엘로이, 폐허가 된 청자 궁전, 오래전에 버려진 고생물 전시실, 썩어가는 종이가 널려 있는 도서관을 뒤로한 채, 802701년을 떠나 타임머신을 앞으로 몰고서 전후좌우로 흔들리고 진동하며 수백만 년의 회색을 통과해 지구를 덮은 마지막 황혼에 도달했을 때, 그는 열 사망에 근접했다. 『타임머신』을 어릴 적에 읽은 사람이라면 아무 일도 일어나지 않는 이 최후의 장면이 기억이나 꿈에 남아 있을 것이다. 웰스는 초고에서 이 광경을 '더 먼 환상The Further Vision'이라고 불렀다. 에덴동산이 알파라면 이곳은 오메가다. 이것은 계몽된 자를 위한 종말론이다. 지옥도, 대재앙도 없다. 종말은 소리 없이 온다.

이 같은 황혼의 해변 장면은 과학소설에서 수없이 재등장한다. 우리는 땅의 끝에 이른다. 그곳은 J. G. 밸러드J. G. Ballard의 "버려진 풍경"인 종막의 해안이다. 이곳에서 최후의 인간이 작별 인사를 한다. "이런 식으로 작별 인사를 하려면 우주의 모든 입자 하나하나에 자신의 서명을 해야 할 것이었다."(『제임스 그레이엄 밸러드』(현대문학, 2017) 450쪽) 잊을 수 없는 웰스의 마지막 장면에서 시간여행자는 안장에서 덜덜 떨며 "늙은 지구의 생명이 쇠퇴해가"는 것을 지켜보았다. 아무것도 세상을 젓지 않는다. 그의 눈에 보이는 것은 죽어가는 태양의 희미한 빛 아래에서 붉은빛, 분홍빛, 핏빛으로 물들어 있다. 그는 검은 물체가 팔딱팔딱 돌아다닌다고 상상하지만 그것은 바위일 뿐이다.

> 슬며시 다가와 태양을 가리는 이 검은 부분을 보고 나는 놀라서 입이 벌어졌습니다. … 찬바람이 불기 시작하더니… 고요하다고? 세상의 그 적막을 표현하기는 어려울 겁니다. … 어둠이 깊어질수록… 다른 것은 모두 캄캄한 어둠에 싸였습니다. … 이 거대한 어둠의 공포가 나를 덮쳤습니다. 골수까지 스며드는 추위, 숨 쉴 때마다 느껴지는 통증이 나를 압도했습니다.(『타임머신』 141쪽)

세상은 이렇게 끝난다.

vol.1

70쪽 | 값 48,000원

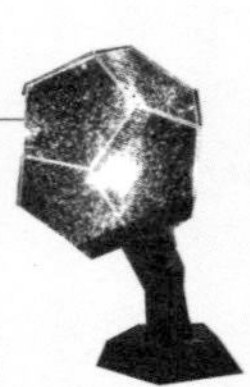

천체투영기로 별하늘을 즐기세요!
이정모 서울시립과학관장의
'손으로 배우는 과학'

make it! **신형 핀홀식 플라네타리움**

vol.2

86쪽 | 값 38,000원

나만의 카메라로 촬영해보세요!
사진작가 권혁재의
포토에세이 사진인류

make it! **35mm 이안리플렉스 카메라**

vol.3

Vol.03-A 라즈베리파이 포함 | 66쪽 | 값 118,000원
Vol.03-B 라즈베리파이 미포함 | 66쪽 | 값 48,000원
(라즈베리파이를 이미 가지고 계신 분만 구매)

라즈베리파이로 만드는
음성인식 스피커

make it! **내맘대로 AI스피커**

vol.4

74쪽 | 값 65,000원

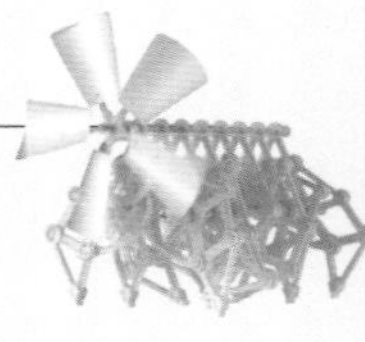

바람의 힘으로 걷는 인공 생명체
키네틱 아티스트
테오 얀센의 작품세계

make it! **테오 얀센의 미니비스트**

vol.5

74쪽 | 값 188,000원

사람의 운전을 따라 배운다!
AI의 학습을 눈으로 확인하는
딥러닝 자율주행자동차

make it! **AI자율주행자동차**

강, 길, 미로
A River, a Path, a Maze

시간은 강물이어서 나를 휩쓸어 가지만, 내가 곧 강이다.
시간은 호랑이여서 나를 덮쳐 갈기갈기 찢어버리지만,
내가 바로 호랑이다. 시간은 불인 까닭에 나를 태워 없애지만,
나는 불에 다름 아니다.(『만리장성과 책들』(열린책들, 2008) 337쪽)
— 호르헤 루이스 보르헤스(1946)

시간은 강이다. 이 뻔한 말을 설명해야 하나?

때는 1850년이었다. 발단이 된 미국 소설의 제목은 '일생-시간의 잘못, 또는 라인 계곡의 도적: 해변의 미스터리와 바다의 우여곡절 이야기The Mistake of a Life-Time; or, The Robber of the Rhine Valley. A Story of the Mysteries of the Shore, and the Vicissitudes of the Sea'다. 저자 월도 하워드Waldo Howard는 "격동적이고 낭만적인 시기에 일어난 사건들의 진실된 파노라마"를 약속한다. 13장 '거스틴 부인과 유대인'으로 건너뛰자.

거스틴 부인은 열여덟 해('여름날') 고상하고 품위 있는 미인이며 그의 저녁 동행(당연히 유대인은 아니다)은 그에 못지않게 아름답고 품위 있는 스무 살 신사다. 둘은 춤을 추고 있었다. 그녀는 지쳤다. 신사가 말한다. "지쳐 보이시는군요." 왈츠로 가빠진 숨을 고르며 부인이 말했다. "아니에요.'"

공교롭게도 발코니 아래로 강이 보인다. 두 사람은 한동안 강을 바라보다가 대화를 나눈다.

"꿈꾸고 계신가요?"

"아닙니다, 부인. 저, 저는 저기 작고 정교한 수로가 시간의 물결 위에 떠 있는 우리의 인생 선박과 어찌나 닮았는지 생각하고 있었습니다."

"그래서 어떻게 생각하시나요?"

"선체가 물살을 따라 얼마나 고요하게 움직이는지 보이지 않으십니까? … 기타 등등"

"그렇네요." 그녀는 그의 말에 싫증이 났다.

"그러니 부인, 우리는 이제 고요하지만 꾸준하고 결코 멈추지 않으며 인생의 골짜기 사이로 시간의 빠른 강을 따라 내려가고 있습니다. 우리는 이 키잡이처럼 꾸벅거리며 오로지 무의식적으로 미끄러져 내려갑니다. 운명을 인도하는 키를 쥔 채 영원의 대양에 빠르게 접근하는 거죠."

이런 식의 대화가 더 이어진다. 곧 그는 "그녀의 고향 계곡이 얼마나 아름다운지 구구절절 늘어놓"지만 거기까지는 읽을 필요 없다. 첫 비유만 해도 충분히 형편없으니까.

시간=강. 자신=배. 영원=대양.

시간이 강이라면 시간여행은 그럴듯하게 보인다. 강을 나와서 둑을 따라 올라가거나 내려가면 되니까.

사람들은 오래전부터 시간을 강에 비유했다. 이는 적어도 플라톤이 헤라클레이토스를 틀리게 인용하는 오랜 전통을 확립한 때로 거슬러 올라간다. "같은 강에 두 번 발을 디딜 수 없다." "같은 강에 발을 디디는 것은 같은 강에 발을 디디는 것이 아니다." "우리는 같은 강에 발을 디디면서 디디지 않고, 같은 강에 있으면서 있지 않다."● 헤라클레이토스가 뭐라고 말했는지 정확히 아는 사람은 아무도 없다. 그가 살던 시대와 장소에는 글이 없었기 때문이다(그의 저작은 '일부 전집The Complete Fragments'이라는 제목으로 출간되었는데, 결코 반어법을 의도한 것이 아니다). 하지만 플라톤은 이렇게 말했다.

어딘가에서 헤라클레이토스는 "모든 것은 나아가며 아무것도 머물러 있지 않다"라고 말하네. 그리고 '있는 것들'을 강의 흐름에 비유해서 "그대는 같은 강에 두 번 발을 들여놓을 수 없다"는 말도 하지.(『크라틸로스』(이제이북스, 2007) 79쪽)

헤라클레이토스는 중요한 무언가, 즉 만물이 변한다는 사실을 말하고 있었다. 세계는 유동적이다. 자명해 보일지도 모르지만, 그와 엇비슷한 동시대인 파르메니데스의 생각은 달랐다. 그는 변화가 각각의 환상이며, 덧없어 보이는 세상 아래에는 안정되고 무시간적이고 영원한 참된 실재가 있다고 생각했다. 플라톤의 마음에 든 것은 파르메니데스의 견해였다.

하지만 그때까지는 누구도 시간이 강과 같다고 말하지 않았다. 강과 같은 것은 우주였다. 흐르는 것은 우주였다. (플라톤은 흐르지 않는다고 생각했지만.)

알프레드 자리는 1899년에 자신의 타임머신을 만들면서 "시간을 물살에 비유하는 것이 이미 진부한 표현"이 되었다고 말했다.● 진부해도 사람들은 줄기차게 이 비유를 구사했다. 파리의 천문학자 샤를 노르만은 1924년에 이렇게 말했다. "만질 수 없고 돌이킬 수 없는 강인 시간은 우리의 애석한 나날인 낙엽에 덮인 채 물살을 따라 흐른다." 이 장면에서 우리, 의식 있는 관찰자는 어디에 있는가? 부조리주의자 자리는 우리가 물살의 용기에 불과하다고 말한다. 찬송가에서는 이렇게

● 헤라클레이토스가 실제로 한 말을 최대한 정확하게 재구성해 영어로 번역하면 다음과 같다. "On those stepping into rivers staying the same other and other waters flow."(똑같이 머물러 있는 강물에 발을 디디는 사람에게는 다르고 다른 물이 흐른다.)

● 나보코프는 한 세기 뒤에 이와 똑같은 부정적 견해를 표명했다. "우리는 시간을 일종의 시냇물같이 여긴다. 그것은 검은 벼랑을 배경으로 하얗게 쏟아지는 가파른 산속의 급류나 바람이 이는 계곡을 흐르는 큰 강의 탁류가 아니라, 우리의 조용한 시골을 조용하고 쉼 없이 흐르는 시냇물로 여기는 것이다. 우리는 이와 같은 상상적 개념에 너무나 젖어 있고 그것이 일상 생활에 구석구석 스며 있기 때문에 우리는 결국 물리적 움직임을 언급함이 없이는 시간을 논의할 수 없게 되고 말았다."(234쪽)

말한다. "시간은 늘 흐르는 강 같아서 / 모든 후손을 나르네." 강은 우리를 영원으로, 즉 죽음 너머로 인도한다. 미겔 데 우나무노Miguel de Unamuno는 이렇게 썼다. "Nocturno el río de las horas fluye(밤이 되면 시간의 강이 흐른다)." 하지만 그는 시간이 미래로부터 흐른다고 상상했다("영원의 내일로부터el mañana eterno"). 스토아 철학자이자 황제인 마르쿠스 아우렐리우스는 만물을 휩쓸기에 시간은 강이라고 말했다. "무엇이든 눈에 띄자마자 휩쓸려 가고, 다른 것이 떠내려오면 그것도 곧 휩쓸려 갈 것이기 때문이다."(『명상록』(숲, 2007) 66쪽)

시간이 강이라면, 얼마나 빨리 달리는지 물을 수 있을까? 강에 대해서는 이 물음을 던지는 것이 당연해 보이지만, 시간 자체에 대해서는 좋은 물음이 아니다. 시간은 얼마나 빨리 흐를까? 어떻게 측정할 수 있을까? 우리는 동어반복에 빠졌다. "우리가 시간을 통해 얼마나 빨리 나아갈 수 있을까?"라는 물음도 별반 다를 바 없다.

강물의 흐름은 복잡할 수 있다. 시간의 흐름도 그럴까? <스타 트렉>의 고전적 에피소드에서 스폭은 이렇게 설명한다. "이런 이론이 있습니다. 시간이 강처럼 물살과 소용돌이와 역류가 있는 유체라는 믿음에는 일말의 논리가 있습니다."

시간이 강이라면 지류도 있을까? 어디서 갈라질까? 빅뱅에서일까, 아니면 우리는 은유를 뒤섞고 있는 걸까? 시간이 강이라면 강물을 가두는 강둑은 어디 있을까? W. G. 제발트W. G. Sebald는 마지막 소설 『아우스터리츠』(을유문화사, 2009)에서 이 물음을 던졌다.

그렇게 본다면 시간의 강변이란 무엇일까요? 유동적이고 상당히 무겁고 투명한 물의 특성에 상응하는 시간의 특성이란 무엇인가요?"

이렇게도 물었다. "시간 속으로 잠기는 사물들은 시간에 의해 한 번도 건드려지지 않은 다른 사물들과 어떤 차이가 날까요?"(『아우스터리츠』(을유문화사, 2009) 113쪽) 세상의 일부가 먼지투성이의 닫힌 방처럼, 흐름에 얽매이지 않은 채 시간 바깥에 서서 시간으로부터 단절될 수도 있다는 가정은 훌륭한 장치였다.

사실대로 말하자면, 시간은 강이 아니다. 우리가 가진 커다란 은유의 연장통에는 모든 상황에 맞는 연장이 들어 있다. 시간이 '간다', 시간이 '흐른다', 시간이 '지나간다'라는 말은 모두 은유다. 나보코프는 "시간이 은유적 문화의 변덕스러운 매체"(『추억을 잃어버린 사랑. 하』 229쪽)라고 은유적으로 말했다. 우리도 시간을 우리가 존재하는 매질이라고 생각한다. 우리가 '가지거나 허비하거나 아낄' 수 있는 양이라고도 생각한다. 시간은 돈과 같고, 도로와 같고, 길과 같고, 미로와 같고(물론 보르헤스의 말이다), 실과 같고, 미세기와 같고, 사다리와 같고, 화살과 같다. 시간은 이 모든 것과 같다.

나보코프가 말한다. "정원의 테이블 위에 사과 한 알이 떨어지는 것과 같은 자연 현상으로서 시간이 '흐른다'고 생각하는 것은 시간이 그 어떤 것 속에서, 또 그 어떤 것을 통해서 흐른다는 의미를 함축하고 있는 것이며 따라서 우리가 공간적인 그 어떤 것을 사용할 때 우리는 단지 앞서 든 사과의 예와 같이 정원을 싸고 흐르는 하나의 은유를 가지는 데 불과하게 되는 것이다."(234쪽)

은유를 쓰지 않고 시간에 대해 이야기하는 것이 과연 가능할까? 이런 상황을 머릿속에 그려보라.

> 현재의 시간과 과거의 시간은
>
> 아마 모두 미래의 시간에 존재하고
>
> 미래의 시간은 과거의 시간에 포함된다.(『T. S. 엘리엇 전집』 135쪽)

하지만 이것이 은유가 아니라면 어떤 비유일까? '…에 존재하고', '…에 포함된다'는 비유적 의미를 품은 말이다. 같은 시(「번트 노튼」)에서 T. S. 엘리엇은 말에 대해서도 할 말이 있었다.

> … 말이
>
> 의미의 짐을 싣고 긴장할 때엔 터지고, 때로는 깨어지며
>
> 부정확할 때엔 벗어나고, 미끄러지고, 소멸하고 썩는다.
>
> 결국 자리에 머무르지 않고,
>
> 고요에 머무르지 못할 것이다.(『T. S. 엘리엇 전집』 140~141쪽)

시간에 연루되자 모든 것이 불안정해졌다. 철학자, 물리학자, 시인, 펄프 작가까지 모두 골머리를 썩였다. 그들은 같은 낱말 주머니를 이용했다. 자신의 낱말 타일을 꺼내어 놀이판 위에서 이리저리 움직였다. ("벗어나고, 미끄러지고, 소멸하게, 썩"었지만 정확도는 낮았다.) 철학자의 말은 앞선 철학자의 말을 암시했다. 물리학자의 말은 특별해서 더 정확히 정의되었으며, 어쨌든 대부분 숫자였다. 물리학자는 대체로 시간을 강이

라고 부르지 않는다. 일반적으로 은유에 기대지도 않는다. 적어도 그 사실을 받아들이고 싶어 하지는 않는다. 심지어 '시간의 화살'도 은유라기보다는 구호에 가깝다.

20세기에는 물리학자들이 선두에 섰으며—그들에겐 힘이 있었다—철학자들은 주로 반발하거나 저항했다. 아인슈타인의 메시지가 가라앉자 형이상학자들은 얼굴도 붉히지 않은 채 시간과 공간이 같은 '존재론적 지위'를 가졌으며 '같은 방식으로' 존재한다고 말하기 시작했다. 시인으로 말할 것 같으면, 그들은 같은 세상에 살았고 낱말 주머니에서 같은 타일을 꺼냈으며 모든 낱말을 신뢰할 만큼 어수룩하지는 않았다. 프루스트는 잃어버린 시간을 찾아 헤맸고 울프는 시간을 늘이고 비틀었으며 조이스는 과학의 최전선에서 찾아온 시간에 대한 소식을 이해했다. 『젊은 예술가의 초상』(문학동네, 2017)에서 스티븐이 말한다. "시간적인 것이든 공간적인 것이든 간에 심미적 이미지는 그것이 아닌 공간이나 시간의 무한한 배경과는 대조가 되게끔 그 자체의 경계선과 독립성을 가진 것으로 먼저 명료하게 인식되어야 하거든."(353쪽) 아니, 그렇지 않아. 훗날 『율리시스』(생각의나무, 2007)는 하루 만에 이루어진 탈주와 복귀를 그렸다. "반전反轉 가능한 공간을 통한 시간적인 탈출 및 귀환과 반전 불가능한 시간을 통한 공간적인 탈출 및 귀환 사이의 불만족스러운 등식화."(1202쪽) 레오폴드 블룸은 자력과 시간, 해와 별, 끎과 끌림에 대해 근심했다. "나의 시계도 참 이상스럽단 말이야. 손목시계는 언제나 고장이 나지."(663쪽) 오, 거북함이 있었으니.

1936년부터 1942년 사이에 발표된 T. S. 엘리엇의 마지막 장시 「사중주」를 모두가 좋아한 것은 아니었다. 어떤 사람들은 이 시를 난해한 자기 패러디로 치부했다. 모두가 이 시를 시간에 대한 것이라고 생각하지는 않았지만, 그들은 틀렸다. “여기에 뭇 존재권의 / 불가능의 결합이 구현되고, / 여기에서 과거와 미래는 / 정복되고, 화합된다.”(『T. S. 엘리엇 전집』 157~158쪽) 모든 시간은 동시에 존재할까? 미래는 이미 과거에 담겨 있을까? 아인슈타인이 그렇게 말하지 않았던가?

꽤 많은 동시대인과 마찬가지로 엘리엇은 『시간 실험An Experiment with Time』이라는 다소 괴상한 책에 영향을 받았다. 저자는 존 윌리엄 던John William Dunne이라는 아일랜드인 항공학 선구자였다. 던은 웰스와 친분이 있었으며 20세기 들머리에 비행기 모형을 시작으로 글라이더와 동력 복엽기 등을 제작했는데, 모두 꼬리 날개가 없어서 안정성에 문제가 있었다. 항공학을 등진 던은 1920년대에 이따금 꿈에서 미래의 사건을 보았다. 그는 자신의 꿈이 ‘예지몽’이라고 판단했다. 역행기억. 그는 프랑스령의 한 섬에서 화산이 폭발해 4,000명이 죽는 꿈을 꾸었는데, (그의 회상에 따르면) 나중에 마르트니크섬의 플레산이 분화해 4만 명이 죽었다는 뉴스를 신문에서 읽었다. 그는 수첩과 연필을 베개맡에 두기 시작했으며 친구들에게서 꿈 얘기를 듣고 정리했다. 1927년에 그는 이론을 세우고 책을 출간했다.

던은 인식론의 토대를 자신의 새 체계로 대체하자고 제안했다. “예지가 사실이라면 그것은 우주에 대한 우리의 모든 과거 의견의 전체 토대를 허무는 사실이다.” 과거와 미래는 “시간 차원”에서 공존한다. 그건 그렇고 그는 “인간 불멸에 대한 첫 번째 과학적 논변”을 발견했다고 썼다. 그가 내놓은 것은 (공간과 시간에 대한) 4차원이 아니라 5차원적 관점이었다. 그는 이 관점을 설명하면서 아인슈타인과 민코프스키를 언급했으며 또 다른 권위자로 H. G. 웰스를 거론했다. 던에 따르면 웰스는 "허구적 등장인물의 입을 빌려 자신의 주장을 독보적인 명료함과 간결함으로 진술했"다.

웰스 자신은 그렇게 생각하지 않았다. 그는 던에게 '예지'는 허튼소리이며 시간여행은 가공의 현상이라고 잘라 말했다. "나(던)는 그가 진지하게 취급되리라 의도하지 않은 것을 받아들여 너무 골똘히 곱씹었다." 하지만 엘리엇을 비롯한 문학의 탐구자들은 일종의 불멸 가능성을 비롯한 던의 도발적 개념과 심상을 속속들이 받아들였다. 엘리엇이 말한다. "미래는 한 퇴색한 노래다. … 올라가는 길은 내려가는 길, 가는 길은 돌아오는 길."(『T. S. 엘리엇 전집』 154쪽) (이것은 헤라클레이토스의 또 다른 단편이다.) 엘리엇은 모든 시간이 영원히 현재임을 감지했으나 확신하지는 못한다.● "모든 시간이 영원히 현존한다면 / 모든 시간은 되찾을 수 없는 것이다."(135쪽)

단단한 우주가 생각나지 않는가? 「사중주」에서 엘리엇은 우리에게 세계의 체계를 설득하려 들지 않는다. 그는 역설과 자기 회의로 괴로워한다. "나는 거기에 우리가 있었음을 말할 수 있을 뿐이다. 그러나 어딘지는 말할 수 없다. 나는 얼마 동안이라고 말할 수도 없다. 그러면 그곳을 시간 안에 두는 것이기 때문이다."(137~138쪽) 그는 가면 뒤에서 이야기한다. 말의 문제는 미끄럽다는 것만이 아니다. 말을 이용해 시간을 묘사할 때의 또 다른 문제는 말 자체가 시간 '안'에 있다는 것이다. 말의

● 1917년에 사진 앨범을 보고서 엘리엇은 어머니에게 편지를 썼다. "시간이 전이나 후가 아니라 현재이자 미래이자 과거의 모든 시기이며 이것과 같은 앨범이라는 느낌이 듭니다."

사슬에는 처음과 중간과 끝이 있다. "말言은 움직이고, 음악도 움직인다 / 다만 시간 안에서."(140쪽) 영원은 움직임의 장소일까, 고요함의 장소일까? 운동일까, 패턴일까? 이들이 공존할 수 있을까? "회전하는 세계의 정지하는 일점"(137쪽)에서? 중국의 자기瓷器가 고요 속에서 영원히 움직인다고 엘리엇이 말할 때 우리는 그것이 환유임을 안다. 고요 속에서 영원히 움직이는 것은 시詩다.●

"그대는 생각할 수 없으리라. '과거는 끝났다'거나 / '미래는 우리 앞에 있다'고."(155쪽) 시간은 우리에게 속하지 않았다. 우리는 시간을 붙잡을 수도, 규정할 수도 없다. 간신히 세는 것이 고작이다. 엘리엇이 말한다.

> 울리는 종은
>
> 우리의 시간이 아닌 시간을 재는 것이다. 유유히 움직이는,
>
> 거대한 파도에 울리는 그 시간은
>
> 시계의 시간보다 오랜 시간, 뜬눈으로 누워
>
> 초조히 가슴 태우는 여인들이 세는 시간보다
>
> 더 오랜 시간, 그들이 누워서 미래를 계산하고,
>
> 과거와 미래를 풀고 끄르고 헤치고
>
> 다시 이으려고 노력하는 시간보다.

● 다만 패턴과 형식에 의해서만 / 말이나 음악은 고요에 이른다. / 마치 중국의 자기가 항시 / 고요 속에서 영원히 움직이는 것과 같다. / 곡조가 계속되는 동안의 바이올린의 고요, / 그것만이 아니라, 그것과의 공존, / 아니 끝이 시작에 앞서고, / 시작의 앞과 끝의 뒤에, / 끝과 시작이 언제나 거기 있었다고 말할까. / 그리고 모든 것은 항상 현재다.(『T. S. 엘리엇 전집』 140쪽)

한밤중과 새벽 사이에 그때에 과거는 모두 거짓이 되고,

미래에는 미래가 없다.(151쪽)

철학자 시인 보르헤스가 시간이 강이라고 썼을 때 그의 속뜻은 정반대에 가까웠다. 시간은 강이 아니고 호랑이도 아니고 불도 아니다. 비평가 보르헤스는 조금 덜한 역설, 조금 덜한 오도誤導를 동원했다. 시간에 대한 그의 언어는 분명히 평이하다. 1940년에 그 또한 던의『시간 실험』에 대해 글을 썼는데, 점잖은 어조로 터무니없는 책이라고 단언했다. 던의 논증 중 일부는 의식에 대한 성찰—어찌하여 재귀적 순환에 빠지지 않고서는 의식에 대해 생각할 수 없는가("인식의 주체는 관찰 대상을 인식하기도 하지만 또 다른 인식의 주체 A와 그 A를 인식하는 또 다른 주체 B, 그리고 같은 방식으로 B를 인식하는 또 다른 주체 C도 인식한다.")(『만리장성과 책들』 45쪽)—이었다. 그는 재귀가 의식의 필수적 특징이라는 중요한 측면을 짚었지만, 이렇게 결론지었다. "이렇게 무한히 존재하는 내면의 주체들은 삼차원적 공간에는 다 들어갈 수 없을지 모르지만 공간 못지않게 무한으로 이어지는 시간이라는 차원 속에는 모두 들어갈 수 있다." 보르헤스는 이것이 난센스임을, 그것도 보르헤스식 난센스임을 알았다. 보르헤스는 어떻게 해서 시간의 지각이 기억—"최초의 주체로부터 시작되는 순차적 (혹은 상상의) 상태"(46쪽)—을 토대로 구축되어야 하는가에 대해 생각하는 법을 그 속에서 간파했다. 그는 고트프리트 빌헬름 라이프니츠Gottfried Wilhelm Leibniz의 주장을 떠올렸다. "만일 사람이 생각했던 것을 다시 생각하고자 한다면, 그 생각했던 것을 생각하려는 뜻을 감지하는 것만으로 충분할 것이다. 그러면 그 생각에 대한 생

각, 그 생각에 대한 생각에 대한 생각들이, 이런 식으로 무한히 이어질 테니 말이다." 우리가 기억을 만들거나 기억이 우리를 만들거나. 기억을 참조하면 그것은 기억의 기억으로 바뀐다. 기억의 기억, 생각의 생각은 떼려야 뗄 수 없도록 뒤섞인다. 기억은 재귀적이며 자기 참조적이다. 거울이자 미로다.●

던의 예지몽과 복잡한 논리는 미리 존재하는 미래, 인류가 도달할 수 있는 영원에 대한 믿음으로 이어졌다. 보르헤스는 "몽상적 시인들"이 자신의 은유를 믿기 시작할 때 저지르는 실수를 던도 저질렀다고 말했다. 몽상적 시인들이란 물리학자를 일컫는 듯하다. 1940년이 되자 새로운 물리학은 4차원과 시공 연속체를 실재로 받아들였지만, 보르헤스는 이를 단호히 거부했다.

> 던은 (베르그송의 비판에 따르면) 시간이 공간의 네 번째 차원이라고 상상하는 나쁜 지적 습관에 빠진 저명한 희생자다. 그는 우리가 향해야 하는 미래가 이미 존재한다고, 또한 선이나 강 같은 공간적 형태로 이루어졌다고 가정한다.●

보르헤스는 20세기에 시간의 문제에 대해 누구보다 할 말이 많았

● 복도이기도 하다. "우리가 이전의 우리 자신을 더듬을 때면 거기에는 항상 긴 그림자를 늘어뜨린 작은 사람이, 점점 좁아드는 복도의 저편 끝 불 켜진 입구에 잘 알지 못하고서 늦게 도착한 방문객처럼, 서 있게 마련이다." — 블라디미르 나보코프, 『추억을 잃어버린 사랑. 상』 127쪽.

● 어쨌든 보르헤스도 엘리엇에게 극진한 애정을 표하지는 않았다. "엘리엇은 어떤 교수에게 동의하거나 다른 교수에게 살짝 반대한다는 생각이 늘—적어도 제가 항상 느끼기로는—듭니다." 보르헤스는 다시 미묘한 수법으로 엘리엇을 비판했다. "그는 시대착오를 교묘하게 구사해 영원의 허울을 만들어냅니다."

다. 그에게 역설은 문제가 아니라 전략이었다. 그는 시간의 존재를, 시간의 실재성과 중심성을 '믿었'음에도 중요한 에세이의 제목을 '시간에 대한 새로운 반론'이라고 지었다. 그는 영원을 썩 좋아하지 않았다. 또 다른 에세이 「영원의 역사A History of Eternity」에서 그는 이렇게 단언했다. "우리에게 시간은 거슬리고 긴급한 문제, 어쩌면 형이상학의 가장 필수적인 문제이지만 영원은 게임이거나 헛된 희망이다." 보르헤스에 따르면 우리는 영원이 원형이고 우리의 시간이 영원의 덧없는 이미지일 뿐임을 누구나 '안'다고 생각한다. 하지만 그의 생각은 반대였다. 시간이 먼저이고 영원은 머릿속에서 만들어진 개념이다. 시간은 실체이고 영원은 모형이다. 플라톤과 대조적으로, 또한 교회와 대조적으로 영원은 "세상보다 더 빈곤"하다. 당신이 과학자라면 '영원'에 무한을 대입해도 무방할 것이다. 어차피 무한도 우리의 피조물이니까.

시간에 대한 보르헤스의 새로운 반론에서 핵심은 그가 "언뜻 보았"(『만리장성과 책들』에서는 "감지했다"_옮긴이)다거나 "예견했"("느꼈다")다는 주장이다. 이것은 그 자신이 믿지 않는 주장이다. 아니, 믿는 걸까? 그 순간은 밤에 찾아온다. 프루스트의 시간에. 꿈과 꿈 사이에 깨어 바스락거리는 소리와 그늘진 벽을 지각할 때, 또는 자신이 허클베리 핀이라고 치면 뗏목을 타고 '강'을 따라 내려갈 때 시간은 무엇인가?

> 그는 천천히 두 눈을 뜬다. 수없이 많은 총총한 별들이 시야에 들어온다. 줄줄이 늘어선 나무들의 모습이 흐릿하게 드러난다. 잠시 후, 그는 다시 캄캄한 물속 같은, 도무지 기억해낼 수 없는 꿈속으로 빠져든다.(314쪽)

보르헤스는 이것이 "역사적이 아니라 문학적인" 사례임을 지적한다. 의심하는 독자에게는 개인적 기억을 대입해보라고 말한다. 자신의 과거에서 일어난 사건을 생각해보라고. 그 기억은 '언제'의 기억일까? 어느 때의 기억도 아니다. 우리는 '정확한' 시각을 알 수 없다. 그 사건은 우리가 가정하는 어떤 시공 연속체와도 동떨어진 채 스스로 매달려 있다. 시공이라고? 보르헤스가 말한다. "저는 늘 공간이 아니라 시간에 대해 생각합니다. '시간'과 '공간'이라는 낱말이 함께 쓰이는 것을 들으면 괴테와 실러가 함께 언급되는 것을 들었을 때의 니체와 같은 심정이 됩니다. 그것은 일종의 신성 모독입니다."

보르헤스는 아인슈타인과 마찬가지로 동시성을 부정한다. 둘의 차이점은 보르헤스가 신호 속도(빛의 속도)에 개의치 않는다는 것이다. 우리의 자연 상태는 고독하고 독자적이며, 우리의 신호는 물리학자의 신호보다 적고 덜 믿음직하기 때문이다.

> '내가 내 연인의 정숙함을 생각하며 행복에 젖어 있었던 그 순간, 내 연인은 나를 배반하고 있었다'라고 말하는 사람이 있다면 그 사람은 자기 스스로를 기만하고 있는 것이다. 우리가 살아가는 각각의 상태는 절대적인 만큼 그가 느낀 행복과 그가 당한 배신은 결코 동시대적이지 않기 때문이다.(315쪽)

연인의 앎은 과거를 바꿀 수 없다. 과거에 대한 회상을 바꿀 수는 있지만. 동시성을 버린 보르헤스는 연속성도 부정한다. 시간의 연속성, 즉 시간의 전체성은 또 다른 환각이다. 게다가 순간의 연속으로부터 전체를 조합하려고 끝없는 노력하는 이 환각, 또는 이 문제는 동일성의 문제이기도 하다. 당신은 과거의 자신과 똑같은 사람인가? 어떻게 아나? 사건은 홀로 선다. 모든 사건의 총체성은 모든 말의 합만큼 잘못된 관념화다. "모든 사건들의 총체인 우주는 셰익스피어가 1592년에서 1594년 사이에 꿈꾸었던 말들—한 마리였던가, 여러 마리였던가, 아니면 한 마리도 없었던가—의 전체 수만큼이나 관념적이다."(316~317쪽) 오, 드 라플라스 후작이여.

우리는 말을 너무 진지하게 받아들이는 경향이 있다. 이 현상은 (역설적이게도) 우리가 그 사실을 의식하지 못할 때 일어난다. 언어는 우리가 표현해야 하는 것을 표현하기 위한 선택지로는 턱없이 부실하다. 다음 문장을 생각해보라. "I haven't seen you for a [?] time." [?]에 들어갈 단어는 'long'이 되어야 하지 않겠는가?● 그렇다면 시간은 선이나 거리처럼 측정할 수 있는 공간이 된다. 언어가 이를 우리에게 강요한다. 시간이 '지나간'다거나 시간이 '흐른'다고 처음 말한 사람은 누구였을까? 우리는 언어가 우리의 은유 선택에 미치는 영향, 은유가 우리의 실재 감각에 미치는 영향을 좀처럼 의식하지 못한다. 우리는 대개 말에 대해 전혀 생각하지 않는다. 생각을 할 때면, 우리가 진짜로 무슨 말을 하는지 의문이 생기게 마련이다. 필립 라킨Philip Larkin은 연인 모니카 존스Monica Jones에게 이렇게 썼다. "내가 무언가를 하거나 말거나 시간이 지나간다는—또는 이 표현이 의미하는 무엇이든—생각하면 겁이 납니다." 말은 우리를 특정한 방향으로 이끈다.

● 영어에서는 거의 항상 '긴long'을 써야 하지만, 다른 언어에서는 이상하게 들릴 수도 있다. '큰big'이라고 말하는 언어도 있다.

영어와 대다수 서양어에서는 미래가 앞에 놓인다. 과거는 우리 뒤에 있으며, 우리는 늦는다고 말할 때 '뒤처졌다fallen behind'고 한다. 하지만 이러한 전후 방향은 명백하지도 보편적이지도 않다. 심지어 영어에서도 모임을 하루 '뒤로back' 옮기는 것이 무슨 뜻인지 헷갈릴 때가 있다. 어떤 사람들은 '뒤로'가 '더 일찍'을 뜻한다고 확신한다. 또 어떤 사람들은 '나중에'를 뜻한다고 똑같이 확신한다. 화요일에는 수요일이 우리 앞에before 있다. 화요일은 수요일 전에before 있는데도 말이다. 하지만 다른 문화권에서는 다른 기하학을 쓴다. 안데스산맥의 아이마라어 화자는 과거에 대해 이야기할 때 (자신이 볼 수 있는) 앞을 가리키고 미래에 대해 이야기할 때 등 뒤를 가리킨다. 다른 언어들에서도 어제를 하루 앞, 내일을 하루 뒤로 표현한다. 시공간적 은유와 개념 도식을 연구하는 인지과학자 레라 보로디츠키Lera Boroditsky에 따르면 몇몇 호주 원주민 집단은 자신의 방향을 나타낼 때 상대적 방향(좌우)이 아닌 기수적 방향(동서남북)을 이용하며 시간이 동쪽에서 서쪽으로 달린다고 생각한다. (그들은 도시와 실내 위주의 문화에 비해 방향 감각이 훨씬 발달했다.) 중국어 화자는 종종 수직의 은유로 시간을 나타낸다. 상上은 위와 이전을, 샤下는 아래와 이후를 나타낸다. 상웨上月는 지난달이며 샤웨下月는 다음 달이다.

그런데 가는 것은 시간일까, 우리일까? 보로디츠키를 비롯한 연구자들은 '자아 이동' 은유와 '시간 이동' 은유를 구별한다. 어떤 사람은 마감일이 다가온다고 느끼는 반면에 또 어떤 사람은 자신이 마감일에 다가간다고 느낀다. 둘은 같은 사람일 수도 있다. 물살을 따라 헤엄칠 수도 있고 강물에 떠내려 갈 수도 있다.

시간이 강이라면 우리는 강둑에 서 있는 것일까, 강을 따라 움직이는 것일까? 비트겐슈타인은 이렇게 썼다. "시간이 더 빨리 지나간다거나 시간이 흐른다고 말하는 것은 '무언가'가 흐른다고 상상하는 것이다."

> 그런 뒤에 우리는 비유를 확장해 시간의 방향에 대해 이야기한다. 사람들이 시간의 방향에 대해 이야기할 때, 그들 앞에 있는 것은 바로 강의 유추다. 물론 강은 흐르는 방향을 바꿀 수 있지만, 시간이 역전되는 것에 대해 이야기할 때 사람들은 현기증을 느낀다.

이것은 시간여행자의 현기증, 에셔의 계단을 볼 때 느끼는 현기증이다. 시간은 '간다'. "시간이 천천히 간다." "시간이 빨리 간다." 또한 우리가 시간을 통과한다는 말에도 모순은 없다. 우리는 이렇게 말하고 이 말을 완벽하게 이해한다.

시간은 강이 아니다. 그렇다면 시간여행은 어디로 가야 하나?

한 남자가 잠긴 방 안에서 철제 침대에 드러누운 채 임박한 죽음을 곱씹는다. 창밖으로 지붕들과 구름에 가린 태양이 보인다. 그는 늘 시간을 자각한다. 지금 보이는 것은 "6시의 해"다. 그의 이름은 유춘일 수도 있고 아닐 수도 있다. 추측컨대 그는 독일의 스파이다. 그는 기밀을 갖고 있다. 그 기밀이란 한 단어, 이름, "앙크르 강변에 주둔한 새로운 영국 포병대의 정확한 위치"다. 하지만 그는 발각되어 암살의 표적이 되었다. 그는 어딘지 철학자의 분위기를 풍긴다.

나는 아무런 조짐이나 전조도 없이 그날이 내게 무자비한 죽음의 날이 될 것이라는 사실을 믿을 수가 없었다. … 그런 다음 내 머릿속에는 모든 일이 바로 한 사람에게, 바로 이 순간에 일어나고 있다는 생각이 스쳤다. 태곳적부터 언제나 일어나는 일들, 그런 일들은 오로지 현재에 일어난다. 하늘과 땅과 바다의 수많은 사람들, 그리고 정말로 일어나는 모든 일이 지금 내게 일어나는 것이다."(112쪽)

이 책은 보르헤스의 소설「두 갈래로 갈라지는 오솔길들의 정원」으로, 1941년에 부에노스아이레스의 모더니즘 문예지《수르Sur》에 발표된 첫 소설집—여덟 편, 60쪽—의 표제작이다. 어릴 적에『타임머신』을 읽고 열광한 보르헤스는 시와 비평 몇 편을 발표했다. 그는 포, 카프카, 휘트먼, 울프 등의 작가들을 영어, 프랑스어, 독일어에서 옮긴 다작의 번역가였다. 그는 생계를 위해 작고 초라한 공공 도서관에서 조수로 일하면서 책을 분류하고 소제했다.

7년 뒤「두 갈래로 갈라지는 오솔길들의 정원」은 영어로 번역된 그의 첫 소설이 되었는데, 문학 출판사나 문예지에서 출판된 것이 아니라 1948년 8월《엘러리 퀸의 미스터리 매거진Ellery Queen's Mystery Magazine》이라는 잡지에 발표되었다. 보르헤스는 미스터리를 정말 좋아했다. 이름이 널리 알려진 그였지만, 사뮈엘 베케트와 유럽 출판인상을 공동 수상한 뒤인 1960년대에야 영어권 나라들에서도 명성을 얻었다. 그때 그는 늙었으며 시력을 잃었다.

엘러리 퀸(브루클린 출신의 두 사촌이 쓴 공동 필명)은 탐정 소설로 보기 힘든 이 소설을 기꺼이 잡지에 실었다. 이 소설에는 탐정이 전혀 나오지 않지만, 스파이 간의 싸움, 추격, 한 발의 탄환이 장전된 리볼버, 대면, 살인이 등장한다. 작가의 말로는 그냥 미스터리가 아니라 철학적 미스터리라고 한다. 유춘은 이런 말을 듣는다. "철학 논쟁이 그의 소설 대부분을 차지하고 있습니다."

> "… 나는 그런 모든 문제들 중에서 그 어떤 것도 불가해한 시간의 문제만큼 그를 불안하게 만들지 않았으며, 그를 괴롭히지도 않았다는 것을 잘 압니다. 그런데 문제는 바로 시간에 대한 것이 「두 갈래로 갈라지는 오솔길들의 정원」이라는 소설에서 나타나지 않는 '유일한' 것이라는 점입니다. …
> 「두 갈래로 갈라지는 오솔길들의 정원」은 거대한 수수께끼이거나 비유이며, 그 주제는 시간입니다. 깊숙이 숨겨진 그런 이유 때문에 그는 그 이름을 입에 올릴 수 없었던 겁니다. …"(『픽션들』(민음사, 2011) 124~125쪽)

이야기는 스스로에 대해 펼쳐진다. 「두 갈래로 갈라지는 오솔길들의 정원」은 책 속의 책이다. (지금은 펄프 잡지 속의 책이지만.) 「정원」은 "우회적 성격의 추이펀"이 쓴 에두르는 소설이다. 책이자 미로다. 혼잡한 원고들, "앞뒤가 맞지 않는 초고들을 어정쩡하게 엮은 원고 뭉치"다. 상징의 미로이자 시간의 미로다. 이 책은 무한하다. 하지만 어떻게 책이나 미로가 무한할 수 있을까? 책에서는 이렇게 말한다. "나는 두 갈래로 갈라지는 오솔길들의 정원에 모든 미래가 아니라 몇몇의 미래를 남긴다."(121쪽)

오솔길은 공간이 아니라 시간 속에서 두 갈래로 갈라진다.

"…「두 갈래로 갈라지는 오솔길들의 정원」은 불완전하지만 그릇되지는 않은 우주의 이미지입니다. 뉴턴이나 쇼펜하우어와는 달리, 당신의 조상은 통일적이고 절대적인 시간을 믿지 않았습니다. 그는 무한하게 연속된 시간들을 믿었어요. 분산되고 수렴되고 병렬적인 시간들로 구성된 점차로 커져 가는 어지러운 시간의 그물망을 믿었던 거지요. 서로 가까워졌다가 갈라지기도 하고 서로를 잘라버리거나 아니면 수백 년 동안 서로를 인식하지 못하는 시간들로 이루어진 직물은 모든 가능성들을 포함합니다. …"(126쪽)

으레 그랬듯 여기서도 보르헤스는 수평선 너머를 내다본 것 같았다. 훗날 시간여행 문학은 대체역사, 평행우주, 시간선 분기 등으로 영역을 넓혔다. 물리학에서도 이와 평행한 모험이 펼쳐지고 있었다. 원자 속으로 깊숙이 파고든 물리학자들은—이곳에서는 입자들이 상상할 수 없을 만큼 작으며 어떤 때는 입자처럼 어떤 때는 파동처럼 행동한다—사물의 심장부에서 불가피한 무작위성처럼 보이는 것을 맞닥뜨렸다. 그들은 *t*=0 시점의 특정한 최초 상태에서 미래 상태를 계산하는 법을 계속 연구하고 있었는데, 이제야 파동 함수를 이용하기 시작했다. 그들은 슈뢰딩거 방정식을 풀고 있었다. 슈뢰딩거 방정식으로 파동 함수를 계산하면 특정한 결과가 아니라 확률 분포가 도출된다. 슈뢰딩거의 고양이 기억하는가? 살았거나 죽었거나, 살지도 죽지도 않았거나, 원한다면—이것은 다소 취향의 문제다—동시에 살았고 죽은 고양이 말이다. 녀석의 운명은 확률 분포를 이룬다.

보르헤스가 마흔의 나이에 「두 갈래로 갈라지는 오솔길들의 정원」을 쓸 때 휴 에버렛 3세Hugh Everett III라는 이름의 소년이 워싱턴에서 과학소설—《어스타운딩 사이언스 픽션》을 비롯한 잡지들—을 닥치는 대로 읽으면서 자랐다. 그는 15년 뒤에 프린스턴대학교 대학원에서 물리학을 전공하면서 새 논문 지도 교수를 만났는데, 그는 바로 (시간여행의 역사에서 영화 <젤리그>처럼 끊임없이 등장하는) 존 아치볼드 휠러였다. 때는 바야흐로 1955년이다. 에버렛은 단지 측정만 할 뿐인데 물리계의 운명이 달라진다는 개념이 마뜩잖다. 그는 프린스턴대학교에서 아인슈타인의 강연을 듣는데, 거기서 아인슈타인은 "생쥐가 우주를 보는 것만으로 우주에 급격한 변화를 일으킬 수 있다고는 믿을 수 없"다고 말한다.● 에버렛은 양자 이론의 다양한 '해석'에 대한 온갖 불만에도 귀를 기울인다. 그는 닐스 보어가 "소심하"다고 생각한다. 양자역학은 작동하지만 난제에 대답하지 않는다. "우리는 이론물리학의 주 목표가 '안전한' 이론을 구축하는 것이라고 믿지 않는다."

괴상하고 역설적인 것에 늘 개방적인 휠러의 격려에 힘입어 에버렛은 '매 측정이 실제로 분기라면 어떨까'라고 묻는다. 양자 상태가 A일 수도 있고 B일 수도 있다면 어느 가능성도 우위에 있지 않다. 이제 우주에는 두 사본이 존재하며 각 우주에는 제 나름의 관찰자가 있다. 세계는 정말로 두 갈래로 갈라지는 오솔길들의 정원이다. 우리에게는 하

● 심지어 보르헤스 이전에도 데이비드 대니얼스David Daniels라는 스물한 살의 콜로라도 청년이 1935년에 《원더 스토리스Wonder Stories》에 「시간의 가지The Branches of Time」라는 소설을 썼다. 이 소설에서는 타임머신을 가진 남자가 과거로 돌아갔다가 우주가 평행세계선으로 갈라지고 각각의 역사가 전개되는 것을 본다. 대니얼스는 이듬해에 권총으로 자살했다.

● 그건 그렇고 왜 생쥐에서 멈추지? 기계가 관찰자가 되면 안 되나? 에버렛이 말한다. "인간이나 동물 관찰자에서 선을 긋는 것, 즉 모든 기계 장치가 일반 법칙을 따르되 살아 있는 관찰자로서 유효하지 않다고 가정하는 것은 이른바 심신 평행론Psychophysical parallelism 원리에 어긋난다."

나의 우주가 아니라 많은 우주의 앙상블이 있다. 한 우주에서는 고양이가 분명히 살아 있으나 다른 우주에서는 죽었다. 에버렛이 말한다. "이론의 관점에서는 중첩의 모든 요소(모든 '가지')가 '실질적'이며 어느 것도 나머지보다 더 '현실적'이지 않다." 작은따옴표가 난무한다. 에버렛에게 '현실적'이라는 단어는 시커먼 웅덩이에 뜬 얇은 얼음이다.

> 어떤 이론을 이용하면 당연히 그 이론의 구성물이 '현실적'이거나 '실존'한다고 가정하게 된다. 그 이론이 매우 성공적이라면, 즉 이론을 이용하는 사람의 감각지각을 정확하게 예측한다면, 이론에 대한 확신이 다져지고 그 구성물은 "현실의 물리적 세계를 이루는 요소"와 동일시되는 경향이 있다. 하지만 이것은 순전히 심리적인 문제다.

그럼에도 에버렛에게는 이론이 있었으며 그 이론에는 주장이 있었다. 일어날 수 있는 모든 것은 일어나되, 한 우주나 다른 우주에서 일어난다. 말하자면 새 우주가 즉석에서 생겨난다는 것이다. 방사성 입자가 붕괴하거나 붕괴하지 않을 때, 가이거 계수기가 딸깍 소리를 내거나 내지 않을 때, 우주는 다시 두 갈래로 갈린다. 에버렛의 논문 또한 험난한 길을 걸었다. 논문은 판본이 여러 가지인데, 한 초고는 코펜하겐에 보냈지만 보어는 전혀 좋아하지 않았다. 휠러의 도움으로 축약되고 개정된 또 다른 초고는 (명백한 반발에도 불구하고) 《현대물리학 리뷰Reviews of Modern Physics》에 실릴 수 있는 논문이 되었다. 에버렛의 후기에 따르면 "일부 교신 저자들"은 우리에게는 현실이 하나뿐이므로 분기가 결코 존재하지 않음이 "경험으로 입증된"다고 불만을 제기했다. 그는 이렇게 말했다. "우리의 경험이 실제로 어떨 것인지를 이론 자체가 예측한다는 것이 밝혀지면 그 논증은 반박된다." 말하자면 '우리 자신의' 작은 우주에서 우리는 분기를 전혀 알아차리지 못한다. 코페르니쿠스가 지동설을 주창했을 때 땅의 움직임이 전혀 느껴지지 않는다며 비난한 사람들도 같은 이유로 틀렸다.

그건 그렇고 무한한 우주를 가정하는 이론은 "필요 없이 수를 늘리지 말"라는 오컴의 면도날에 어긋난다.

에버렛의 논문은 당시에는 별 주목을 끌지 못했으며, 그 뒤로 에버렛은 논문을 하나도 발표하지 않았다. 그는 물리학을 그만뒀으며, 골초에 주정뱅이가 되어 51세에 죽었다. 하지만 이 우주에서만 그랬을 것이다. 어쨌든 그의 이론은 그보다 오래 살아남았고 양자역학의 다세계 해석many-worlds interpretation of quantum mechanics(약자로 MWI)이라는 이름을 얻었으며 많은 추종자를 거느렸다. 이 해석의 극단적인 형태에서는 시간이 송두리째 배제된다. 이론물리학자 데이비드 도이치David Deutsch가 말한다. "시간은 흐르지 않는다. 다른 시간은 다른 우주의 특수 사례에 지나지 않는다." 평행세계 또는 무한 우주가 은유로 통용되는 요즘은 이 개념이 준準공식적 승인을 받고 있다. 누군가 대체역사에 대해 이야기하면 그것은 문학 아니면 물리학일 것이다. '가지 않은 길'은 1950년대와 1960년대부터 영어 표현으로 통용되었다(로버트 프로스트Robert Frost의 가장 유명한 시가 있긴 하지만, 그 이전에는 널리 쓰이지 않았다). 이제 '이러저러한 세상에서'라는 친숙한 문구로 시작하면 어떤 가설적 시나리오도 써먹을 수 있다. 이것이 비유적 표현에 불과하다는 사실을 떠올리기가 점점 힘들어진다.

우리가 우주를 하나만 가졌다면, 즉 이 우주가 전부라면 시간은 가능성을 죽인다. 우리가 살았을지도 모르는 삶을 지운다. 보르헤스는 자신이 펼치고 있는 것이 판타지임을 알았다. 하지만 휴 에버렛이 열 살 소년일 때 보르헤스는 여덟 개의 정확한 단어로 다세계 해석을 예견했다. "시간은 셀 수 없이 많은 미래들을 향해 영원히 두 갈래로 갈라진다 El tiempo se bifurca perpetuamente hacia innumerables futuros."(126쪽)

영원

Eternity

하느님께 천년이 하루에 지나지 않는다는
성 베드로의 말은 과장이 아니다. 철학자처럼 말하자면,
천년으로 흘러드는 연속된 시간의 단계들은
하느님께 하나의 순간도 되지 않기 때문이다.
우리에게는 앞으로 올 것이 하나님의 영원 앞에서는 현재다.
— 토머스 브라운(1642)

시간 같은 것이 아예 없다면 어떻게 될까?

대체로 시간여행에서는 거북하거나 아픈 신체적 증상이 생기지 않는다. 그 점에서는 종종 시차 문제를 일으키는 비행기 여행과 다르다. 하지만 웰스의 원래 시간여행은 욕지기를 동반했다.

> 시간여행의 그 야릇한 감각은 도저히 말로 표현할 수가 없습니다. 그건 몹시 불쾌한 감각입니다. 롤러코스터를 타고 있을 때와 똑같은 느낌이에요. 어쩔 수 없이 거꾸로 곤두박질치는 느낌! 당장이라도 어딘가에 부딪혀 산산조각이 날 것 같은 무서운 예감도 느꼈지요.(『타임머신』 43쪽)

이런 묘사는 다른 소설에서도 곧잘 등장한다. 어쩌면 우리는 시간여행처럼 심오하고 중대한 마법에 아무런 신체적 고통이 없는 것을 받아들이고 싶지 않은 건지도 모르겠다.

어슐러 K. 르 귄Ursula K. Le Guin은 『내해의 어부』(시공사, 2014)에서 한발 더 나아간다. 이 책에서는 여행자들이 뉴턴과 아인슈타인의 물리 법칙을 지킨다. 그들의 우주선은 빛의 속도에 근접한다. 4광년을 주파하는 데 4년이 조금 더 걸린다. 뒤에 남은 사람들과 비교했을 때 여행자들은 나이를 거의 먹지 않는다. 4광년을 갔다가 곧장 집에 돌아오면 그들은 8년 뒤의 미래를 맞닥뜨릴 것이다. 어떤 느낌일까?

히데오는 첫 경험 뒤에 이렇게 쓴다. "여행 그 자체에 대해선 기억이랄 게 전혀 없다. 우주선에 들어간 건 기억하는 것 같지만, 세세한 부분은 시각적인 부분이든 움직인 부분이든 아무 기억도 나지 않는다. 우주선 안에 있던 것도 기억나지 않는다. 우주선을 떠난 기억은 압도적인

신체적 감각, 그러니까 현기증에 관한 게 전부다. 나는 비틀거렸고 멀미가 났다."(269쪽)

하지만 히데오의 두 번째 여행은 다르다. 두 번째 경험은 더 '평범'하다. 마치 시간이 멈춘 듯, 시간이 없는 듯하다. 여행은 시간이 존재하지 않는 순간—기간일까? 사이일까?—이다.

> 일관되게 생각하거나 시계 문자반을 읽을 수 없거나 이야기를 따라갈 수 없는, 사람이 무력해지는 막간으로서의 경험이었다. 말하고 움직이는 것이 아주 어렵거나 불가능해진다. 다른 사람들이 비현실적인 반쯤 유령처럼 보이고, 어떤 이유에서인지 거기 있거나 없다. 나는 환각을 겪진 않았지만, 모든 것이 환각처럼 느껴졌다. 고열이 날 때와 비슷하다. 혼란스럽고, 비참하게 지루하고, 끝이 없게 느껴지고, 하지만 일단 끝이 나면, 마치 자기 삶의 밖에서, 자신과 아무 상관없이 일어난 별개의 일화였단 듯이, 다시 떠올리기가 매우 힘들다.(274쪽)

우리는 과학적 사실주의를 제쳐두었다. 상대성이론에 따르면 광속에 근접한 속도로 움직이는 사람에게 시간은 정상적으로 느껴져야 한다. (시간에 정상적 느낌이라는 것이 있다면.) 르 귄의 목표는 다른 것, 상상할 수 없는 것, 바로 시간의 부재다. 리처드 파인먼이 학생들과 만났을 때 그중 한 명이 시간이 무엇이냐고 묻자 파인먼은 이렇게 되물었다. "시간 같은 것이 아예 없다면 어떻게 될까?"

누가 알겠는가. 신은 시간 밖에 있다고 간주된다. 그는 영원하다.

한 남자가 타임머신에 들어선다. 이젠 사전 설명은 필요 없다. 타임머신에는 봉, 제어 장치, 시동용 조종간이 있다. 타임머신의 이름은 '단지kettle'이며 자전거보다는 승강기를 닮았다. 남자는 울렁거림, "뿌연 아지랑이", "단단했지만 그럼에도 실체가 없는 공백"을 감지한다. 그는 욕지기를 느낀다. "배 속이 살짝 꿈틀거리며 미약한 (아마도 심리적인 이유겠지만) 현기증이 일었다." 단지는 수직 통로로 이동한다. 그는 올라가고 있는 것일까? 물론 그렇지 않다. "단지는 상하 좌우 전후 어느 쪽으로도 움직일 이유가 없었다."(『영원의 끝』(뿔, 2012) 9쪽) 그는 '상위시대upwhen'로 간다.

그런데 또 남자인가? 여자는 한 명도 없나? 규칙. 시간여행자는 저자의 시대에 얽매여 있다. 우리의 현재 주인공인 앤드루 할런이라는 기술자가 단지에 탑승할 때 그는 자신이 95세기 토박이라고 생각하지만, 우리는 그를 1955년의 남자로 인식한다. 이해는 아이작 아시모프가 (마흔 편 중) 열두 번째 소설『영원의 끝』을 출간한 때다. 지금 이 책을 읽으면 1955년에 대해 몇 가지를 추론할 수 있다.

• H. G. 웰스와 30년에 걸친 펄프 잡지의 유산이 있음에도 시간여행은 주류 독자들에게는 여전히 드물고 낯선 개념이다. (《뉴욕 타임스》는 서평 제목을 '우주인의 영역In the Realm of the Spaceman'이라고 짓는 실수를 저질렀다. 당시에는 '우주인'이 더 널리 알려진 개념이었다. 서평가 빌리어스 거슨Villiers Gerson은 제 딴에는 독창적인 질문을 제기했다. "시간여행자가 1915년으로 돌아가 1차대전에서 아돌프 히틀러를 쏘아 죽일 수 있다면, 지금의 현실이 달라질까?" 이 질문을 던진 것은 그가 처음도 아니고 마지막도 아니다.)

• '컴퓨터'는 계산하는 사람이다(한국어판에서는 '계산가'로 번역했다_옮

긴이). 수학 계산에 쓰는 기계는 '컴퓨팅 머신'—이 소설에서는 "수천 개의 변수를 종합할" 수 있는 "컴퓨타플렉스"—이라고 부른다. 컴퓨타플렉스는 천공 금속박을 이용해 입출력을 처리한다.

• 여성의 용도는 출산이다. 성적 유혹에도 쓰인다.

이때 아시모프는 과학소설 작가가 된 지 몇 해 지나지 않았다. 첫 소설『우주의 조약돌』(현대정보문화사, 1993)이 1950년에 출간되었을 때 그는 보스턴대학교 의과대학 신참 생화학 교수였다. 소설은 시카고의 은퇴한 재단사가 시를 읊으며 길거리를 걷는 장면으로 시작한다. 근처 연구소에서 핵분열 사고가 나는 바람에 그는 영문도 모른 채 5만 년 뒤 미래로 이동한다. 미래의 지구는 트랜터 은하 제국의 하찮은 행성이다. 그때까지, 즉 1950년까지 아시모프는《어스타운딩 사이언스 픽션》에 소설 수십 편을 팔았다. 그는 어릴 적 브루클린에 있는 아버지의 과자 가게에서 펄프 잡지를 찾아낸 뒤로 줄곧 펄프를 탐독했다. 그의 출생은 스스로에게도 수수께끼였다. 그는 자신의 원래 이름이 이사아크 유도비치 오지모프Исаак Юдович Озимов라는 것은 알았으나 생일은 알지 못했다.

대학원생 때 자신이 쓰던 논문에 싫증이 난 아시모프는「재승화 티오티몰린의 시간내재성The Endochronic Properties of Resublimated Thiotimoline」이라는 허구적 화학 논문을 썼다. 이 논문에 등장하는 티오티몰린은 가상의 떨기나무 껍질에서 얻은 가상의 물질로, '시간내재성'이라는 가공할 성질이 있어서 물에 넣으면 물과 닿기도 '전'에 결정이 용해된다. 양자역학에 비추어보면 그리 터무니없는 생각도 아니었다. 아시모프는 티오티몰린 분자가 시공간에서 독특한 기하학적 구조로 이루어졌다고 설명했다. 화학 결합의 일부는 평범한 공간 차원에 위치하지만 그중 하나는 미래로, 다른 하나는 과거로 방출된다. 이 괴상한 결정에서 어떤 연상이 일어날 수 있을지 상상해보시라. 훗날 아시모프는 티오티몰린의 미소微小정신적 응용에 대한 논문을 쓰기도 했다.●

그는 곧 1년에 평균 서너 권을 썼지만, 『우주의 조약돌』에서 폭발을 이용해 미래를 배경으로 설정한 것 말고는 시간여행을 시도하지 않았다. 『영원의 끝』으로 이어진 아이디어는 1953년에 떠올랐다. 그는 보스턴대학교 도서관 서고에서 합본된 《타임》을 발견하고 1928년치부터 체계적으로 읽기 시작했다. 초기 발행분의 한 광고에서 그는 핵폭발의 버섯구름임에 틀림없는 선화線畫를 보고 놀랐다. 이 이미지는 1950년대에 사람들의 마음속에 자리 잡았지만 1920년대와 1930년대에는 그렇지 않았기 때문이다. 그림을 다시 보았더니 올드페이스풀 간헐천의 삽화였다. 하지만 이미 그는 유일한 다른 가능성인 시간여행을 떠올린 뒤였다. 시대착오적 버섯구름을 필사적인 시간여행자가 보낸 일종의 메시지라고 가정해보라.

첫 시간여행 소설을 궁리하면서 아시모프는 이 장르를 새로운 방향으로 이끌었다. 이 소설은 평범한 주인공이 미래나 과거로 내던져져 모

● "앤드루는 시간을 드나들면서 많은 여성을 보았다. 하지만 시간 속의 여성은 벽이나 무덤이나 써레나 새끼 고양이나 벙어리장갑과 마찬가지로 사물에 불과했다."(『영원의 끝』 68쪽)

● 옥스퍼드 영어사전에 따르면 아시모프는 '로봇공학robotics'을 비롯해 몇 가지 신조어를 만들었지만, '시간내재성endochronic'은 그중에 포함되지 않는다. 아직 널리 쓰이고 있지 않기 때문이다.

● 한심하다고? 하지만 얼마 지나지 않은 2015년에 파나소닉 사는 "셔터 단추가 눌리기 1초 전과 눌린 지 1초 뒤에" 상을 기록하는 카메라를 개발했다.

험을 벌이는 이야기가 아니다. 우주 전체의 구조가 달라진다.

『영원의 끝』은 말놀이로 시작된다. 영원에 대해 누구나 아는 한 가지는 끝이 없다는 것이기 때문이다. 영원은 무궁하다. 전통적으로 영원은 신이다. 아니면 신의 구역이거나. (신이 영원할 뿐 아니라 유일하고, 남성이고, 대문자인 유대교·기독교·이슬람교에서는 틀림없이 그렇다.) 아우구스티누스는『고백록』에서 하느님에게 이렇게 물었다. "주님이 만들어내지 않으신 시간이라는 것이 과연 존재할 수 있겠습니까? … 주님은 항상 현존하는 영원이라는 저 높은 곳에 자리하신 채로, 모든 과거보다도 먼저 계시고, 모든 미래 너머에 계십니다. 왜냐하면 미래는 아직 오지 않은 미래이기 때문입니다."(『고백록』 385쪽) 우리 필멸자들은 시간 속에서 살지만 신은 시간 너머에 있다. 무시간성은 신의 최고 능력 중 하나다.

시간은 창조의 특징이다. 조물주는 시간과 동떨어져 존재하며 시간을 초월한다. 그렇다면 우리의 필멸하는 시간과 역사는 신에게 (완전하고 전체적인) 찰나에 불과할까? 시간 밖의 신, 영원의 신에게는 시간이 '지나가'지 않는다. 사건은 한 단계 한 단계 일어나지 않는다. 원인과 결과는 무의미하다. 신은 순차적인 존재가 아니라 동시적인 존재다. 그의 '지금'은 모든 시간을 아우른다. 창조는 태피스트리이거나 아인슈타인식의 블록 우주다. 어느 쪽이든 신의 눈에는 전체가 보인다. 신에게는 이야기의 처음도, 중간도, 끝도 없다.

하지만 세상사에 관여하는 신을 믿는다면, 그 신은 어떻게 행동할 수 있을까? 변화 없는 존재를 우리 필멸자가 상상하기란 쉬운 일이 아니다. 그는 '행동'할까? 아니 '생각'이나마 하려나? 순차적 시간이 없다면 생각(이라는 과정)을 상상하기 힘들다. 의식은 시간을 필요로 하는 듯하다. 의식은 '시간 속에 있'어야 한다. 우리는 생각할 때 연이어 생각한다. 한 생각이 다른 생각으로 이어지고 그동안 때에 맞게 '기억'을 형성한다. 시간 밖의 신에게는 기억이 없을 것이다. 전지全知는 기억을 필요로 하지 않는다.

어쩌면 불멸의 존재가 시간 속에서 우리와 함께 있으면서 경험을 향유하고 의지를 관철하는지도 모른다. 그는 파라오에게 역병을 보내고, 바다에 큰 바람을 보내고, 필요에 따라 천사와 왕벌을 보낸다. 유대교인과 기독교인은 이렇게 말한다. "여러 해 후에 애굽 왕은 죽었고 이스라엘 자손은 고된 노동으로 말미암아 탄식하며 부르짖으니… 하나님이 그들의 고통 소리를 들으시고 하나님이 아브라함과 이삭과 야곱에게 세운 그의 언약을 기억하셨더라."(출애굽기 2장 23~24절) 어떤 신학자들은 아우구스티누스가 고백할 때 하느님이 들으셨고 이제는 기억하신다고 말할 것이다. 그들은 우리에게나 하느님에게나 과거는 과거라고 말할 것이다. 하느님이 우리의 세계와 교류한다면 그것은 과거에 대한 우리의 기억과 미래에 대한 우리의 기대를 존중하는 방식으로 이루어질 수 있을 것이다. 우리가 시간여행을 발견한다면 그는 마땅히 흐뭇해할 것이다.

이것은 수렁이다. 심지어 유대교, 기독교, 이슬람교 안에서도 신학자들은 하느님의 시간(또는 무시간성)에 대해 저마다 다른 학설을 내세웠다. 모든 종교는 시간을 초월하는 존재를 상정한다. 『우파니샤드』에서는 "브라만은 두 가지 형태가 있으니 시간과 무시간이다"라고 말하지만, 불교에서는 영원이 환상임을 편안하게 받아들인다.

시간은 모든 것을 집어삼킨다

자신마저도

시간을 집어삼키는 이는

만물을 요리하는 이를 요리한다.

'영원'이라는 말은 인류가 기억하는 맨 처음으로, 문자 언어의 맨 처음으로 거슬러 올라간다. 라틴어로는 '아이테르누스aeternus', 그리스어로는 '아이온αἰών'이다(영어 '이언eon'은 '아이온'에서 유래했다). 사람들에게는 영원함, 또는 끝없음을 나타낼 단어가 필요했다. 이 단어들은 처음이나 끝이 없는 기간을 가리키거나 (아마도) 단지 처음이나 끝이 '알려지지 않은' 기간을 가리켰다.

과학의 세계에 적응한 현대 철학자들이 여전히 이런 의문으로 골머리를 썩이는 것은 놀랄 일이 아니다. 복잡성은 배가된다. 어쩌면 영원은 (상대성이론으로 인기를 얻은 의미에서) 다른 기준틀과 같다. 우리에게는 우리의 현재 순간이 있으며 신에게는 우리와 별개의, 우리의 상상을 넘어서는 시간 척도가 있다. 보에티우스는 6세기에 비슷한 취지의 말을 남겼다. "우리의 '지금'은 마치 시간을 달리듯 항상성sempiternity을 낳지만, 신의 '지금'은 고정되고 움직이지 않으며 불변해 영원성eternity을 낳는다." 항상성은 끝없음, 즉 끝없는 지속에 지나지 않는다. 아예 시간 밖으로 나가려면 실질적인 무언가가 필요하다. 신화학자 조지프 캠벨Joseph Campbell은 이렇게 설명했다. "영원은 그리 긴 시간도 아닙니다. 아니, 영원이라는 것은 시간과 아무 상관도 없는 것입니다. … 지금 이 자리에서 만물의 영원을 경험하면 어떻습니까? 그 경험에는 인생의 그런 기능이 있어요."(『신화의 힘』(21세기북스, 2017) 138~139쪽) 또는 계시록에서 말하듯 "더는 시간이 없을 것"이다(요한계시록 10장 6절. 개역개정판에서는 "지체하지 아니하리니"로 번역했음_옮긴이).

'시간 밖'이라는 말이 말장난처럼 들릴지도 모르겠다. 상자나 방이나 나라처럼 시간의 '밖으로 나갈' 수 있을까? 시간은 우리 필멸자에게는 보이지 않는 장소일까? 고린도후서(4장 18절)에는 이렇게 쓰여 있다. "보이는 것은 잠깐이요, 보이지 않는 것은 영원함이라."

이 마지막 구절은 『영원의 끝』의 전제와 일맥상통한다. 한편에서는 전 인류가 시간 속을 살아간다. 다른 한편에는 보이지 않는 장소가 있다. 그곳의 이름은 '영원'이다. 대문자 영원Eternity. 이 형태의 영원은 오로지 신을 대신해 스스로 선발된 남성 집단에 속한다. (다시 말하지만 여성은 참여가 허락되지 않는다. 여성의 용도는 출산이며, 이곳은 출산과 관계가 있는 장소가 아니다.) 이 남자들은 스스로를 '영원인'이라 부르지만, 전혀 영원하지 않다. 알고 보면 그다지 현명하지도 않다. 그들은 험담과 모략을 일삼고, 담배를 피우고, 죽는다. 하지만 한 가지 점에서는 신처럼 행동한다. 그들은 역사의 방향을 바꿀 능력이 있으며 이 능력을 휘두르고 또 휘두른다. 그들은 리모델링에 강박적으로 매달린다.

영원인은 폐쇄적인 위계 사회를 만들었다. 이 사회는 능력주의적이면서도 독재적이다. 그들은 계산가, 기교가, 사회학자, 통계가 등의 신분제 계층을 이룬다. 어릴 적에 정상적 '시간'에서 영원에 새로 들어온 신참은 '견습생'이라 불린다. 훈련에 실패한 견습생은 '유지보수반'이 되어 칙칙한 회색 작업복을 입은 채 시간으로부터 식량과 물을 수입하고—영원인도 먹어야 살 수 있으므로—폐기물을 처리한다. 유지보수

반은 불가촉천민인 셈이다. 시간 바깥에 존재하는 이 장소, 이 영역, 이 범위를 시각적으로 묘사하려면 어떻게 해야 할까? 영원은 사무용 건물처럼 생겼는데, 복도, 바닥과 천장, 계단, 대기실이 있으며 황량하다. 사무실 인테리어는 현 입주자의 취향에 맞게 구성되었다. 고서 애호가에게는 책장이 있을 것이다. (“호브가 웃으며 말했다. ‘진짜 책이니까! 섬유소로 만들었겠지?”) 대부분의 세기는 ‘필름책’과 ‘마이크로필름’ 같은 더 혁신적인 정보 저장 기술을 선호하는데, 이런 필름은 주머니에 들어가는 작은 기계로 볼 수 있다.

영원은 구역으로 나뉘는데, 각 구역은 인류 역사의 특정 세기世紀와 관계가 있다. 영원인은 한 구역에서 다른 구역으로 갈 때 단지를 이용한다. 구역들은 높은 빌딩에 차곡차곡 쌓인 층을 연상시킨다. 작동 방식은 너무 자세히 들여다보지 않는 것이 상책이다. “일반적인 우주에서 알고 있던 물리 법칙들은 단지의 축에서는 통하지 않는 거라고!”(『영원의 끝』 57쪽) 시간과 영원 사이에는 장벽—“비물질적인 장막”—이 있는데, 이 또한 너무 자세히 들여다보지 않는 것이 상책이다. “앤드루는 무한하게 얇은 무시無時와 무공無空의 장막 앞에서 다시 한 번 멈춰 섰다. 그 막이야말로 영원과 앤드루를, 또 한편으로는 정상 시간과 앤드루를 갈라놓고 있었다.”(11쪽) 영원은 어디서나 ‘진짜’ 우주와 붙어 있는 듯하다. 어쨌든 장소에서 장소로 이동하는 것은 문제가 되지 않는다. 영원은 4차원일까? 아시모프는 4차원을 번거롭게 설명하려 들지 않는다. 이미 상식이 되었으니까. 그는 양자역학의 불확정성 원리를 인정한다.

영원을 시간과 구분하는 장막은 원초적 혼돈의 암흑으로 어두웠으며 벨벳 같은 빛 없음은 깜박이는 빛이 점점이 박혀 있었는데, 이 빛들은 불확정성 원리가 존재하는 한 제거할 수 없는 미시적인 구조적 불완전함을 비추고 있었다.

웰스가 자신의 타임머신을 시시콜콜 묘사하지 않듯 아시모프는 문학적 기법을 동원해 시각화할 수 없는 것을 시각화한다는 착각을 독자에게 불러일으킨다. 말이 안 되는 것을 어떻게 시각화할 수 있겠는가. "벨벳 같은 빛 없음." 교묘한 수법.● 불확정성 원리로 원초적 어둠을 빛의 점으로 장식하는 것은 근사한 솜씨다.

이제 서사 문제가 대두된다. 사람들은 영원에서 살며 이야기에 플롯을 부여하려고 이런저런 행위를 한다. 머지않아 영원인 또한 '시간 속에서' 활동한다는 사실이 서사로 인해 뚜렷이 드러난다. 그들은 여느 사람처럼 과거를 기억하며 미래를 걱정한다. 다음에 무슨 일이 일어날지도 알지 못한다. 정말로 '시간 밖'에 있는 것이 어떤 것이든, 이 마법적 상태는 이야기 전개에 유리해 보이지 않는다. 여기서도 시간이 흐른다. "… 노화만은 피할 수 없었기 때문에 바로 그게 시간을 측정하는 수단이 되었다."(67쪽) 그들의 시간은 '신체 시간'이다. 그들은 "내일 보자"라고 말한다. 손목시계도 차고 있다. 어쩔 수 없는 노릇이다.

영원을 창조한 것은 신학자가 아니라 기술자이기 때문에 영원에는 처음과 끝이 있다. 영원은 ("시간장" 등의) 필요한 기술이 개발된 27세기에 시작되어 "미래의 헤아릴 수 없는 엔트로피 사망"으로 끝난다. 그동안 영원인들은 신 행세를 하면서 재미를 톡톡히 본다! 사회학자는 사회

● 이 구절은 『영원의 끝』 초고에 수록되었으나 단행본에는 빠졌다.

를 분석해 역사를 분기分岐시켜 '현실변경'을 제안한다. 인생설계가는 인생의 변화를 도표로 작성한다. 계산가는 '심리수학'을 구사한다. 관찰가는 시간에 들어가서 자료를 수집하며, 기교가는 손에 흙을 묻히는 사람이다(이를테면 교통수단의 조종 장치를 고장 내어 잇따른 사건들을 통해 전쟁을 예방한다). 기교가가 행동을 취하면 새로운 가능성의 가지가 현실이 된다. 그러면 옛 가지는 결코 일어나지 않은 과거이자 영원인의 도서관에서만 기억되는 대체현실이 된다.

영원인은 자신들이 옳은 일을 한다고 믿는다.

> (기교가 할런의 설명) 영원이 설립되고 나서 지구가 텅 빌 때까지, 모든 시대의 세부를 조사하는 거예요. 그리고 일어날지도 모르는 일의 무한한 가능성을 전부 그려보고는 그중에서 현재보다 나은 것을 고르죠. 그다음엔 시간 속에 사소한 변화를 삽입해서 현재를 비틀어요. 그럼 새 현재가 생기겠죠? 이제 또 일어날지도 모르는 현재를 찾아내고, 그걸 무한히 반복하는 거예요.(94~95쪽)

이를테면 할런은 단지에서 나와 시간에 들어가서는 용기 하나를 다른 선반으로 옮긴다. (물론 사무 용품도 구경했을 것이다.) 그 결과 한 남자가 용기를 찾지 못해 화가 났고, 잘못된 결정을 하는 바람에 회합이 무산되고, 어떤 사람의 죽음이 연기된다. 파문이 점점 커져 몇 해 뒤에는 북적거리던 우주 공항 하나가 사라진다. 임무는 완수되었다. 어떤 사람이 죽어야 하더라도 그 덕에 다른 사람들이 살 수 있으므로 피장파장이다. 오믈렛을 만들려면 달걀을 깨야 한다고, 영원인들은 배웠다. "영원의 힘이 미치는 곳에 살았고 앞으로 살게 될 전 인류의 행복을 위해"(31

쪽) 책임을 다하는 것은 쉬운 일이 아니다.

우주의 주인인 영원인에게 중요한 것은 무엇일까? 그들은 한 가능성과 다른 가능성을 어떻게 견줄까? 늘 명쾌한 것은 아니다. 핵전쟁: 나쁘다. 마약 중독: 나쁘다. 행복: 좋다. 하지만 어떻게 측정하지? 영원인은 극단적인 것을 싫어하는 듯하다. 어떤 세기는 쾌락주의가 극에 달했는데, 할런은 개선 방안을 고심한다. "다른 가능성의 분기가 현실로 등장하고, 하나의 분기 속에서 쾌락을 좇던 수백만 명의 여성이 진정성 있고 마음이 순수한 어머니로 변할 수 있지 않을까."(34쪽) (영원인들이 1950년대 미국인임을 명심할 것.) 그들은 '핵 기술'을 없애려고 끊임없이 현실을 변경한다. 이것은 전쟁을 막기 위한 조치이지만 인류가 성간 우주여행 기술을 개발하지 못하게 하는 부작용이 있다. 독자는 이 우주의 진정한 주인인 아이작 아시모프가 우주여행의 손을 들어줄 것이라 짐작할 것이다.

아시모프는 보르헤스를 읽지 않고서도 사무원과 회계원이 관리하는 '두 갈래로 갈라지는 오솔길들의 정원'을 만들어냈다. 어떤 가지에서는 셰익스피어나 바흐의 탄생이 소급적으로 취소될 수도 있지만, 기교가들은 개의치 않는다. 그들은 시간에서 희곡이나 음악을 가져와 도서관에 저장한다.

> 하지만 앤드루는 575세기의 걸출한 작가라고 일컬어지는 에릭 링콜류Eric Linkollew의 소설 서가 앞에 서서 의문을 품었다. '에릭 링콜류 전집'은 총 열다섯 종류였다. 당연히 서로 다른 현실에서 가져온 것들이었다. 하나같이 차이점이 있었다.(163쪽)

다 부질없다. 영원인, 이 사무직 직원들은 저마다 보르헤스의 '바벨의 도서관'을 가지고 있다. 그것은 사무 용품 캐비닛이다.

역사의 파노라마가 눈앞에 펼쳐지기에 영원인들은 과거에 대해 생각할 이유가 별로 없다. 모든 것은 미래다. 아니, 현재인가? 이곳에서 '현재'에 대해 이야기하는 게 무슨 의미가 있을까? 우리는 결코 알 수 없다. 현실변경은 그저 계속된다. 진행 중인 업무일 뿐.

하지만 괴짜 몇 명—우리의 주인공 할런도 그중 하나다—이 '시간장'의 발명과 영원의 설립 이전 세기에 대해 호사가로서 관심을 품는다. 그들은 이 고대 세기들을 '원시 역사'라고 부른다. 그들에게 가장 매혹적인 것은 20세기다. 할런은 원시 역사의 책들을 수집한다.

> 거의 대부분이 종이에 인쇄된 책들이었다. 그중에는 H. G. 웰스라는 인물의 책도 있었고 윌리엄 셰익스피어의 것도 있었으며 너덜너덜한 역사서도 있었다. 최고의 수집품은 원시적인 주간 뉴스를 완벽하게 모은 것이었다. 상당한 공간을 차지하는 소장품이었지만 앤드루는 감상적인 이유 때문에 차마 마이크로필름으로 변환할 수 없었다.(32쪽)

원시 역사는 고정되어 있어서 영원인들이 바꿀 수 없다. "단단하게 얼어버린 역사를 보는 것 같았거든요!"(37쪽) 할런의 수집품 중에는 쉴 새 없이 움직이며 기록하는 "운명을 기록하는 신의 손가락"에 대한 시구도 있다("손으로 한 번 글을 쓴 후에 쓰지 않은 상태로 돌아가고픈 꿈마저 절대로 꿀 수 없는 상태").(32쪽) 워털루 전투는 결과가 하나뿐이며 결코 바뀌지 않는다. "그래서 아름답지. 우리가 무슨 짓을 하더라도 원시 역사는 원래 존재하던 그대로 남아 있거든."(50~51쪽) 무척 기묘하다. 기술도 마찬가지다. "원시 역사 시대에는 자연적인 석유 찌꺼기가 원료였고 천연고무가 바퀴를 감싸고 있었다."(132쪽) 무엇보다 흥미로운, 또한 우스꽝스러운 것은 시간 자체에 대한 고대인의 견해였다. 영원인들은 고대의 철학자들이 시간을 어떻게 이해했다고 추측했을까? 선임 계산가 한 명이 할런과 철학을 논한다.

> "우리 영원인들은 시간여행이 뭔지 알고 있어서 그런 문제에 진지하게 관심이 있어. 하지만 원시시대의 사람들은 시간여행을 전혀 몰랐지."
> "원시시대 사람들은 시간여행에 대해서 거의 생각하지 않았습니다, 계산가님."
> "불가능하다고 생각했다는 거지?"(197~198쪽)

시간여행의 개념이 전혀 없는 사람들을 상상해보라! 정말 원시적이지 않은가. 드문 예외는 '사변'의 형태로 찾아왔는데, 그것은 진지한 사상가나 예술가에 의한 것이 아니라 "현실 도피성 문학 작품"에 담겨 있었다고 할런이 설명한다. "정확히는 모릅니다만, 과거로 돌아가서 조부가 어린아이일 때 죽이는 것이 흔히 등장하는 소재 중 하나였습니다."(198쪽) 그럼 그렇지.

영원인들은 시간여행의 역설에 대해 모르는 것이 없다. 이런 속담이 있다. "시간에는 모순이 없어. 시간이 적극적으로 모순을 피하기 때문이지."(139쪽) 할아버지 문제가 생기는 것은 "현실이 변하지 않"는다고 가정하고 시간여행을 뒤늦게 착상할 만큼 어수룩할 때다. 계산가가 말한다. "원시시대 사람들은 현실이란 요지부동이라고 생각한 거야.

그렇지?"

할런은 확신하지 못한다. 현실 도피성 문학이 다시 등장한다. "확실하게 답변을 드릴 수 있는 지식이 없습니다. 존재의 차원이나 시간의 경로를 바꿀 수 있다고 상상은 했을 거라고 봅니다만, 확실히는 모르겠습니다."

계산가가 입술을 삐죽 내민다. 그것은 불가능한 일이기에. "직접 시간여행을 해보지 않는 한 현실의 철학적인 복잡성을 이해할 수 있는 인간은 없어."(198쪽)

계산가는 핵심을 짚었다. 하지만 그는 우리 원시시대 사람들을 과소평가한다. 우리는 한 세기에 이르는 풍부한 시간여행 경험을 쌓았다. 시간여행은 우리의 눈을 열어준다.

이 이야기를 쓰기 시작했을 때 아시모프는 낙관적이었을 것이다. 그는 현명한 감독관의 집단이 인류를 더 나은 길로 이끌어 (1950년대에 모든 사람의 뇌리에 박혀 있던) 핵전쟁 위험으로부터 구해주리라 상상했을 것이다. 웰스와 마찬가지로 그는 합리주의자였으며 역사에서 교훈을 얻고 사회 진보를 믿었다. 아시모프는 "'현실'이란 변할 수도 있고 덧없었으며 앤드루와 같은 사람이라면 현실을 손으로 주물럭거려서 더 나은 상태로 만들 수도 있는" 우주에서 자신의 영웅인 기교가 할런이 느끼는 만족감을 공유한다. 그랬더라도 아시모프는 낙관을 유지할 수 없었다. 이야기는 암울한 반전을 맞는다. 우리는 영원인들에게서 독선적인 모습뿐 아니라 괴물의 모습을 보기 시작한다.

어쨌든 여인이 등장한다. 웰스의 시간여행자에게 미래의 여인 위나가 있었듯 할런은 "482세기 출신 여성"(217쪽) 노위스를 발견한다. ("앤드루는 영원에서 여성을 전혀 못 보지는 않았다. '전혀'라는 말은 과장이었다. 드물기는 했지만… 하지만 '그런' 여성은 본 적이 없었다. 그것도 '영원' 안에서!")(68쪽) 그녀는 머리카락에서 윤기가 흐르고, "둔부의 곡선을 섬세하게 드러냈"으며, 보석 장식품이 반짝거리며 "우아한 가슴" 쪽으로 눈길을 끈다. 그녀는 임시로 비서 업무를 맡아 영원에 파견되었다. 아주 똑똑해 보이지는 않는다. 시간의 가장 간단한 개념들조차 알지 못한다. 하지만 그녀는 할런에게 섹스를 가르친다. 이 문제만큼은 할런이 애송이에 숙맥이다.

노위스는 한동안 부차적인 플롯 장치 역할을 하며 영원인들 사이에서 다툼과 분란을 일으킨다. 그녀에게 푹 빠진 할런은 죄인이 되는 것을 감수하고 그녀를 단지에 태운다. 그들은 함께 떠난다. "노위스, 이제 상위시대로 갈 거예요." "미래로 간단 말이죠?"(139~140쪽) 그는 기이한 밀회 장소에 그녀를 숨긴다. 111394년의 텅 빈 복도에 있는 여분의 방이다. 이곳에서 그는 그녀에게 많은 것을 '설명'하며 시간을 보낸다. 그는 현실변화를 설명해야 하고, 계산가를 설명해야 하며, 실제 시간과 대조되는 '신체 시간'을 설명해야 한다. 그녀는 열심히 듣는다. 노위스가 한숨을 쉬며 말한다. "난 모르겠어요. 앞으로도 이해할 수 없을 것 같아요." 그녀가 "천진하게 존경심을 내비치"(166~167쪽)며 눈을 반짝인다.

결국 그는 영원의 창조 '이전'의 시간인 원시시대로 그녀를 데리고 갈 작정임을 설명한다. 두 사람은 미국 남서부의 외딴 지역에 도착한다. "두 사람은 오후의 태양이 찬란하게 비추고 있는, 쓸쓸하고 바위투성이인 지역으로 걸어 나왔다. 부드럽고 서늘한 바람이 쓸고 지나갔지만 그 외에는 거의 고요했다. 벌거벗은 돌들이 굴러다니고 있었다. … 흐릿한 무지갯빛이 돌고 있었다. … 앤드루는 무인지경의 광대함과 생명이 없는 주변 풍경으로 인해 난쟁이처럼 위축되었다."(304쪽)

할런은 자신이 순환을 완결시키고 영원의 창조를 보장해 영원을 보호하는 임무를 맡았다고 생각한다. 놀랍게도 노위스에게도 나름의 임무가 있다. 그녀는 위나와 다르다. 노위스는 영원인들의 상상을 넘어선 먼 미래—영원인들이 뚫고 들어가지 못한, 이른바 '감춰진 세기'—에서 파견된 요원이다.

이제 노위스가 설명할 차례다. 감춰진 세기의 사람들은 인류 역사 전체를, 또한 그 이상을 가능성의 조합으로 이뤄진 태피스트리로 본다. 그들은 대체현실을 마치 진짜인 것처럼 본다. "'만약'이라는 조건하에 실제로 있을지 없을지도 모르는 데다가 실체도 없고 어쩌면 가닿는 게 불가능할지도 모르는 세계"(325쪽)를 보는 것이다. 그녀는 할런이 존경하는 영원인들이 실은 현실에 개입하는 정신병자 집단에 불과하다고 꼬집는다.

"'정신병자'라고요!" 앤드루가 분노를 터뜨렸다.

"그렇잖아요? 당신이야말로 잘 알잖아요. 생각해봐요!"(330쪽)

감춰진 세기의 현명한 미래인들에 따르면 영원인들은 끊임없이 현실을 변경하면서 모든 것을 망쳤다. 그들은 "정상에서 벗어난 것들을 솎아냈"(288쪽)다. 승리를 얻으려면 위험과 불안을 겪어야 하지만, 재난을 예견한 영원인들은 승리의 싹을 잘라버렸다. 특히 핵무기 개발을 철저히 막으면서 성간 여행의 가능성을 없애버렸다.

따라서 노위스는 역사를 바꾸는 임무를 띤 시간여행자이며 할런은 그녀의 꼭두각시다. 그녀가 할런과 함께 원시시대로 '돌아올 수 없는 여행'을 한 것은 현실변경에 영향을 미쳐 모든 현실변경을 끝장내기 위해서였다. 그녀는 인류가 "19.45세기"에 첫 핵폭발을 일으키도록 함으로써 영원의 설립을 막을 것이다.

하지만 기교가 할런에게는 해피엔드다. 노위스가 겉보기와 달리 순진한 여인은 아니었지만 자신을 진정으로 사랑하므로. 두 사람은 그 뒤로 행복하게 살면서 "아이도 낳고 손주도 낳"을 것이다. "인류도 남아서 별에 도달할 것"(332쪽)이다. 그렇다면 남은 수수께끼는 하나뿐이다. 감춰진 세기에서 온 슈퍼우먼이 인류를 은하 제국의 길로 인도하는 임무를 완수한 뒤에 불운한 앤드루 할런과 정착하고 싶어 하는 이유가 뭘까?

영원에 대해서는 여기까지 하자. 영원은 신성한 개념이자 시간 밖에 있는 은총의 상태였다. 아시모프는 몇백 쪽에 걸쳐 영원을 '시간' 밖의 한갓 '장소'로 바꾸지만, 이곳에는 승강기 통로와 보관소, 제복 입은 직원, 초대에 의해서만 가입하는 신참 등이 있다. 초라한 전략이다. 하지만 무신론자에게는 무엇이 남는가? 누가 시간에 대해 이런 힘을 행사하는가? 그것은 악마다.

우리와 함께하면 행위가 시간으로부터 면제된다네.

우리는 영원을 한 시간에 욱여넣을 수도 있고

한 시간을 영원으로 늘릴 수도 있지.

바이런 경은 그가 루시퍼라고 말하는데, 거기에는 충분한 근거가 있다. 누가복음 4장 5절에서는 "마귀가 또 예수를 이끌고 올라가서 순식간에 천하 만국을 보였"다고 말한다. 커트 보니것Kurt Vonnegut은 현실을 4차원에서 경험하는 초록색의 귀여운 외계인 트랄파마도어인을 창조하면서 이것을 명심했음에 틀림없다. "모든 순간, 과거, 현재, 미래의 모든 순간은 늘 존재해왔고, 앞으로도 늘 존재할 것이다. 트랄파마도어인은 예를 들어 우리가 쭉 뻗은 로키산맥을 한눈에 볼 수 있듯이 모든 순간을 한눈에 볼 수 있다."(『제5도살장』(문학동네, 2017) 43쪽) 영원은 우리를 위한 것이 아니다. 우리는 영원을 추구하고 상상할 수는 있지만 가질 수는 없다.

단도직입적으로 말하자면 '시간 밖'에는 아무것도 있을 수 없다. 아시모프는 영원을 무로 돌리며 소설을 끝낸다. 누구에게 역사를 바꿀 특권이 있을까? 그것은 기교가가 아니라 작가에게만 있다. 마지막 페이지에서 지금까지의 서사 전체—우리가 만난 사람들, 우리가 지켜본 이야기들—가 붓질 한 번에 지워진다. 역사를 다시 쓰는 자들이 역사의 뒤안길로 물러난다.

매장된 시간

Buried Time

그런고로 과거의 자매인, 미래 속에, 내가 지금 여기 앉아 있듯이
그러나 그때 내가 미래에 있을 존재의 반사反射로서,
나 자신을 볼 수 있소.(『율리시스』 382쪽)
— 제임스 조이스(1922)

1936년 11월 호 《사이언티픽 아메리칸》에서는 독자를 미래로 데려갔다.

> 때는 서기 8113년이다. 라디오와 전 세계 텔레비전 방송국의 전파 채널이 중대 발표를 위해 동원되었다. 국제적으로 중요한 사안이기 때문이다.

전 세계 통신 채널이 명령으로 '동원'될 수 있다는 것은 정말이지 그럴듯한 상상이다.

> 전 세계 모든 가정의 텔레비전 수상기가 사안의 얼개를 전한다. 북아메리카 대륙 동해안 연안의 애팔래치아산맥에는 서기 1936년 이래 봉인된 지하실이 있다. 지하실의 수장품은 그동안 고이 보존되었으며 오늘이 문을 여는 날이다. 봉인이 풀리고 (거의 잊힌) 고대인의 문명이 햇빛에 드러나는 장면을 목격하기 위해 전 세계 명사들이 현장에 모였다.

(거의 잊힌) 고대인은 1936년의 미국인이다. 이 기사의 제목은 '오늘—내일Today—Tomorrow'이며 필자는 성직자 출신의 광고인 손웰 제이컵스Thornwell Jacobs였다. 그는 조지아주 애틀랜타의 장로교파 대학인 오글소프대학교 총장을 지내고 있었다. 오글소프대학교는 남북전쟁 이후로 폐쇄된 상태였는데, 제이컵스가 교외 토지 개발업자와 손잡고 학교를 되살렸다. 이제 그는 방수 및 밀폐 처리된 '문명의 지하실Crypt of Civilization'을 캠퍼스 행정동 건물 지하실에 설치한다는 (《사이언티픽 아메리칸》에서 "열렬히 지지한") 아이디어를 홍보하고 있었다. 제이컵스는

교육자이기도 했는데, 그의 우주사 강좌는 오글소프대학교 졸업 필수 과목이었다. 제이컵스는 오글소프대학교 자체가 영원히 존속되지 않을 것에 대비해 지하실을 "연방정부와 그 후속 기관에 신탁"할 것을 제안했다.

지하실 안에는 무엇이 있을까? 그 시대의 "과학과 문명"에 대한 포괄적 기록이 들어 있다. 일부 책, 특히 백과사전과 신문은 진공이나 불활성 기체 속에, 또는 마이크로필름("동화상 필름에 축소판으로 보존한다")으로 보존된다. 음식과 "심지어 우리가 씹는 껌" 같은 일상 용품도 포함되었다. 자동차 모형도 있다. 이뿐만이 아니다. "미국 수도의 완벽한 모형도 포함되어야 한다. 500년 안에 완전히 사라질 수도 있으니 말이다."

이 사연은 《타임》과 《리더스 다이제스트》에 실렸으며 월터 윈철Walter Winchell은 자신의 라디오 방송에서 이 아이디어를 홍보했다. 1940년 5월에 지하실 준공식이 열렸다. '매장'에는 무언가 매력적인 측면이 있었다. RCA 사의 데이비드 사노프는 이렇게 선언했다. "이제 세상은 우리 문명을 영원히 매장합니다. 이 지하실에서 이 문명을 여러분에게 남깁니다." 합동통신United Press에서는 이렇게 보도했다.

> 5월 25일 조지아주 애틀랜타. 오늘 이곳에서 20세기를 매장했다.
> 미키 마우스와 맥주, 백과사전, 영화 잡지 등이 오늘날의 삶을 묘사하는 수천 가지 물건들과 함께 영면했다.

문명을 매장했다고? 20세기를 매장했다고? 20세기는 (심지어 1940

년 이후에도) 계속 흘러가며 새로운 문물을 만들었다. 제이컵스가 실제로 매장한 것은 링컨로그스의 어린이 장난감 세트, 알루미늄박, 여성용 스타킹, 모형 기차, 전기 토스터, 프랭클린 루스벨트와 아돌프 히틀러, 에드워드 8세 국왕을 비롯한 세계 지도자들의 목소리가 담긴 축음기판 같은 자질구레한 물건이었다. "점화 분배기 헤드 커버, 캐틀리나이트 표본, 여인의 가슴 형상" 같은 뜻밖의 물건도 있었다. 모든 물건을 차곡차곡 정리한 뒤에 스테인리스스틸 문을 닫고 용접함으로써, 현재 피비 허스트 기념관Phoebe Hearst Memorial Hall이라 불리는 건물 지하의 조용한 방은 지금까지 그렇게 남아 있다.●

마침내 8113년 5월 28일이 되었을 때 세상 사람들이 얼마나 신날지 상상해보라.●

하지만 이 행사는 북쪽에서는 열린 또 다른 행사 때문이 빛이 바랬다. '내일의 세계'라는 모토로 1939년 퀸스 구 플러싱에서 열린 뉴욕세계박람회에서 웨스팅하우스 전기·제조 회사의 홍보 담당자 G. 에드워드 펜드리G. Edward Pendray—그는 로켓 애호가이며 이따금 과학소설을 썼다—는 지하실 행사보다 더 발빠르고 세련되게 미래를 위한 물건들을 매장했다. 웨스팅하우스는 커다란 방 대신 무게 0.5톤, 길이 2미터

● 기념관의 명칭은 윌리엄 랜돌프 허스트William Randolph Hearst의 어머니를 기리기 위한 것이다.

● 왜 8113년이냐고? 제이컵스는 수점술數占術에 심취해 있었다. 그는 기록된 역사의 출발점—이집트력에 따르면 기원전 4241년—이후로 6117년이 지났다고 추정했다. 1936년을 중심점으로 놓고 계산하면 8113년이 나온다. 타임캡슐을 매장하는 사람들은 자신이 역사의 '중심점'에 있다고 상상하는 경우가 많다.

의 반짝거리는 어뢰 모양 용기를 디자인했다. 내부는 유리관이며, 외부는 산화 방지 경화 구리 합금인 큐펄로이Cupaloy로 감쌌다. 펜드리는 애초에 이 장치를 '타임밤time bomb'이라고 부르고 싶었으나, 거기에는 '시한폭탄'이라는 또 다른 뜻이 있었다.

그래서 다시 생각한 끝에 '타임캡슐'을 떠올렸다. 캡슐에 든 시간. 모든 시간을 위한 캡슐.

신문들은 열광했다. 발표 며칠 뒤인 1938년 여름, 《뉴욕 타임스》에서는 '가장 유명한 타임캡슐'이라는 이름을 붙였다. "내용물은 서기

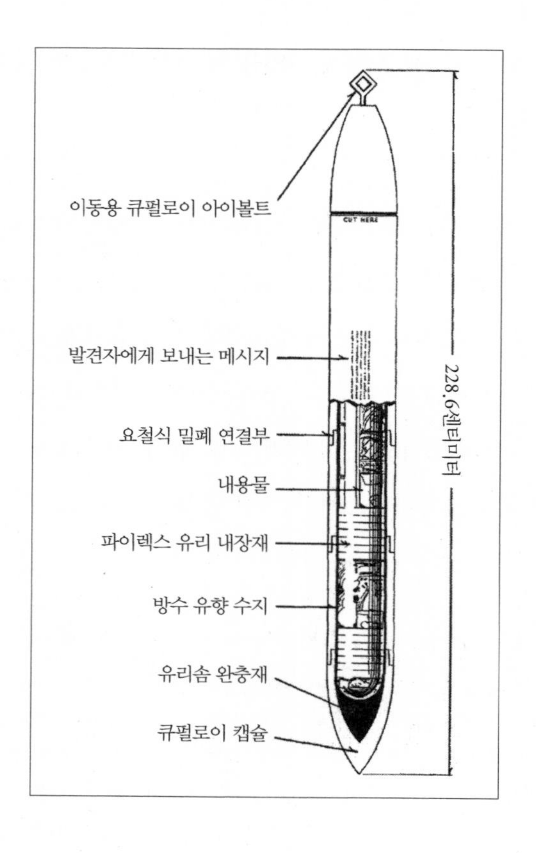

6939년의[●] 과학자들에게 진기하게 보일 것이다. 아마도 우리가 투탕카멘 무덤의 장식물을 볼 때처럼 신기할 것이다." 투탕카멘 비유는 적절했다. 1922년에 발굴된 이집트 제18대 왕조의 묘실은 화제를 불러일으켰다. 왕의 석관이 고스란히 보존되었으며 영국 발굴단은 귀한 터키석, 설화 석고, 청금석을 발견했다. 보존된 꽃은 손대는 순간 바스러졌다. 내실에는 소상小像, 전차, 모형 배, 포도주 병이 들어 있었다. 순금에 청색 유리 줄무늬가 장식된 파라오의 장례 가면은 상징물이 되었다. 매장된 과거라는 개념도 마찬가지였다.

고고학은 과거뿐 아니라 미래를 생각하는 데에도 한몫했다. 설형문자 점토판은 비밀을 담은 채 사막의 모래 속에서 나타났다. 또 다른 상징물인 로제타석은 대영박물관에 소장되어 있었는데, 수십 년 동안 아무도 해독하지 못했다. 혹자는 미래를 향한 메시지라고 주장했으나, 사실이 아니었다. 로제타석은 빠르게 유포하기 위한 것이었다. 왕이 내리는 칙령으로, 죄인을 석방하고 세금을 탕감한다는 내용이었다. 고대인들에게는 미래의식이 없었음을 명심하라. 그들은 우리가 8113년 사람들을 생각하는 것만큼도 우리를 생각하지 않았다. 이집트인들은 내세로 가는 길을 위해 보물과 유물을 보존했지만, '미래'를 기다리지는 않았다. 그들의 마음속에 있는 장소는 다른 곳이었다. 의도야 어땠든 그들의 유물을 최종적으로 물려받은 사람들은 고고학자였다. 그리하여 1930년대 미국인들이 자신의 보물을 매장하기 시작했을 때 그들은 자신들이 고고학을 거꾸로 행한다는 자의식을 품었다. 손웰 제이컵스는

● 1939 + 5000.

이렇게 말했다. "우리는 미래에 대한 고고학적 의무를 수행하는 첫 세대다."

뉴욕세계박람회에서 웨스팅하우스는 공간을 절약하기 위해 1,000만 단어를 마이크로필름에 담았다. (마이크로필름에는 마이크로필름 판독기 사용법도 들어 있었지만, 타임캡슐에 자리가 없어서 소형 현미경을 대신 넣었다.) 웨스팅하우스의 공식 문서인 『큐펄로이 타임캡슐 백서Book of Record of the Time Capsule of Cupaloy』●에서는 "미래에 보내는 메시지를 보관하는 원대한 여정이 시작된다"라고 선언했다. 『백서』는 도서관과 수도원에 보존용으로 배부되었다. (마치 미래의 역사가보다는 중세의 수사에게 말하듯) 성경을 흉내 낸 야릇한 문체로 쓰인 이 『백서』는 현대 기술의 성취를 과시했다.

> 전선을 따라 흘러나오는 보이지 않는 전력은 주택을 밝히고, 음식을 요리하고, 공기를 식히거나 청소하고, 가정과 공장의 기계를 가동하고, 일상적 노동의 짐을 덜어주고, 허공에서 목소리와 음악을 포착하고, 오늘날의 온갖 복잡한 마법에서 중요한 역할을 하도록 길들여졌다.
>
> 우리는 금속을 노예로 삼았으며 금속의 성질을 우리의 필요에 따라 바꾸는 법을 배웠다. 우리는 지구를 둘러싼 전선과 방사선의 그물망을 통해 서로 소통하며, 수천 킬로미터 떨어진 상대방의 목소리를 불과 몇 미터 떨어진 것처럼 뚜렷

● 온전한 제목은 '1939년 뉴욕세계박람회 터에 매장된 채 5,000년간 시간의 영향을 견딜 수 있으리라 간주되는 큐펄로이 타임캡슐 백서The Book of Record of the Time Capsule of Cupaloy Deemed Capable of Resisting the Effects of Time for Five Thousand Years; Preserving an Account of Universal Achievements, Embedded in the Grounds of the New York World's Fair, 1939'다.

하게 듣는다. …

이 모든 기술과 비밀, 이를 배출한 우리 시대와 앞선 시대의 천재들에 대한 이야기가 타임캡슐에 담길 것이다.

인공물 중에서 타임캡슐에 들어간 것은 계산자, 1달러어치 미국 동전, 캐멀 담배 한 갑 등 몇 가지 엄선된 품목에 불과했다. 모자도 하나 있었다.

> 어느 시대나 그렇듯 우리의 여인들이 시대를 통틀어 가장 아름답고 지적이고 단정하다고 믿기에 현대 복식의 표본과 우리 시대의 독특한 의류 창조물인 여성용 모자를 타임캡슐에 넣었다.

영화 장면—『백서』의 유익한 설명에 따르면 "은으로 코팅된 섬유소 리본에 갇힌 채 움직이고 말하는 그림"—도 포함했다.

몇몇 유명인들은 미래 사람들에게—그게 누구이든 무엇이든—직접 글을 쓸 기회를 얻었다. 그들은 심보가 고약했다. 토마스 만Thomas Mann은 먼 후손들에게 이렇게 말했다. "우리는 '더 나은 세상'으로서의 미래라는 개념이 진보 이념의 오류임을 안다." 알베르트 아인슈타인은 20세기 인도주의를 나름의 방식으로 표현했다. "서로 다른 나라에 사는 사람들이 불규칙한 시간 간격으로 서로를 죽인다. 그러니 미래를 생각하는 사람들은 이 때문에라도 모두 두려움 속에서 살 수밖에 없다." 그러고는 희망적인 한마디를 덧붙였다. "후손이 이 성명을 읽으면서 자부심과 정당한 우월감을 느끼리라 믿는다."

물론 사람들이 기념물을 숨겨둬야겠다고 생각한 것은 이 (이른바) 최초의 타임캡슐이 처음이 아니었다. 인간은 다람쥐처럼 물건을 모으고 묻는 습성을 타고났다. 19세기 후반에 미래에 대한 인식이 커지면서 '100주년' 기념식들이 타임캡슐 비슷한 충동을 유발했다. 1876년에 뉴욕의 부유한 출판업자이며 남북전쟁으로 남편을 잃은 애나 딤Anna Diehm은 필라델피아 100주년 박람회를 관람한 수천 명의 서명이 담긴 방명록을 가죽으로 장정해 철제 금고에 보관했다. 서명에 쓴 금제 펜과 자신을 비롯한 사람들의 사진도 넣었으며, 후손들에게 보내는 메시지를 새겼다. "이 금고가 1976년 7월 4일까지 닫혀 있다가 미국 최고 행정관의 손에 개봉되는 것이 딤 여사의 바람이다."● 하지만 관념적 미래를 위해 총체적 문물을 보전하려는 최초의 자의식적 시도—역逆고고학—는 웨스팅하우스 타임캡슐과 오글소프 지하실이었다. 이러한 시도는 학자들이 타임캡슐의 '황금기'라고 부른 시기의 출발점이다. 이 시기에 전 세계에서 점점 많은 사람이 수천 개의 꾸러미를 땅에 묻었는데, 표면상의 명분은 미지의 미래 피조물에게 정보와 교육을 제공한다는 것이었다. 윌리엄 E. 자비스William E. Jarvis는 연구서 『타임캡슐의 문화사Time Capsules: A Cultural History』에서 이를 "시간-정보 이송 경험"이라고 불렀다. 이것은 시간여행의 특수한 형태였다. 특수한 형태의 바보짓이기도 했지만.

● 그녀의 독특하고도 거창한 바람은 이루어졌다. 그녀는 의회를 설득해 동쪽 계단 아래의 창고에 금고를 두게 했으며 1976년에 최고 행정관 제럴드 R. 포드Gerald R. Ford는 딤 여사의 선물을 받아들이면서 행복한 표정으로 사진가들 앞에서 포즈를 취했다.

타임캡슐은 전형적인 20세기식 발명품이자 희비극적 타임머신이다. 엔진이 없어서 아무 데도 가지 못한 채 앉아서 기다릴 뿐이다. 타임캡슐은 우리의 문화적 잡동사니를 달팽이걸음으로 미래로 보낸다. 말하자면 우리와 같은 속도로. 이 물건들은 초속 1초의 표준 속도로 우리와 나란히 시간을 여행한다. 다만 우리가 삶과 소멸을 겪는 동안 타임캡슐은 엔트로피를 피하려고 헛되이 노력한다.

타임캡슐은 미래로 무언가를 투사하고 있지만, 그것은 주로 그들 자신의 상상이다. 부자가 된다는 찰나의 꿈을 위해 복권을 사는 사람들처럼 그들은 자신이 만인의 주목을 받는 때가 오기를 꿈꾼다(그때는 이미 죽은 지 오래이지만). "국제적으로 중요한 사안." "전 세계 명사들이 현장에 모였다." 전파를 동원하라. 서기 1936년 오글소프대학교의 손웰 제이컵스 박사가 할 얘기가 있다.

뒤돌아보면 사람들은 조상의 의도를 오해한다. 후대인의 불리한 점이다. 오래전부터 신축 건물의 주춧돌에는 명문, 동전, 유물이 보관되었는데, 요즘 철거 인부들은 이런 물건을 발견하면 타임캡슐인 줄 알고 언론사와 박물관에 제보한다. 이를테면 2015년 1월에 미국과 영국의 많은 언론·방송에서는 (폴 리비어Paul Revere와 새뮤얼 애덤스Samuel Adams가 남긴 것으로 추정되는) 이른바 "미국에서 가장 오래된 타임캡슐"의 '개봉' 행사를 보도했다. 이것은 사실 매사추세츠 주의회 의사당의 주춧돌로, 1795년에 당시 주지사이던 애덤스가 리비어와 부동산 개발업자 윌리엄 스콜리William Scollay와 함께 참석한 기념식에서 정초되었다. 주춧돌 기념물을 감싼 가죽은 자연스럽게 삭았다. 이 유물들은 1855년 토대 보수 공사 때 발견되어 다시 매장되었는데, 이번에는 작은 책 크기의 놋쇠 상자에 담겼으며 행운을 위해 새 동전을 몇 개 넣었다. 그러다 2014년에 주의회 직원들이 수해 현황을 파악하다가 상자를 발견했다. 이번에는 타임캡슐로 오인되었다. "라디오와 전 세계 텔레비전 방송국의 전파 채널"이 동원되지는 않았지만, 기자 몇 명이 모습을 드러냈으며 박물관 직원들이 내용물을 검사하는 동안 비디오카메라가 돌아갔다. 상자 안에는 신문 다섯 부, 동전 한 줌, 매사추세츠주 인장, 준공판이 들어 있었다. 이 물건으로 무엇을 유추할 수 있었을까? 《연합통신 Associated Press》에서는 이런 해석을 내놓았다.

> 독립전쟁 직후로 거슬러 올라가는 타임캡슐의 내용물로 짐작컨대 초기 보스턴 거주민은 탄탄한 언론을 역사와 화폐만큼이나 중시했다.

한 사료 전문가는 "이 얼마나 근사한가!"라고 말했다고 한다. 내가 보기엔 별로이지만. 보스턴닷컴Boston.com의 통신원 루크 오닐Luke O'Neil은 드물게도 냉소적인 논평을 남겼다. "오늘의 언론이 선포하노니, 과거에서 온 이 위대하고 경이로운 물건들을 보라! 인쇄된 신문과 금속 화폐를 보라." 이 물건들은 폴 리비어와 새뮤얼 애덤스 또는 독립전쟁 이후 보스턴의 삶과 가구에 대해, 이것들이 어떤 의미였는지에 대해 아무것도 알려주지 않았다. 큐레이터들은 물건들을 다시 한 번 석고로 봉인하기로 했다.

주춧돌 매장물은 주춧돌만큼이나 오래되었다. 이 물건들은 미래 사람들에게 보내는 메시지가 아니라 헌납품, 즉 일종의 마법이나 신성한 의식이었다. 소원을 빌면서 분수에 던지는 동전은 헌납품이다. 신석기

인은 도끼와 토우土偶를 껴묻었고 메소포타미아인은 사르곤 궁전의 토대에 부적을 숨겼으며 초기 기독교인은 징표와 부적을 강에 던지고 교회 벽에 묻었다. 그들은 주술을 믿었다. 우리도 주술을 믿는 것이 분명하다.

영원, 또는 천국—시간 밖의 내세—이 미래에 밀려난 것은 언제일까? 단번에 밀려나지는 않았다. 둘은 한동안 공존했다. 빅토리아 여왕의 즉위 60주년인 1897년 옛 밀뱅크 교도소 자리에 영국국립미술관National Gallery of British Art을 신축하던 미장이 다섯 명은 벽 안에 이런 메시지를 연필로 남겼다.

> 여왕 즉위 60주년인 1897년 6월 4일에 쓴다. 공사에 참여한 미장공들은 이 글이 발견될 즈음에도 미장공조합이 여전히 융성하기를 바란다. 이 글을 보거든 내세의 우리에게 알려달라. 그대의 건강을 위해 건배할 수 있도록.

이 글은 테이트미술관(1932년에 이름이 바뀌었다)을 개축하던 1985년에 발견되었다. 메시지는 필름에 보존된 채 미술관 보관소에 남아 있다.

타임캡슐은 역고고학뿐 아니라 역향수도 불러일으킨다. 지나간 시절을 향한 달콤한 그리움(과 정신적 재조정)을 우리 자신의 시대에, 기다릴 필요 없이 느낄 수 있다. 이를테면 구식 자동차를 즉석에서 만들 수도 있다. 오클라호마주 승격 50주년인 1957년 반짝이는 테일핀을 장착한 신형 플리머스 벨베디어가 털사의 주의회 의사당 근처 콘크리트 묘지에 묻혔다. 글러브박스에는 20리터들이 휘발유 깡통과 슐리츠 맥주, 몇 가지 요긴한 물건이 들어 있었다. 이 차량은 50년 뒤에 발굴되어 어떤 대회의 우승자에게 수여되었다. 그럴 만했다. 하지만 보존 상태가 좋지는 않았다. 물이 스며든 탓에, 93세의 캐서린 존슨Catherine Johnson과 88세의 동생 러베이다 카니Levada Carney가 받았을 때는 겉에 녹이 슬어 있었다. 털사는 좌절하지 않았다. 1998년에는 플리머스 프라울러를 50년간 영면시켰다.

이런 열풍은 '미래 포장future packaging'이라는 산업이 되었다. 이 회사들은 장례식장에 진열된 관만큼 다양한 스타일과 색상, 재질, 가격의 타임캡슐을 판매한다. 각인과 용접에는 별도 비용이 붙는다. 퓨처패키징앤드프리저베이션 사는 퍼스널 샐리, 퍼스널 아널드, 미스터 퓨처, 미시즈 퓨처라는 이름의 원통형 타임캡슐을 판매한다. "예산이 빠듯하신가요? 당사의 '원통형 타임캡슐' 스타일이 가장 현실적인 방안일지도 모릅니다. 스테인리스스틸 재질에 미리 광택을 냈으며 '타임캡슐'이라는 단어가 바닥에 표시되어 있습니다. 항상 재고가 준비되어 있습니다." 스미스소니언박물관에서는 제조사 명단을 소개하고 전문가적 조언을 제시한다. 아르곤 기체와 실리카겔은 좋고 PVC와 연납은 나쁘며, "전자 제품은 골칫거리"다. 물론 스미스소니언에서는 관련 사업을 운영한다. 박물관들은 미래를 위해 우리의 귀중품과 허섭스레기를 보존한다. 물론 박물관은 문화 속에서 살아 있다는 점이 다르긴 하지만. 박물관은 최상의 물건들을 땅속에 숨기지 않는다.

타임캡슐은 회수되는 것보다 매장되는 것이 훨씬 많다. 밀폐하는 일이니만큼 '공식' 기록이 존재하진 않지만, 1990년에 한 무리의 타임캡슐 애호가들이 이른바 국제타임캡슐협회International Time Capsule Society를 결성했다. 주소와 웹사이트는 오글소프대학교에 있다. 이들의 추산에 따르면 1999년 현재 전 세계적으로 타임캡슐 1만 개가 매장되었으며 그중 9,000개는 이미 '유실'되었다. 그런데 누구에게 유실되었다는 말일까? 정리된 통계는 당연히 없다. 협회에서는 영국 랭커셔의 블랙풀 타워 밑에 묻혀 있으리라 생각되는 주춧돌 매장물을 열거하면서 "원격 탐지 장비"와 "투시경"으로도 매장물을 발견하지 못했다고 밝힌다. 버몬트주 린든에서는 1891년의 100주년 기념식 때 철제 상자를 매장한 것으로 알려져 있다. 하지만 100년 뒤에 린든의 공무원들이 청사 지하실 등을 뒤졌으나 아무것도 찾지 못했다. 텔레비전 드라마 『매시M*A*S*H』가 종영되자 출연진은 소도구와 의상을 '타임캡슐'에 넣어 할리우드의 20세기 폭스 사 주차장에 묻었다. 그 직후에 건설 노동자 한 명이 타임캡슐을 발견해 배우 앨런 올더Alan Alda에게 주려고 했다. 타임캡슐을 묻는 사람들은 땅, 지하실, 무덤, 울타리를 거대하고 무질서한 보관용 캐비닛으로 쓰려 하지만, 보관의 제1법칙을 배우지 못했다. 보관된 것의 대부분은 결코 빛을 보지 못한다는 사실을.

1,000년 전 과거로 옮겨진 뉴욕시 주민은 사람들이 하는 말을 하나도 알아듣지 못할 것이다. 런던 주민도 마찬가지다. 하물며 어떻게 6939년 사람들에게 우리를 이해시킬 수 있겠는가? 타임캡슐을 만드는 사람들은 언어 변화에 대해 과학소설 작가들만큼이나 무심하다. 하지만 웨스팅하우스 실무진은 자기네 메시지를 받아볼 (전혀 상상할 수 없는) 존재들이 타임캡슐을 이해할 수 있을지 염려했다. 문제를 해결했다고 말하는 것은 과언이겠지만, 적어도 생각은 했다. 그들은 로제타석으로 운 좋게 돌파구가 열린 지 100년이 지났는데도 고고학자들이 여전히

고대 이집트 상형문자를 해독하느라 골머리를 썩이고 있음을 알았다. 원原엘람어, 롱고롱고어, 그리고 이름조차 모를 미지의 문자로 쓰인 탓에 번역할 수 없는 점토판과 석판이 아직도 출토된다.

그래서 『큐펄로이 타임캡슐 백서』 저자들은 워싱턴 스미스소니언 박물관 민족학과의 민족학자 존 P. 해링턴John P. Harrington 박사가 쓴 「영어의 핵심A Key to the English Language」을 백서에 끼워 넣었다. 이 글은 "1938년 영어의 음성 33개"를 발음하기 위한 구강 지도mouth map(또는 "Mauth Maep")와 가장 흔한 영어 단어 1,000개의 목록, 문법을 설명한 도표로 이루어졌다.

Illustration 11

Indocr Necmz (Indoor Names)

1 pot (pot) 2 tecbjl (table) 3 bocl (bowl) 4 ridzhpocl (ridgepole)
5 tshimni (chimney) 6 fairplecs (fireplace) 7 naif (knife) 8 fair (fire)
9 rjg (rug) 10 tshaer (chair) 11 bed (bed) 12 waol (wall)
13 docr (door) 14 windoc (window) 15 raeftjr (rafter) 16 gjn (gun)
17 aeks (axe) 18 kaet (cat)

수수께끼 같은 한 문단짜리 이야기 「북풍과 태양의 우화The Fable of the Northwind and the Sun」도 25개 언어로 수록되었다. 6939년 고고학자들을 위한 작은 로제타석인 셈이었다. '시제'라는 제목의 설명 그림에서는 '현재'라고 표시된 증기선이 왼쪽 도시(과거)에서 오른쪽 도시(미래)로 가고 있었다.

이런 시도는 모두 '제 몸 들어올리기' 문제를 피할 수 없다. 「영어의 핵심」은 당연히 영어로 쓰였으며 인쇄된 단어를 이용해 발음을 설명한다. 음성은 인체 해부를 통해 나타낸다. 우리의 상상 속 미래인은 이걸 어떻게 이해할까? "영어는 모음(또는 단순히 동굴 속 같은 공명으로 끝나는 소리)이 여덟 개 있다"라고 생각할까? 아니면 "혀에서 가장 높게 들린 뒤쪽, 즉 'k' 자음의 위치에 가장 가까운 모음은 'u'이고 혀에서 가장 높게 들린 중간, 즉 'y' 자음의 위치에 가장 가까운 모음은 'i'다"라고 이해하려나? 미래인의 성문聲門이 어디에 있는지, 아니 아가미처럼 퇴화했는지 누가 알겠는가?

웨스팅하우스 저자들은 언어 진화에 발맞추어 도서관에서 『백서』를 끊임없이 재번역할 수 있으리라 상상하기도 했다. 왜 안 그러겠는가? 우리는 아직도 『베오울프』를 읽지 않는가. 그들은 누구에게랄 것도

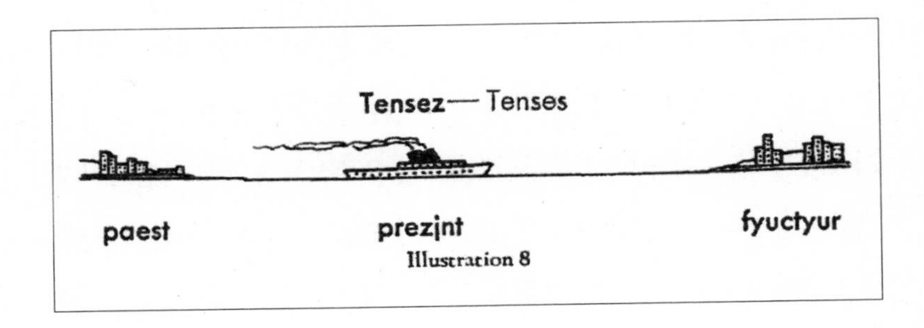

Illustration 8

없이 이렇게 간청했다. "따라서 이 책을 읽는 모든 이에게 간청하노니, 이 책을 대대로 간수하고 시시때때로 (우리 다음에 생길지도 모르는) 새 언어로 번역해 큐펄로이 타임캡슐에 대한 지식이 (의도된) 수증자에게 전달되도록 해주길." 이미 21세기에 그 책이 다시 복간되고 저작권이 포기되어 주문형 출판업자에게서 약 10달러에, 아마존 킨들 버전으로는 99센트에 구입할 수 있으며 온라인상에서 쉽게 공짜로 구할 수 있음을 안다면 그들은 기뻐할 것이다. 다른 한편으로 도서관들은 공간이 부족해 그 책을 '제적'했다. 내가 가진 책은 컬럼비아대학교에 소장되어 있다가 오하이오주 클리블랜드의 헌책방에 흘러들었다. 도서관들은 미래에 대한 임무를 저버린 걸까? 아니다. 그들은 무엇을 간직하고 무엇을 버릴지 끊임없이 선택함으로써 임무를 완수하고 있다. 톰 스토파드의 『아카디아』에서 셉티무스가 말한다. "우리는 모든 것을 품속에 가져가야 하는 여행자 같아서, 챙기는 것이 곧 버리는 것이지. 우리가 버리는 것을 뒤에 오는 사람이 챙길 거야. 행렬은 매우 길고 인생은 매우 짧아. 우리는 행진 중에 죽지. 하지만 행진 바깥에는 아무것도 없기에 아무것도 유실될 수 없어. 소포클레스의 유실된 희곡은 조각조각 나타나거나 다른 언어에서 다시 집필될 거라고."

(생김새와 언어를 모르는) 머나먼 존재와 어떻게 소통할 것인가의 문제는 여전히 학술적 주목을 받고 있다. 사람들이 메시지를 (1977년 케이프커내버럴에서 발사된 보이저 1호와 2호 같은) 캡슐에 담아 먼 우주로 보내기 시작하자 이 문제가 다시 대두되었다. 이 우주선들은 우주여행자이자 시간여행자이며 이들의 여정은 광년으로 측정된다. 두 우주선에는 '황금 음반Golden Record'이 한 장씩 실려 있는데, 이것은 (지금은 한물간 기술

인) '레코드판 녹음phonograph'(1877년~1987년경)으로 아날로그 데이터를 새긴 30센티미터 크기의 원반이다. 암호화된 사진과 지구의 음향도 수십 점이 들어 있는데, 칼 세이건Carl Sagan 연구진이 선정했으며 16과 3분의 2아르피엠의 회전수로 재생하도록 되어 있다. 웨스팅하우스 타임캡슐에 마이크로필름 판독기를 넣을 자리가 없었던 것과 마찬가지로 보이저 우주선에도 전축을 실을 수 없었지만, 바늘을 넣고 음반에 그림 설명을 새겼다. 핵폐기물 처분과 관련해서도 같은 문제가 발생한다. 수천 년 뒤에도 알아들을 수 있는 경고 메시지를 과연 만들 수 있을까? 캐나다의 소통 전문가 피터 C. 밴 윅Peter C. van Wyck은 이 문제를 이렇게 표현했다. "암묵적으로 가정되는 해법이 있는데, 그 자체로 해독할 수 있는 설명—영사기 이용법을 보여주는 영상, 발음을 나타내는 구강 지도, 바늘과 턴테이블을 조립하는 설명 녹음—을 경고 메시지에 담는 것이다." 모든 설명을 이해할 수 있다면—0.5밀리미터 두께의 금속 원반에 나선형으로 파인 한 줄의 긴 홈에 미세한 굴곡으로 새겨진 정보를 해독할 수 있다면—그들은 DNA 구조와 세포 분열을 나타내는 도표, 『월드 북 백과사전The World Book Encyclopedia』의 (1~8번의 번호가 붙은) 인체 해부 사진, 인간의 생식기와 수정受精의 도표, 와이오밍 스네이크강을 찍은 앤설 애덤스Ansel Adams의 사진을 볼 것이며 55개 언어로 된 인사('샬롬', '봉주르 투 르 몽드', '나마스테'), 귀뚜라미와 천둥의 소리, 모스 부호의 표본, 글렌 굴드Glenn Gould가 연주한 바흐 전주곡과 발랴 발칸스카Валя Балканска가 부른 불가리아 민요● 같은 음악을 '들을' 것이다. 어

● 「산적 델료 나가신다Излел е Дельо хайдутин」.

쨌든 이것은 머나먼 우주로, 또한 머나먼 미래로 보내는 메시지다.

사람들은 타임캡슐을 만들면서 인류 역사의 불가피한 사실을 간과한다. 천년을 거치면서—처음에는 느리게, 나중에는 점점 빠르게—우리는 우리들의 삶과 시대에 대한 정보를 저장하고 그 정보를 미래로 전송하는 집단적 방법을 발전시켰다. 우리는 그것을 한마디로 '문화'라 부른다.

처음에는 노래, 토기, 동굴 벽화가 등장했다. 다음으로 점토판과 두루마리, 회화와 책이 탄생했다. 알파카 끈의 매듭은 잉카 달력과 세금 징수 내역을 기록했다. 이것들은 외적인 기억이자 우리의 생물학적 자아를 확장한 것이다. 정신적 의수족이랄까. 그다음으로 이런 것들을 간수할 보관소—도서관, 수도원, 박물관 그리고 극단과 교향악단—가 생겼다. 이들은 자신들의 임무가 오락이나 영적 수행, 미적 표현이라 여길지도 모르지만, 그와 동시에 우리의 상징적 기억을 세대에 걸쳐 전달한다. 이런 문화적 제도는 분산된 저장·인출 체계로 간주할 수 있다. 이 체계는 미덥지 못하다. 체계적이거나 연속적이지 않으며 오류와 누락의 여지가 있다. 또한 부호를 이용하기에 해독이 필요하다. 게다가 돌로 만들었든 종이로 만들었든 규소로 만들었든, 문화의 전달 매체는 내구성이 낮다. 이런 방법을 통해 우리는 후손에게 우리가 어떤 존재였는지 이야기한다. 이에 반해 최근의 수박 겉핥기식 타임캡슐은 지엽적 기행에 불과하다.

타임캡슐 옹호자들은 박물관과 도서관처럼 위태롭고 일시적인 인간 제도에 의존하는 것을 순진한 생각으로 치부한다. 지금 같은 칩과

클라우드의 시대에는 더더욱 그렇다. 전기가 끊기면 위키백과가 무슨 소용이겠는가? 메트로폴리탄 미술관조차 무사하지 못할 것이다. 타임캡슐 옹호자들은 자신들이 장기적으로 내다본다고 믿는다. 문명은 부침한다('침'에 방점이 찍힌다). 미노스와 미케네의 청동기 시대 문화에서 우리가 살아가는 현대 문명에 이르기까지, 직접적 영향을 주고받은 경우는 단 하나도 없었다. 어떤 연속성도, 어떤 집단적 기억도 없었다. 이 문화들은 시간의 바다에 뜬 섬들이다. 그래서 매장지에서 출토되는 화살촉과 뼈, 깨진 그릇으로 추측할 수밖에 없다. 그들은 자신의 궁전을 짓고 자신의 프레스코화를 그렸으며 망각으로 사라졌다. 다시 어둠이 내려앉는다. 우리는 그들의 유물을 파내지만, 고고학자들이 발견하는 것은 우연한 조각일 뿐이다. 폼페이의 일상생활을 생생하고 비극적인 장면으로 굳혀 미래 세대가 볼 수 있도록 하기 위해서는 대재앙이 필요했다. 타임캡슐 제작자들은 하늘에서 재와 거품돌이 쏟아져 내리길 기다리고 싶어하지 않는다.

하지만 천년이 지나면서 인류는 성긴 선사 유적을 남긴 기억 상실증적 존재와 다른 무언가로 발전했다. 우리는 고도로 연결된 정보 수집가다. 박물관에는 주춧돌보다 훨씬 많은 기념물이 보전된다. 동전 수집가와 마구잡이 수집광이 간수하는 것은 훨씬 많다. 오래된 자동차를 보관하기에는 매장된 콘크리트 지하실보다 구식 자동차 수집가의 차고가 더 효과적이다. 장난감은? 오래된 맥주는? 바로 이런 물건들을 위한 특수 박물관들이 있다.

지식 자체야말로 우리의 물건이다. 알렉산드리아 도서관이 불탔을 때 그곳은 지구상에서 유일무이한 곳이었다. 하지만 지금은 수십만 개의 도서관이 있으며 자료로 가득 차 넘칠 지경이다. 우리는 종種의 기억을 발전시켰으며 모든 곳에 표시를 남긴다. 언젠가 재앙이 닥치면, 우리의 자랑스러운 기술관료 체제가 대전염병이나 핵전쟁 또는 우리가 자초한 세계적인 생태계 붕괴로 몰락하면 우리는 어마어마한 잔해를 남길 것이다.

사람들은 타임캡슐을 채우면서 시계를 멈추려 든다. 재고를 조사하고 현재를 얼리고 미래로의 끊임없는 돌진을 막으려 한다. 과거는 고정된 것처럼 보이지만, (과거의 사실 또는 과정인) 기억은 늘 움직인다. 이것은 우리의 생물학적 기억뿐 아니라 의수족 같은 전 세계적 기억에도 해당한다. 모든 트윗을 보관하겠다고 장담하는 미국국회도서관은 보르헤스의 역설을 실시간으로, 또는 거대한 묘실을 현재 진행형으로 창조하는 것일까?

제노바의 시인 에우제니오 몬탈레Eugenio Montale는 이렇게 썼다. "하지만 이야기가 지속되는 것은 재 속에서 뿐이니, / 소화消火된 것 말고는 아무것도 살아남지 못한다." 미래의 고고학자들이 역사의 잿더미에서 우리가 남긴 유산을 읽게 된다면 그들은 오글소프대학교 지하실을 둘러보거나 퀸스구 플러싱의 진흙 속에 묻힌 타임캡슐을 들여다보지 않을 것이다. 어쨌든 우리는 그 유산을 최후까지 고쳐 쓸 것이다. 스타니스와프 렘Stanisław Lem은 재난 이후를 다룬 코미디 소설『욕조에서 발견된 비망록Pamiętnik znaleziony w wannie』을 1961년 폴란드에서 출간했는데, 여기서 이를 생생하게 상상했다. 욕조는 또 다른 타임캡슐 역할을 한다. "석관처럼" 대리석으로 만들었으며 깊은 땅속의 (카프카가

설계한 것이 틀림없는) 정교하고도 복잡한 복도에 놓여 있다.● 욕조는 종말을 맞아 매몰되었다가 약 1,000년 뒤에 미래의 고고학자들에게 발굴된다. 고고학자들은 욕조 안에서 한 쌍의 해골과 육필 원고—"수 세기의 심연을 가로질러 우리에게 말하는 목소리, 잊힌 땅 아메르-카의 마지막 주민에게 속한 목소리"—를 발견한다.

이 미래 고고학자histognostor는 학술적(인 듯하지만 실제로는 아닌) 머리말에서 상황을 설명한다. 대붕괴라는 지구 역사의 전환점에 대해서는 누구나 안다. "그 재앙 속에서 몇 주 만에 수 세기의 문화적 성취가 깡그리 파괴되었다." 대붕괴를 촉발한 것은 화학적 연쇄 반응이었는데 이로 인해 세계에서 '파피르papyr'라는 독특한 재료—"희끄무레하고 후줄근하며 섬유소의 파생물로, 원통형으로 말려 직사각형으로 재단되었다"—가 거의 순간적으로 분해되었다. 파피르는 지식을 기록하는 거의 유일한 수단이다. "온갖 종류의 정보가 그 위에 검은색 자국으로 남았다." 물론 (미래 고고학자가 독자에게 상기시키듯) 요즘은 메타기억법과 데이터 결정화가 있지만 이 원시 문명은 이런 현대 기법을 알지 못했다.

> 인공 기억의 출발점이 있었던 것은 사실이지만, 커다란 기계라서 조작하고 관리하기 까다로웠으며 아주 제한적이고 협소한 방식으로만 이용되었다. 기계

● "나는 다시 한 번 끝없는 복도를 따라 걸어 내려갔다. 복도는 끊임없이 갈라지고 합쳐졌으며 눈부신 벽에 흰색으로 빛나는 문이 늘어서 있었다. 끝없는 흰색 미로가 기다리고 있으며 그만큼 끝없이 헤매게 되리라는 것을 나는 알고 있었다. 복도, 홀, 무음실이 그물을 이뤘으며 하나하나 나를 집어삼킬 태세였다. 이 생각을 하니 식은땀이 흘렀다."

의 이름은 '전자 두뇌'였는데, 이것은 역사적 관점에서만 이해할 수 있는 과장법이다.

세계 경제 체제의 규제와 통제는 오로지 파피르에만 의존했다. 파피르가 재로 변하면서 교육, 노동, 여행, 금융에 이르는 모든 것이 와해되었다. "도시가 공황에 빠졌으며, 정체성을 빼앗긴 사람들은 이성을 잃었다." 대붕괴 이후에 혼돈기라는 길고 암울한 시대가 찾아왔다. 사람들은 도시를 버리고 떠돌아다녔다. 건설이 중단되었다(청사진이 없어졌으므로). 문맹과 미신이 만연했다. 고고학자들이 말한다. "문명이 복잡할수록 이를 존속하려면 정보의 흐름을 유지하는 것이 더욱 긴요해지며, 따라서 그 흐름을 방해하는 어떤 것에도 더욱 취약해진다." 지금, 그리고 앞으로 수 세기 동안 무정부 상태가 횡행했다.

이러한 원遠미래적이고 우주적이고 고고학적인 관점이 근미래 서사의 얼개를 이루는데, 독자들이 이해하기로 이것은 마지막 날의 파피르에 쓰여 있었다. 화자는 피해망상적 군 관료제를 갈팡질팡 헤매는 민간인으로 보인다. 문어文語가 맞이할 슬픈 운명을 알고 있는 우리 독자는 직원이 인덱스카드에 '보안' 도장을 찍고 문서들이 우편 투함(고층 건물의 각 층에서 아래층으로 관을 연결해 우편물을 내려보내는 장치_옮긴이)에서 떨어지고 봉투들이 기송관(압축 공기를 써서 물건을 운반하는 기계. 서류나 우편물 따위를 관 속에 넣은 후 받는 쪽으로 보낸다_옮긴이)을 통해 발사되고 모서리가 접힌 서류철이 철제 금고로 사라지고 종이테이프가 컴퓨터에서 뱀처럼 기어 나오는 것을 보면서 으스스한 미소를 지을지도 모른다. 물론 이것은 우리가 사는 세상의 모습이기도 하다.

화자는 미로 속으로 점점 깊이 들어가다 우연히 책으로 가득한 방을 발견한다. "잿빛의 부스러져가는" 책들이 축 처진 먼지투성이 서가에 놓여 있다. 이곳은 도서관이다. 머리가 벗겨지고 발을 질질 끌고 안경을 쓴 사팔뜨기 노인이 담당자인 듯하다. 그는 "놋쇠 테두리 안에 이름표를 단 채 끝없이 늘어선 서랍들"에 처박힌 "무질서해 보이"는 초록색, 분홍색, 흰색 카드 목록을 다스린다. 화자는 한 책상에서 검은색의 두툼한 백과사전들을 발견한다. 한 권은 "원죄—세상을 정보와 오보로 나누는 것"이라는 항목이 펼쳐져 있다. 화자는 알전구 몇 개로 간신히 밝힌 어둠 속에서 현기증을 느끼며 비틀거린다. 책의 곰팡이 냄새—"수 세기의 부패로 고약하고 구역질 나는 냄새"—가 코를 찌른다. 늙은 사서는 『암호학 기초』, 『자동화된 분신焚身』 같은 먼지투성이 책을 자꾸 권한다. "아, 여기 『죄악의 육체로서의 호모 사피엔스』가 있네요. 대단한 책이죠. 정말로 대단한…" 마침내 도서관의 편집증적 악몽에서 탈출한 화자는 도살장에서 빠져나온 듯한 기분을 느낀다.

그는 막막하고 피곤하다. 질서나 지시를 갈망하지만 어디서도 찾을 수 없다. 그가 생각한다. "이렇듯 나의 미래는 마치 어느 곳의 어느 장부에도 기록되지 않은 듯 내게 미지로 남았다." 하지만 우리는 최후의 욕조가 그를 기다리고 있음을 안다. 그는 타임캡슐이 된다.

과거로의 여행

Backward

시간을 여행하기 위한 나침반은 없다.
이 미답의 차원에 대한 방향 감각으로 말할 것 같으면,
우리는 사막에서 길을 잃은 여행자와 같다.
— 그레이엄 스위프트(1983)

타임머신을 한 번만 탈 수 있다면 어느 쪽으로 가고 싶은가?

미래로, 아니면 과거로? 힘차게 앞으로, 아니면 뒤로? (닥터가 말한다. "자, 로즈 타일러, 말해봐요. 어디로 가고 싶어요? 뒤로, 아니면 앞으로? 당신이 선택해요. 어떻게 할래요?") 역사의 가장행렬을 구경하고 싶은가, 미래의 경이로운 기술을 보고 싶은가? 세상에는 두 종류의 사람이 있다. 어느 쪽이든 낙관론자와 비관론자가 있다. 질병은 골칫거리다. 흑인이나 여성이 시간여행을 하는 데는 특별한 위험이 따른다. 그런가 하면 복권, 주식 시장, 경마에서 돈 벌 궁리를 하는 사람도 있다. 그저 옛사랑을 다시 경험하고 싶은 사람도 있다. 과거로의 여행은 주로 자신이 저지른 잘못이나 놓친 기회에 대한 후회에서 비롯한다.

이 게임의 규칙이 궁금할지도 모르겠다. 안전은 보장되려나? 뭐든 가져가도 될까?● 여벌의 옷은 아니더라도 최소한 자각과 기억은 챙길 수 있을 것이다. 당신은 수동적 관찰자가 될 것인가, 역사의 방향을 바꿀 수 있을 것인가? 역사를 바꾸면 그로 인해 당신 자신도 바뀔까? 덱스터 파머Dexter Palmer가 2016년에 발표한 소설 『버전 관리Version Control』에서 사변적 철학자가 말한다. "역사는 당신이 어떤 존재인지를 결정한다. 당신이 시간을 거슬러 여행하면 그것은 더는 당신이 아닐 것이다. 당신은 다른 역사를 가질 것이며 다른 사람이 될 것이다." 그러니까 규칙은 계속 달라지는 듯하다.

웰스는 훗날 세계사 책을 하나도 아니고 둘이나 출간했지만 자신

● 여러 의견이 있다. 제임스 E. 건James E. Gunn(1958): "당신은 벌거벗었다. 아무것도 가져갈 수 없기 때문이다. 떠날 때도 마찬가지다. 이것이 시간여행의 두 가지 기본 규칙이다."

의 시간여행자를 뒤로 보내는 일에는 전혀 흥미가 없었다. 그는 앞으로 또 앞으로, 시간의 끝까지 내달렸다. 하지만 다른 작가들이 또 다른 가능성을 간파하는 데는 오랜 시간이 걸리지 않았다. 웰스의 친구 이디스 네스빗Edith Nesbit은 미래 지향적이고 자유로운 사고를 가진 동료 사회주의자였으나, 기회가 주어지자 과거를 선택했다. 그녀는 성별을 알 수 없는 E. 네스빗이라는 이름으로 책을 썼는데 흔히 어린이 책 저자로 알려졌다. 몇 세대 뒤에 고어 비달Gore Vidal은 이 분류를 문제 삼았다. 그녀의 책에서 주인공이 어린이인 것은 사실이지만, 겉보기와 달리 이상적 독자가 어린이는 아니라는 것이었다. 그는 네스빗을 루이스 캐럴Lewis Carroll에 비유했다. "그녀는 캐럴처럼 온전히 자신의 것인 마법과 전도된 논리의 세계를 창조할 수 있었다." 그는 네스빗이 더 유명해져야 마땅하다고 생각했다.

웰스는 네스빗이 남편 허버트 블랜드Hubert Bland와 함께 다스리는 가정을 종종 방문했다. 웰스는 그녀를 "수은처럼 변덕스러운 아내"로

여겼으며 남편을 "더 평범하고 따지기 좋아하는 고집불통"으로 치부했다. 그는 허버트가 사기꾼 기질이 있고 아내만큼 똑똑하지 않으며 가족을 먹여 살리지 못하는 "호색한"이라고 생각했다(반면에 네스빗은 글로 가족을 부양했다). "놀란 방문객은 그 집의 아이들이 대부분 E. 네스빗의 자식이 아니라 블랜드가 이룬 정복의 소산임을 알아차렸다."● E. 네스빗은 시간여행의 새로운 가능성을 탐구한 최초의 영국 작가 중 한 명이 되었다. 그녀는 과학적 정확성에 개의치 않았다. 그녀의 책에는 기계 장치가 전혀 등장하지 않는다. 오로지 마법뿐이다. 그리고 웰스가 앞을 본 곳에서 그녀는 뒤를 보았다.

그녀가 1906년에 쓴 신기한 소설 『부적 이야기The Story of the Amulet』는 네 명의 아이들—시릴, 로버트, 앤시어, 제인—이 긴 여름 방학 내내 우울하게 지내는 장면으로 시작한다. 아이들은 런던에 남겨졌는데, 곁에는 나이 든 보모뿐이다. 아버지는 만주에, 어머니는 마데이라에 있다. 아이들은 자유를 빼앗긴 채 모험을 갈망한다.

블룸즈버리에 있는 아이들의 집은 "운 좋게도 모래밭과 백악질 땅 사이에 놓여 있"는데, 이 말은 걸어서 대영박물관에 갈 수 있다는 뜻이다.● 20세기 들머리 런던의 대영박물관은 세계를 통틀어 독보적인 기

● "살림을 하는 친구이자 동거인은 이 어린이 중 한 명의 엄마였으며, 건성으로 배드민턴을 치는 젊은 아무개 양은 허버트의 뛰어난 성적 매력에 마지막으로 걸려든 여자였다. E. 네스빗은 이 모든 상황을 증오하고 가라앉히고 견뎠을 뿐 아니라 내가 보기엔 극히 흥미롭게 여긴 듯하다." 다시 말하지만 웰스는 아내 말고도 여러 명에게서 자식을 낳았으며, 블랜드의 사생아 딸과도 사귀었을 것이다. 자유연애를 한다지 않는가.

● 이 책은 대영박물관의 수석 이집트학자 월리스 버지Wallis Budge에게 헌정되었다.

관이었다. 영국이 바다 건너 세계로 식민주의자와 약탈자를 보내어 가져온 진귀한 유물이 소장되어 있었기 때문이다. 엘긴 마블스도 있었는데, 아테네 아크로폴리스에서 이 대리석 조각을 가져온 스코틀랜드 백작의 이름을 딴 것이다. 『베오울프』의 유일한 최초 필사본도 있었다. 관람객은 전시실에 들어가 받침대에 놓인 로제타석을 살펴볼 수 있었다. 대영박물관은 과거로 통하는 관문이자 고대의 물건들—스미르나에서 온 청동 두상, 이집트에서 온 미라 관, 날개 달린 사암 스핑크스, 아시리아 무덤에서 약탈한 술병, 미지의 언어로 비밀을 간직한 상형문자—이 낡은 거죽을 뚫고 근대를 빼꼼히 내다보는 타임게이트였다.

시릴, 로버트, 앤시어, 제인은 뒤섞인 시간 속에서 교육을 받았는데—과거와 현재가 기묘하게 뒤섞였으며 세월의 간극을 사이에 두고 문화적 오해가 횡행했다—그것은 영국의 성인들도 마찬가지였다. 박물관 옆에는 과거의 유물을 파는 골동품 가게가 있었는데, 특히 워더가, 몬머스가, 올드본드가, 뉴본드가의 가게들이 유명했다. 세파에 닳고 부서진 이 물건들은 조상들이 우리에게 자신이 누구인지 알려주려고 쓴 메시지를 담은 병과 같았다. 로저 베이컨Roger Bacon이 말했다. "골동품은 시간의 난파를 우연히 모면한 훼손된 역사, 또는 역사의 잔해다." 1900년이 되자 런던은 파리, 로마, 베네치아, 암스테르담을 누르고 세계적인 골동품 거래의 중심지가 되었다. 네 아이는 채링크로스 근처의 골동품 가게 앞을 지나다 반짝이는 돌로 만들어진 작은 빨간색 부적을 발견한다. 부적은 아이들에게 뭔가 말을 건네려 한다. 마법의 힘을 가진 부적이다. 아이들은 영문도 모른 채 과거라는 다른 나라로 이동한다.

첫째, 아이들을 납득시키기 위해 과학적으로 들리는 설명이 제시된다.

> "이해 못 하겠어? 그건 과거에 있었어. 네가 과거에 있었다면 발견할 수 있었을 거야. 이걸 이해시키기란 여간 힘들지 않아. 시간과 공간은 생각의 형태에 불과하다는 걸."

물론 네스빗은 『타임머신』을 읽었다. 이야기 후반부에서 그녀의 주인공들은 (대영박물관을 관문으로 이용해) 잠시 미래를 방문한다. 그들은 일종의 사회주의 유토피아를 발견하고—지나칠 정도로 모두 깨끗하고 행복하고 안전하고 질서 정연하다—웰스라는 아이를 만난다. "위대한 개혁가의 이름을 땄군. 너도 그 사람 이름 들어봤지? 그는 암흑의 시대에 살았어." 이 짧은 예외를 빼면 아이들의 진짜 모험은 과거Past(경의를 표하기 위해 늘 첫 글자를 대문자로 쓴다)에서 이루어진다. 이집트에서 아이들은 변변한 입을거리가 없으며, 아무도 철을 본 적이 없기에 부싯돌로 연장을 만든다. 아이들은 바빌로니아에 가서 금과 은으로 만든 궁전에서 여왕을 만난다. 궁전에는 대리석 계단과 아름다운 분수, 자수 방석이 놓인 왕좌가 있다. 여왕은 사람들을 감옥에 처넣다가 잠시 시간을 할애해 시간여행자들에게 시원한 음료를 대접한다. "너희들와 이야기를 나누고 너희들의 놀라운 나라에 대해, 너희들이 어떻게 여기 왔는지에 대해 모조리 듣고 싶구나. 하지만 아침마다 재판을 해야 해. 지긋지긋한 일이란다." 그다음은 또 다른 고대의 땅 아틀란티스다. "바닷속으로 사라진 거대한 대륙이지. 플라톤의 책에 나와 있어." 푸른 바다가 햇빛에 반짝이고 흰 거품 이는 파도가 대리석 방파제를 때리고 사람들이 거대한 털북숭이 매머드를 타고 다닌다(런던 동물원에서 보던 코끼리만큼 순해 보이진 않는다).

고고학은 상상 문학의 촉매 역할을 했다. 네스빗은 시간여행 하위 장르를 창시할 의도는 아니었지만—미래를 내다볼 수 없었기에—결과적으로 그렇게 되었다. 한편 1906년에도 러디어드 키플링Rudyard Kipling이 『푸크 언덕의 요정Puck of Pook's Hill』이라는 역사 판타지 소설을 발표했다. 이 책에는 칼과 보물이 등장하며 아이들이 이야기의 마법으로 시간여행을 한다. C. S. 루이스C. S. Lewis는 어릴 적 아일랜드에서 네스빗의 『부적 이야기』를 읽었다. "이 책을 읽고 처음으로 옛것에 눈을 떴다. '어두운 과거와 시간의 심연'에 대해." 여기서 시작된 길은 50년 뒤에 <로키와 불윙클 쇼The Rocky and Bullwinkle Show>에서 처음 방영된 <피보디의 기상천외한 역사Peabody's Improbable History>로 이어졌다. 시간을 여행하는 비글 강아지 미스터 피보디와 그의 양자 셔먼은, 웨이백머신을 타고 기자 피라미드의 건설 현장을 방문하며 클레오파트라, 아서 왕, 네로 황제, 크리스토퍼 콜럼버스, 사과나무 아래의 아이작 뉴턴을 만난다. 역사가 뒤죽박죽으로 섞인다. 재미는 있지만 교육적으로는 문제가 있다.• 그 뒤에 컬트 영화 <엑설런트 어드벤처Bill and Ted's Excellent Adventure>가 개봉했다. "맞춤법도 모르는 두 소년이 역사를 새로 쓰다." 어떤 시간여행자들은 향락을 즐기고 또 어떤 시간여행자들은 역사를 공부한다.

이 모든 아이들—시릴, 로버트, 앤시어, 제인, 셔먼—은 과거로 가서 유명한 사람들의 유명한 이야기를 실제로 보고 싶어 한다. 그들은 실제로 일어난 일을 알고 싶은 우리의 욕망을 대변한다. 이 욕망은 온전히 충족되지 않을 때 더 격렬히 타오르는 듯하다. 현재의 경험을 포착하고 표현하는 기술이 개선될수록 우리와 잃어버린 시간을 가르는 무지의 안개는 더 짙어진다. 시각화가 발전하면 우리가 놓치고 있는 것이 무엇인지 드러난다. 네스빗의 시대에는 조각과 회화가 사진에 밀려나고 있었다. 사진이 순간을 정지시키는 것에는 마법적 성격이 있었다. 훗날 강아지 미스터 피보디는 텔레비전이라는 새로운 매체의 전문가였다. 오늘날 모든 현대 역사가와 전기 작가는 실제 타임머신을 구할 수 없다면 비디오카메라를 과거로—뉴턴의 정원이나 아서 왕의 궁정으로—보내려는 욕망을 느꼈다.

사이먼 몰리가 말한다. "옛 사진을 보면 늘 경이로움을 느꼈다." 그는 뉴욕에서 광고업에 종사하는 초상화가이며 (역시 뉴욕의 광고인 출신인) 잭 피니가 1970년에 발표한 소설 『반복되는 시간Time and Again』의 화자다.● 사이먼은 한때 살아 있었으나 이제는 상실된 과거의 접근불가능성을 뼈저리게 느낀다. 살아남은 소수의 물건과 이미지는 우리를

● 이를테면 미스터 피보디는 아이작 뉴턴에게 피그비라는 형제가 있고 그가 쿠키를 발명했다고 진지하게 설명한다.

● 독자 여러분은 전혀 다른 『반복되는 시간Time and Again』을 떠올릴지도 모르겠다. 같은 제목의 책이 적어도 세 권 있다. 20세기 후반에 시간여행 특급이 내달리자 출판사들은 쓸 수 있는 제목을 모조리 써버렸다는 것을 깨닫고 전전긍긍했을 것이 틀림없다. 그들은 '반복되는 시간Time and Again — 몇 번이고Time After Time — 시간에서 시간으로From Time to Time — 시간 밖으로Out of Time — 시간에 대한 반란A Rebel in Time — 시간의 죄수Prisoner of Time — 시간의 깊이The Depths of Time — 시간의 지도The Map of Time — 시간의 복도The Corridors of Time — 시간의 가면The Masks of Time — 시간이 있을 것이다There Will Be Time — 시간의 눈Time's Eye'에 이르기까지 모두 써먹었다. '몇 번이고'라는 제목으로 출간된 소설도 최소 네 권이다.

조롱한다.

> 설명할 필요가 없을지도 모르겠다. 당신은 내가 무슨 말을 하는지 이해할 것이다. 그것은 낯선 의복과 사라진 배경을 보면서 내가 바라보는 것이 한때 진짜였음을 알 때 느끼는 경이감이다. 그 빛이 잃어버린 얼굴과 물건으로부터 실제로 렌즈로 반사되어 들어왔음을. 이 사람들이 정말로 한때 카메라를 들여다보며 미소 지었음을. 그때 당신은 그 장면으로 걸어 들어가 그 사람들을 만지고 그들과 이야기를 나눌 수 있었다. 그 괴상한 구식 건물에 들어가 이제는 결코 볼 수 없는 것—바로 문 안에 있던 것—을 실제로 볼 수 있었다.

그것은 사진만이 아니다. 사이먼처럼 적절한 감수성을 지닌 사람은 자신의 존재 전체에 난 균열을 누르는 과거의 손가락을 볼 수 있다. 뉴욕처럼 낡고 밀집한 도시에서는 과거가 돌과 벽돌에 담겨 있다. 사이먼의 시간여행을 촉발하는 유물은 주거용 건물—평범한 아파트 건물이 아니라 유명한 다코타 빌딩—일 것이다. "도시의 축소판처럼 박공, 터릿, 피라미드, 탑, 첨탑이 있었다. 수천 제곱미터의 경사진 표면이 슬레이트 지붕으로 덮였는데, 가장자리는 오래되어 녹슨 구리였으며 헤아릴 수 없이 달린 창문, 지붕창, 플러시 창문은 정사각형도 있고 원형도 있고 직사각형도 있었으며 큰 것도 있고 작은 것도 있었으며 넓은 것도 있고 궁안弓眼만큼 좁은 것도 있었다." 이것이 그의 관문이 될 터였다.

『반복되는 시간』에서의 기발한 점은 기계 장치나 마법을 전혀 쓰지 않고 단지 정신의 수법, 약간의 자기최면으로 과거로의 시간여행을 할 수 있다는 것이다. 적당한 대상—사이먼처럼 예민한 사람—이 자신의 기억을 지우고 주위 환경에서 지나간 세기의 모든 흔적을 없앨 수 있다면, 그는 의지의 행위를 통해 자신을 (이를테면) 1882년으로 옮길 수 있다. 맨 처음 해야 할 일은 과거의 분위기에 빠져드는 것이다. "자동차 같은 것은 없다. 비행기도, 컴퓨터도, 텔레비전도 없다. 이런 것이 가능한 세상이 전혀 아니다. '핵'과 '전자 제품'은 세상 어느 사전에서도 찾아볼 수 없다. 당신은 리처드 닉슨이나 아이젠하워, 아데나워, 스탈린, 프랑코, 패튼 장군 같은 이름은 한 번도 들어보지 못했다."

또한 사이먼(과 독자)은 시간여행이 불가능하다는 통념을 반박하는, 이젠 관례가 된 웰스풍 사이비 논리를 받아들인다. 이번에도 우리가 시간에 대해 알고 있다고 생각하는 것은 모두 틀렸다. 여기—1970년—에서는 아인슈타인의 권위를 등에 업으려고 표현을 수정했다. 박식한 신사 역을 맡은 감독 E. E. 댄지거 박사가 말한다. "알베르트 아인슈타인에 대해 얼마나 아십니까? 아인슈타인의 발견 목록은 상당히 길지만, 이것 하나만 언급하겠습니다. 최근에 그는 우리의 시간 개념이 크게 잘못되었다고 말했습니다." 박사의 설명을 들어보자.

> "과거, 현재, 미래가 실제로 무엇인지에 대한 우리의 관념은 오류입니다. 우리는 과거가 가버렸고 미래가 아직 생기지 않았으며 현재만이 존재한다고 생각합니다. 현재만이 우리가 볼 수 있는 전부이기 때문이죠."
>
> 사이먼이 말한다. "꼭 대답해야 한다면 저도 그렇게 생각한다고 인정할 수밖에 없네요."
>
> 그가 미소를 지었다. "물론이죠. 저도 마찬가지입니다. 그게 자연스러우니까요. 아인슈타인 자신이 지적한 것처럼요. 그는 우리가 노 없는 배를 탄 채 굽은

강을 따라 떠내려가는 사람과 같다고 말했습니다. 우리 주위에는 현재밖에 보이지 않습니다. 과거는 후방의 만곡부 뒤에 있기에 우리는 과거를 볼 수 없습니다. 하지만 있는 것은 분명합니다."

"하지만 아인슈타인의 취지가 말 그대로였나요? 그의 진의는—"

좋은 질문이다. 아인슈타인은 정말로 과거가 존재한다고 생각했을까, 아니면 효과적인 수학 모형을 만들었을 뿐일까? 어느 쪽이든 상관없다. 우리는 지금 빠르게 움직이고 있다. 댄지거가 아인슈타인을 능가해 배에서 내려 뒤로 걸어가는 방법을 생각해냈기 때문이다.

독자는 이 책에 힘을 불어넣는 것이 역사—1880년대 뉴욕이라는 특수한 시간과 장소—에 대한 저자의 순수한 사랑임을 발견할 것이다. 『반복되는 시간』은 협박과 살인, 시간을 넘나드는 삼각관계가 등장하는 비비 꼬인 플롯을 가지고 있지만, 잭 피니가 정말로 신경 쓰고 말과 스케치로 그토록 공들여 그려낸 것은 그 시대의 질감—센트럴 공원의 경계를 나타내는 돌벽, 포도주색 벨벳 가운, 《뉴욕 이브닝 선》과 《프랭크 레슬리의 화보 신문》, 말뚝과 가스등과 마차 램프, 실크해트를 쓴 남자들과 토시를 차고 버튼 달린 구두를 신은 여자들, 어두워져가는 도심 하늘에 놀랍도록 풍성하게 드리운 전신—이었음이 느껴진다. 사이먼은 '이것은 우리에게 가능한 가장 위대한 모험이었다'라고 생각한다. 알다시피 피니도 그렇게 생각한다.

나는 어느 때보다 높은 다이빙대에 선 사람과 같았다. 아무리 조심하든, 아무리 망설이든, 나는 이 시대의 삶에 동참할 참이었다.

과거를 갈망하는 것은 향수nostalgia라 불리는 정조(또는 장애)를 닮았다. 우리가 과거와 미래에 대해 새로이 고양된 감각을 가지기 전의 원래 향수는 고향을 그리워하는 향수병—"의사가 향수라는 이름의 질병으로 간주할 만큼 간절히 고향을 그리워하는 마음"(『옥스퍼드 영어사전』에서 조지프 뱅크스Joseph Banks가 1770년에 내린 정의)—을 일컬었다. 이 단어가 시간과 관계를 맺은 것은 19세기 말이 되어서였다. 하지만 피니를 비롯한 작가들은 단지 향수에 젖은 것이 아니다. 그들은 역사의 직물을 손가락으로 쓰다듬는다. 역사의 혼과 대화하고 죽은 자를 되살린다. 피니보다 한참 전에 헨리 제임스Henry James도 옛날 분위기를 풍기는 고옥古屋을 관문으로 이용했다. 19세기에 갓 접어들었을 때, 심리학자인 형 윌리엄이 프루스트와 베르그송에 심취했을 무렵 헨리는 끝내 완성하지 못한 소설과 씨름하고 있었다. 그의 사후에 『과거감각The Sense of the Past』이라는 제목으로 출간된 이 책에는 아버지를 여읜 젊은 역사가, 유산으로 물려받은 런던의 주택("어떤 분위기를 풍기는 구체적인 옛것"), 문이 등장한다. 제임스의 주인공 랠프 펜드럴에게는 뭔가 특별한 것이 있다. 그는 "과거감각의 피해자"다.

그가 말한다. "나는 과거감각을 기르려고 애쓴 사람들에게 대체로 충분한 것보다 더 나은 감각을 기르려는 욕망에 평생 시달렸다." 제임스에 따르면 그는 운명의 문 앞에서 망설인다.

> 굳은 결심을 하고서 물에 뛰어들려는 찰나의 다이버처럼 지고의 망설임을 느꼈을지도 모른다. 문이 다시 닫히자 그는 오른쪽에 서 있었고 그가 알던 온 세상은 왼쪽에 놓여 있었다.

랠프는 두 세기를 사이에 두고 삼각관계에 빠진다. 현재의 애인을 두고서 더 참신하고 순진한 과거의 여인을 사랑하게 된 것이다. 그는 시간여행자라고 불리지 않지만—1917년에는 이 말이 없었으므로—이제 우리는 그가 어떤 사람인지 안다.

오래된 집은 사람을 신비로운 방식으로 다른 시대로 보내는 일에 알맞았다. 그런 집의 다락과 지하실에는 유물들이 오래도록 방해받지 않은 채 놓여 있다. 문도 있다. 문이 열리면, 그 뒤에 무엇이 있는지 누가 알겠는가? 『과거감각』을 유난히 아낀 T. S. 엘리엇은 이를 간파했다. "나는 오래된 고옥古屋입니다. 독한 냄새가 풍기고, 새벽에 신음 소리 들리는, 거기에 모든 과거가 존재합니다."(『T. S. 엘리엇 전집』 220쪽) 대프니 듀 모리에Daphne du Maurier의 소설 『해변의 집The House on the Strand』에서는 집만으로 충분하지 않다. 시간여행에는 약물이 필요한데, 주문과 허튼소리가 똑같은 양으로 들어간다. "거기엔 DNA, 효소 촉매, 분자 평형 등이 관계되는데, 당신에게 이해시킬 재간이 없군요." 듀 모리에는 이 소설을 쓰기 얼마 전에 콘월 해안 근처의 언덕 꼭대기에 있는 킬마스라는 이름의 주택으로 이사해, 죽을 때까지 그곳에서 거의 혼자서 살았다. 킬마스는 해변의 집이다. 소설 속의 집은 14세기 토대 위에 놓여 있는데, 14세기는 가상의 주인공—불행한 결혼 생활을 하는 출판업자 딕 영—이 도착하는 시대다. 그는 (구역질과 현기증을 겪으며) 시간을 여행해 덤불이 우거지고 척박한 땅에 도달한다. 그는 명백한 광경 앞에서 어안이 벙벙해진다. 그곳에는 모자를 쓴 채 쟁기질하는 사람, 머리 가리개를 한 여인, 로브를 입은 수사, 말 탄 기사가 있다. 딕은 간통, 배신, 살인의 피비린내 나는 모험에 휘말린다. 그뿐만이 아니다. 조만간

흑사병이 찾아오리라는 사실을 『브리태니커 백과사전』에서 읽어 알고 있다. 하지만 그는 과거에서 더없이 생기 넘치는 삶을 산다.

『해변의 집』은 『반복되는 시간』보다 한 해 앞선 1969년에 발표되었는데, 딕은 두 책의 화자가 느꼈을 감정을 이렇게 묘사한다. "나는 꿈꾸는 사람처럼 자유롭게, 하지만 깨어 있는 사람처럼 명징하게 저 다른 세상을 걸었다." 그들은 역사에 침입한 자들이다. 그들은 목격자가 될 수는 있지만, 자신이 사건의 시간선에 속하거나 개입하거나 시간선을 바꿀 수 있는지는 알지 못한다. 딕이 곰곰이 생각한다. "시간이 모든 차원에 걸칠 수 있을까? 어제, 오늘, 내일이 끊임없이 반복되며 동시에 흐를 수 있을까?" 이 말이 무슨 뜻인지는 개의치 마시길. 그는 출판업자이지 물리학자가 아니니까.

W. G. 제발트는 『아우스터리츠』에서 이렇게 말한다. "우리는 과거 속에서, 이미 존재했지만 대부분은 사라져버린 것 가운데서 약속을 하거나, 거기서 시간의 저편에서 우리와 관련 있는 장소와 사람들을 찾아야 한다고 생각할 수는 없는가요?"(『아우스터리츠』 280쪽) 수많은 여행자가 스스로를 과거에 내던진다. 이 과거는 안개 자욱한 곳이다. 어쩌면 미래보다 더 자욱할지도 모른다. 그것은 여간해서는 기억할 수 없다. 상상하는 수밖에 없다. 하지만 정보가 풍부한 우리의 현재에서 과거는 어느 때보다 우리와 가까이 있는 듯하다. 과거는 생생해질수록 더 진짜처럼 느껴지며 과거에 대한 갈망은 더더욱 커진다. 켄 번스Ken Burns류의 다큐멘터리, 르네상스 축제, 남북전쟁 재연, 케이블의 역사 채널, 증강현실 앱이 이 중독을 부추긴다. "과거를 되살리"는 것이면 무엇이든 상관없다. 이런 상황에서는 타임머신이 굳이 없어도 될 것 같지만, 시

간여행의 실천가들은 (소설에서든 영화에서든) 속도를 늦출 기미를 전혀 보이지 않는다. 우디 앨런은 시간여행을 여러 번 써먹었다. 1973년작 <슬리퍼>에서는 미래로 여행하더니 2011년작 <미드나잇 인 파리>에서는 레버를 과거로 당긴다.

주인공 길 펜더는 금발의 캘리포니아인이며 회고 강박의 이상적 인물이다. 친구들은 그의 향수와 "고통스러운 현재의 부정", "잃어버린 시간에 대한 강박"을 놀림감으로 삼는다. 그는 소설을 쓰고 있는데, 소설의 도입부는 이 영화가 매우 자의식적으로 표방하는 바로 그 장르를 찬미하는 동시에 조롱한다.

> 상점 이름은 '과거로부터'. 그곳은 추억을 팔고 있었다. 한 시대엔 시시하고 천박하기까지 했던 것이 단지 세월이 흐르면서 신비롭고 흥미로운 존재로 바뀌기도 했다.(<미드나잇 인 파리> 37:12)

그의 타임슬립 관문은 기계나 집이 아니라 파리 자체, 도시 전체, 모든 길거리와 벼룩시장에 고스란히 드러난 도시의 과거다. 그는 1920년으로 가는데, 그곳의 모더니스트들은 그의 위화감을 이해한다. 그는 이렇게 설명한다. "전 다른 시간대에서 왔어요. 다른 시대, 미래요. … 시간 이동을 해요." 초현실주의자 만 레이Man Ray가 대꾸한다. "정확히 맞아요. 두 세계에 살고 있는 거죠. 이상할 거 없는데요?"(56:45) 이제 영화의 중심적 웃음보따리가 서서히 풀리는데, 그것은 재귀적이다. 즉 타임슬립 안에서 타임슬립이 일어난다. 향수는 영원하다. 21세기가 재즈 시대를 동경한다면 재즈 시대는 벨 에포크를 갈망한다. 모든 시대는 또 다른 시대의 상실을 탄식한다. 이를 간파한 사람은 우디 앨런이 처음도 아니고 마지막도 아니다. 길은 교훈을 얻는다. "현재란 그런 거예요. 늘 불만스럽죠. 삶이 원래 그러니까."(1:22:56)

과거로의 여행은 극한의 관광으로 시작된다. 금세 복잡한 일이 벌어지고 관광객들은 사태를 수습하느라 바쁘다. 우리는 역사를 제대로 알지도 못하면서 새로 쓰려는 열망을 품는다. 여기에 역설이 있다. 원인과 결과가 맞물려 돌아가는 것이다. 네스빗의 어린 주인공들조차 이 사실을 파악한다. 갈리아에 있는 율리우스 카이사르의 천막에서 그를 만난 아이들은 해협 너머 영국을 내다보고는 군대를 파병하지 말라고 그를 설득하려는 유혹을 억누르지 못한다. "구태여 브리타니아를 정복하려 들지 마시라고 말씀드리고 싶어요. 거긴 작고 가난한 곳이에요. 신경 쓸 만한 가치가 없다고요." 당연히 역효과가 따른다. 아이들의 설득은 결국 카이사르의 영국 정벌로 이어진다. 역사를 바꿀 수는 없기 때문이다. 여기서 우리는 시간여행 농담의 탄생을 목격했다. 이 농담은 점점 고차원적인 형태로 진화한다. 그리하여 네스빗으로부터 한 세기가 지난 뒤에 <미드나잇 인 파리>에서 우디 앨런의 시간여행자는 젊은 루이스 부뉴엘Luis Buñuel을 만나 이 영화 감독에게 그 자신의 영화를 제작하도록 부추기려는 욕망을 주체하지 못한다.

길: 부뉴엘 선생님! 영화 아이디어 드릴 게 있는데…

부뉴엘: 그래요?

길: 어느 만찬장 손님들이 식사 후 나가려는데 나갈 수가 없는 거예요.

부뉴엘: 왜요?

길: 문을 나갈 수가 없어서요.

부뉴엘: 왜요?

길: 들어보세요. 억지로 같이 갇혀 있게 되자… 문명의 껍데긴 사라지고 남는 거라곤… 그들의 본모습… 짐승이죠.

부뉴엘: 이해가 안 가요. 왜 문을 못 나가죠?(1:13:00)

미래가 과거를 만나면 미래는 지식의 우위에 선다. 하지만 과거는 쉽사리 흔들리지 않는다. 뭐랄까, 우리는 상상력에 대해, 특히 상상 전문가의 상상에 대해 이야기하고 있다. 소설가 이언 매큐언Ian McEwan은 초창기에 이렇게 썼다. "그 자체로서의 존재가 아니라—그 자체의 모습을 아는 사람이 누가 있겠는가—생각의 구성물인 시간은 두 번째 기회를 편집광적으로 금한다." 시간여행의 규칙을 쓴 것은 과학자가 아니라 소설가다.

그들이 정말로 역사를 바꾸려 들기 시작했을 때 그중 상당수는 완벽한 계획을 생각해냈다. 그들은 히틀러를 죽이려고 했다. 오늘날까지도 포기하지 않는다. 이유는 간단하다. 스탈린이나 마오쩌둥처럼 히틀러 말고도 커다란 악행을 저지르고 크나큰 고통을 야기한 사람들이 있긴 하지만 극악무도함과 카리스마를 겸비했다는 점에서 히틀러는 독보적이다. 스티븐 프라이Stephen Fry는 시간여행 소설『역사 만들기Making History』에서 이렇게 말한다. "아돌프 히틀러. 히틀러, 히틀러, 히틀러." 히틀러의 탄생을 되돌릴 수만 있다면. 그러면 20세기를 처음부터 새로 시작할 수 있을 텐데. 이 발상은 심지어 미국이 참전하기 전부터 제기되었다. 《위어드 테일스Weird Tales》 1941년 7월 호에는 랠프 밀른 팔리Ralph Milne Farley가 쓴 「나는 히틀러를 죽였다I Killed Hitler」라는 소설이 실렸다. 팔리는 매사추세츠의 정치인이자 펄프 작가인 로저 셔먼 호어Roger Sherman Hoar의 필명이다. 미국의 한 화가가 여러 이유로 독일의 독재자 히틀러를 증오하게 되어 과거로 돌아가 열 살배기 아돌프의 목을 비튼다. (놀랍게도 그가 현재로 돌아왔을 때 뜻밖의 결과가 벌어져 있다.) 1940년대 말이 되었을 때는 시간여행자의 손에 히틀러가 죽는다는 얘기가 이미 널리 퍼져 있었다. 필립 클래스Philip Klass가 1948년에 윌리엄 텐William Tenn이라는 이름으로 발표한 소설 「브루클린 프로젝트Brooklyn Project」에서는 이를 당연시한다. 브루클린 프로젝트는 정부가 비밀리에 추진하는 시간여행 실험이다. 한 관료가 설명한다. "아시다시피 과거로의 여행에 대한 우려 중 하나는 아무 해를 끼치지 않을 것만 같은 행동이 현재에 재앙을 일으킬지도 모른다는 것이었습니다. 이 판타지 중에서 현재 가장 널리 퍼진 것을 잘 아실 것입니다. 히틀러가 1930년에 살해당했다면 어땠을까 하는 가정입니다." 그는 그것이 불가능하다고 설명한다. 시간이 "과거, 현재, 미래로 엄격히 고정되어 있으며 그중 아무것도 바꿀 수 없음"을 과학자들이 의심의 여지 없이 입증했다는 것이다. 프로젝트의 시간여행 장치 '크로너chronar'가 선사 시대로 갈 때에도 그는 계속 이렇게 말한다. 그와 청중은 자신들이 자주색 헛발을 흔드는 점액질의 포동포동한 생물이 되었음을 알아차리지 못한다.

『율리시스』에서 스티븐 데덜러스는 역사가 악몽이며 자신이 거기서 깨어나려고 애쓴다는 인상적인 말을 남겼다. 탈출구는 없을까? 율리우스 카이사르가 원로원 계단에서 살해당하지 않았다면, 피로스가 아르고스에서 전사하지 않았다면 어떻게 됐을까? 스티븐이 생각한다. "시간이 그들에게 낙인을 찍어, 족쇄에다 채운 채 그들은 자신들이 내쫓은 무한한 가능성의 방 속에 갇혀 있다. 그러나 그들이 결코 가능하지 못했던 것을 알고도 그것이 가능할 수가 있었을까? 그렇잖으면 이미 지나갔던 일만이 가능했던가? 짜라織, 공담空談을 짜는 자여."(『율리시스』 75쪽)

이 열성적 암살자들은 역사를 바꿀 수 있을까, 없을까? 한동안 소설마다 새 이론을 들고 나왔다. 뉴욕의 홍보인 출신으로 SF 작가가 된 앨프리드 베스터Alfred Bester는 1958년에 발표한 소설 「모하메드를 죽인 사람들」(『마니아를 위한 세계 SF 걸작선』(도솔, 2004)에 수록)에서 '역사는 바꿀 수 없다'의 특별한 변형을 만들어냈다. 불운한 주인공 헨리 하셀은 아내가 다른 남자의 품에 안긴 것을 보고 분노해 타임머신과 45구경 권총을 가지고 역사를 거슬러 올라가 유례없는 살인극을 저지른다. 부모와 조부모를 살해하고 콜럼버스, 나폴레옹, 모하메드 등 (히틀러만 빼고) 원근을 막론한 위인들을 죽이는데, 전혀 효과가 없다. 아내는 여전히 즐겁게 살아간다. 왜일까? 또 다른 슬픈 시간여행자가 마침내 입을 연다.

> "이봐요, 시간은 전적으로 주관적인 것이오. 그건 개인적인 문제요. … 우리는 각각 우리 자신의 과거를 여행한 것이지, 어떤 다른 사람의 과거를 여행한 것이 아니오. 보편적인 연속성이란 건 없소, 하셀. 다만 수십억의 개인들이 있을 뿐이고, 각자 자기 자신의 연속성을 가지고 있을 뿐이오. 하나의 연속성이 다른 연속성에 영향을 줄 수는 없소. 우리는 마치 한 항아리 속에 든 수많은 스파게티 가닥과 같은 거요. … 각각 자신의 가닥만을 따라 오르내릴 뿐이니까."(『마니

아를 위한 세계 SF 걸작선』 147쪽)

분기하는 길에서 스파게티 가닥으로.

스티븐 프라이의 변형에서 주인공은 마이클 영이라는 역사학도다. (이런 의문이 든다. 상상력 넘치는 시간여행 작가들이 걸핏하면 등장인물의 이름을 '영Young'이라고 하는 이유가 뭘까?) 이 변형에서 주인공이 역사를 바꾸려는 방법은 히틀러를 암살하는 것이 아니라 히틀러 아버지를 불임으로 만드는 것이다. "역사가는 신이나 마찬가지야. 이른바 히틀러 씨, 나는 당신에 대해 많은 것을 알고 있어. 당신이 태어나지 않게 할 수 있다고." 그래서 어떻게 될까? 20세기는 그 뒤로 행복하게 전개될까? ("물론 미친 짓이었어. 나도 알았지. 될 리가 없었어. 과거를 바꿀 순 없어. 현재를 재설계할 순 없다고.") 할 수 있는 일은 '만일 ~라면 어떻게 될까?' 하고 묻는 것뿐이다. 소설가가 세상을 만든다. 케이트 앳킨슨Kate Atkinson의 2013년 소설 『라이프 애프터 라이프』(문학사상, 2014)는 규칙을 또 바꾼다. 히틀러는 첫 장면에서 총에 맞는다. 우리의 주인공 어슐라 토드(이번에는 성姓이 죽음이다)('토드Todd'는 독일어로 '죽음'을 뜻한다_옮긴이)는 1930년 뮌헨의 한 카페에서 아버지의 리볼버로 탁자 맞은편에 앉은 히틀러 총통을 저격한다. 그런 다음 그녀는 죽는다. 다른 시대에서 다른 방식으로 계속해서 죽으면서 늘 처음부터 새로 시작해 올바른 일을 하려 한다. 그녀의 대체 인생은 냄비에 든 스파게티 가닥 같다. 누군가 그녀에게 "역사는 '만일'이 전부예요"라고 말한다. 마치 그녀가 모른다는 듯. 또 다른 사람이 간청한다. "우리는 증인이 되어야 합니다. 안전하게 미래에 도착했을 때 이 사람들을 기억해야 합니다." 저자 앳킨슨은 훗날 이렇게 말했다. “나는 이제 미래에 있으므로 이 책은 과거에 대한 나의 증언인 셈이다.”

히틀러가 시간여행자에게 뻔질나게 암살되는 것의 결과 중 하나는 그가 계속해서 다시 살아난다는 것이다. 조지 스타이너George Steiner의 소설 『산크로스토발에 이송된 A. H.The Portage to San Cristóbal of A.H.』에서 히틀러는 90세의 나이로 아마존 밀림에서 살고 있으며, 로버트 해리스Robert Harris의 『당신들의 조국』(알에이치코리아, 2016)에서는 2차 대전에서 승리한 뒤에 여전히 대독일제국 총통으로 베를린에서 호의호식한다. 필립 K. 딕의 『높은 성의 사내』(폴라북스, 2011)에서는 매독에 걸리고 노망이 났다. 독일은 전쟁에서 이겼는데, 이 역사에서는 젊은 프랭클린 D. 루스벨트가 역사의 향방을 결정하기 전에 암살되기 때문이다. 이 주제의 변주는 끊임없이 증식한다. 문학 장르로서의 이러한 반反사실적 서사는 영어로는 ‘대체역사’(‘alternative history’ 또는 ‘allohistory’), 스페인어로는 ‘우크로니아ucronía’, 프랑스어로는 ‘위크로니uchronie’라고 한다. 이런 명칭이 등장한 것은 시간여행과 분기하는 우주 덕에 이 장르가 폭발적으로 성장한 19세기 중후반이지만, 제임스 서버James Thurber는 《뉴요커》에 기고한 「그랜트가 애퍼매턱스에서 음주를 했다면If Grant Had Been Drinking at Appomattox」(「부스가 링컨을 못 맞혔다면If Booth Had Missed Lincoln」, 「리가 게티스버그 전투에서 이겼다면If Lee Had Won the Battle of Gettysburg」, 「나폴레옹이 미국으로 탈출했다면If Napoleon Had Escaped to America」의 후속편 격이다)에서 이 장르를 미리 풍자했다. 요즘도 전문가들이 비슷한 질문을 던진다. 유머가 역사학에 접목된다. 역사적 가정에 몰두하기도 한다. 가브리엘 D. 로즌펠드Gavriel D. Rosenfeld는 포괄적 연구서『히틀러가 결코 만들지 않은 세계The World Hitler Never Made』에서 나치의 변형들을 모조리 분석해 "히틀러가 더 훌륭할 때에 비해 히틀러가 없을 때 역사가 같거나 열악해지"는 사례가 얼마나 되는지 조사했다.● 해피엔드는 거의 없었다. 역사의 작동에 대해, 가장 괴상할 뿐 아니라 가장 엄밀한 분석적 접근법을 적용하는 사람 중 상당수는 과학소설 또는 '사변소설' 작가다.

역사는 얼마든지 달라질 수 있었다. 못이 없어서 왕국이 사라지지 않았던가. **나는 도전자가 될 수도 있었어.**(영화 <워터프론트On the Waterfront>에서 주인공 테리의 대사_옮긴이) 후회는 시간여행자의 에너지바다. 후회하기만 한다면. 이제는 모든 작가가 나비효과에 대해 안다. 아무리 살짝 날개를 파닥거려도 대사건의 향방이 달라질 수 있다. 기상학자이자 카오스 이론가 에드워드 로렌즈Edward Lorenz가 나비를 예로 삼기 10년 전에, 레이 브래드버리Ray Bradbury는 1952년작「천둥 소리」(『시간여행 SF 걸작선』(고려원, 1995)에 수록)에서 역사를 바꾸는 나비를 등장시켰다. 여기서는 타임머신—"은색 몸체가 불빛에 번쩍거리"는 기계—에 '타임 사파리' 관광객을 유료로 태워 공룡 시대로 데려간다. "산소 공급 헬멧"과 "인터콤"이 추가되기는 했지만 이것만 빼면 시간여행 자체는 웰스를 빼닮았다. "타임머신이 날카로운 비명을 질러댔다. 시간은 마치 거꾸로 상영되는 영화 같았다. 태양이 달아나고 천만 개나

● 그 뒤에 로즌펠드는「반사실 역사 리뷰The Counterfactual History Review」라는 블로그를 만들었으며 그곳에 실린 글을 '우리가 이집트에서 죽었다면!: 유대 역사의 가정들'이라는 제목으로 엮었다(실제 출간된 책의 제목은 '유대 역사의 가정들: 아브라함에서 시온주의까지What Ifs of Jewish History: From Abraham to Zionism'다_옮긴이).

되는 달이 그 뒤를 따라 달아났다. … 타임머신의 속도가 서서히 느려지기 시작했다. 비명 소리는 차츰 웅얼거리는 소리로 바뀌어갔다."(『시간여행 SF 걸작선』 174~175쪽) 하지만 사파리 운영자들은 아무것도 바꾸지 않으려고 주의한다. 역사가 잘못될까 봐서다.

> 쥐 한 마리를 밟으면 피라미드를 밟아 부순 것과 마찬가집니다. 쥐 한 마리를 밟으면 당신의 발자취를 마치 그랜드캐니언처럼 지구에 영원히 남겨두게 됩니다. 엘리자베스 여왕은 결코 태어나지 못하고, 워싱턴은 델라웨어를 가로지르지 못하고, 미국이라는 나라도 아예 존재하지 못하겠지요. 그러니 조심하십시오.(177쪽)

결국 무책임한 시간 관광객 한 명이 나비를 밟고 만다. "자그마한 나비 하나 때문에 깨진 균형이 자그마한 도미노 하나를 무너뜨렸고 이것이 더 큰 도미노, 이보다 더 큰 도미노를 차례로 밀어 무너뜨리며 이 모든 세월을 전해 내려온 것이다."(190쪽)

하지만 나비효과는 가능성의 문제에 불과하다. 허공의 모든 날갯짓이 역사에 흔적을 남기지는 않는다. 대부분은 점성 때문에 약해져 사라진다. 『영원의 끝』에서 아시모프도 같은 가정을 했다. 마찰이나 소산消散이 변화를 없애기 때문에 역사 개입의 효과는 세기가 지나감에 따라 사그라든다. 기교가가 자신 있게 설명한다. "현실은 원래의 자리로 돌아가려는 경향이 있지."(『영원의 끝』 199쪽) 하지만 브래드버리가 옳고 아시모프가 틀렸다. 역사가 역학계라면 틀림없이 비선형일 것이므로 나비효과는 유지될 수밖에 없다. 어떤 장소와 어떤 시간에서는 작은 차이가 역사를 바꿀 수 있다. 결정적 순간, 마디가 되는 점이 존재한다. 이곳이야말로 당신이 레버를 놓고 싶은 곳이다. 역사는, 즉 우리의 진짜 역사는 틀림없이 이런 순간이나 사람으로 가득할 것이다. 우리가 알아볼 수만 있다면 말이다. 우리는 그럴 수 있다고 상상한다. 탄생과 암살, 승전과 패전. 우리는 큰 영향을 미치는 개인, 영웅, 악당에 초점을 맞춘다. 히틀러가 뻔질나게 암살당하는 것은 이 때문이다. 단 한 명을 죽일 수 있다면 누구를 죽이겠는가? 하지만 이런 판타지의 창조자들은 현명하게도 여기에 담긴 오만함을 조롱했다. 필립 K. 딕은『높은 성의 사내』에서 이렇게 묻는다. "운명을 바꿀 수 있는 사람이 있나? … 우리 모두가 힘을 합치면…. 아니, 누군가 위대한 인물이 나타난다면…. 아니면 누군가 우연히도 마침 적절하고도 중요한 위치에 있다면. 기회. 우연. 우리의 삶, 우리 세계는 거기 달려 있다."(『높은 성의 사내』 92쪽) 틀림없이 어떤 사람, 어떤 사건, 어떤 결정은 다른 것보다 중요하다. 결정적 순간은 반드시 존재한다. 우리가 생각하는 곳이 아닐 수는 있겠지만.

우리는 자신의 시간에 갇혀 있기에 대부분은 역사를 바꾸기는커녕 만들려 들지도 않는다. 우리는 하루하루 살아가며 그것이 역사가 된다. 클라이브 제임스Clive James 말마따나 가장 위대한 시인은 문학사를 바꾸려는 사람이 아니라 풍부하게 하려는 사람이다. 사람들이 히틀러에 유난히 매혹되는 또 한 가지 이유는 그가 신 행세를 했다는 것이다. 케이트 앳킨슨의 어슐라 토드가 생각한다. "총통은 달랐다. 그는 미래를 위한 역사를 의식적으로 '만들어'갔다. 진정한 나르시시스트만이 그렇게 할 수 있다."(『라이프 애프터 라이프』 404쪽) 역사를 만들려 드는 정치인을 조심하라. 어슐라 자신은 시간선을 넘나들며 여러 순간을 산다. "미

래는 과거만큼이나 알 수 없는 신비였다.”(405쪽)

우리는 대체현실에서, 무한한 변화에서 벗어날 수 없다. 『옥스퍼드 영어사전』에서는 ‘다중우주multiverse’라는 단어를 “본디 과학소설”의 용어였으나 이제는 애석하게도 “물리학”의 용어라고 풀이한다. “양자역학의 다세계 해석에 따른 우주들의 큰 집합으로, 각 우주에서는 저마다 다른 가능성 중에서 하나씩의 가능성이 발생한다.” 이와 동시에, 양자 이론과 전혀 별개로 우리는 컴퓨터나 매트릭스 안에서 가상 세계의 쾌락과 고통을 발견했다. 우리 자신이 다른 누군가가 시뮬레이션한 현실 속 등장인물일 가능성을 따져보지 않을 수 없다. 어쩌면 우리 자신의 시뮬레이션인지도. 이젠 ‘현실 세계’를 언급할 때 반어적 따옴표를 붙이지 않으면 이상할 정도다. 우리는 현실 세계 못지않게 친숙하고 열성적으로 가상 세계에서 거주한다. 가상 세계에서는 시간여행이 식은 죽 먹기다.

토끼 구멍을 따라 얽히고설킨 동굴로 들어가보자. 윌리엄 깁슨이 우리의 베르길리우스가 될 것이다. 그는 킹즐리 에이미스가 1976년에 발표한 대체역사 소설 『변경The Alteration』을 읽고 있다(에이미스는 영국의 당대 현실을 우스꽝스럽게 풍자한 책으로 유명하다). 이 세계에서 유럽은 전체주의에 굴복했는데, 독재자는 히틀러가 아니라 교황이다. 종교 개혁은 일어나지 않았으며 가톨릭교회가 세계를 신정神政의 손아귀에 넣었다. 물론 에이미스는 『미국을 노린 음모The Plot Against America』의 필립 로스Philip Roth나 『역사 만들기』의 프라이처럼 그 자신의 현실 세계를 에둘러 들여다보고 있다. 에이미스의 소설은 “온 잉글랜드와 해외 대영 제국의 모교회”인 코벌리의 성 조지 성당에서 시작된다. 뒤바뀐 미술사의 단편들이 지나가는 말로 언급된다. 터너가 "거룩한 승리를 기념하"여 천장화를 그리고 블레이크가 벽 하나를 프레스코 성화로 장식했으며 성가대는 모차르트의 두 번째 레퀴엠—"중년의 걸작"—을 부른다. 과학은 탄압받았다. 1976년인데도 마차가 다니고 등잔불을 밝힌다. "전기 장치는 대개 경멸당했"다. 상황이 뒤죽박죽이다.

『변경』의 세계에는 과학이 없기에 문학은 과학소설을 낳지 못했다. 소설의 젊은 주인공은 시간 로망Time Romance, 줄여서 'TR'라는 저급한 장르를 즐긴다. TR는 "어떤 유형의 정신에 호소력이 있"었다. 불법이었지만, 완전히 뿌리 뽑기는 불가능했다. 이 장르 안에서 반사실 세계(CW)라는 하위장르가 진화했다. 이 하위장르는 결코 일어나지 않은 역사—대체역사—를 상상한다. 이제 깁슨이 설명을 시작한다.

> 에이미스는 마치 자기 소설의 다락방에서처럼 절묘한 거울의 방 효과를 낸다. 우리 세계에서 필립 K. 딕은 『높은 성의 사내』를 썼는데, 이 소설에서는 추축국이 2차대전에서 승리했다. 딕의 책에는 『메뚜기는 무겁게 짓누른다』라는 가상의 소설이 등장한다. 그 소설 속 세계에서는 연합국이 승리했다고 가정하지만, 우리의 세계와는 분명히 다르다. 에이미스의 반사실 세계에서는 필립 K. 딕이라는 사람이 비非가톨릭 세계를 상상하는 『높은 성의 사내』를 썼다. 이 또한 우리 세계가 아니다.

'그들'의 세계도 아니다. 줄거리를 따라가기가 쉽지 않다. 과학 없는 세계에서 에이미스의 소년 주인공은 "전기를 이용해 온 세상에 메시지를 보내"는 반사실 세계 이야기에 매료된다. 모차르트는 1799년에 죽었고 베토벤은 교향곡을 열두 곡 작곡했으며 또 다른 이름난 책에서는 인간이 유인원 같은 것에서 진화했다고 설명한다. 깁슨이 말한다. "이 TR와 CW 수법은 호르헤 루이스 보르헤스가 쓰지 않은 최고의 호르헤 루이스 보르헤스 소설처럼 책 전체에서 교묘하게 펼쳐진다."

책장이 계속해서 반사실 세계로 채워진다. 미래는 현재가 되기에, 모든 미래주의 판타지는 대체역사가 될 수밖에 없다. 1984년이 되었을 때 오웰의 특별한 감시 국가는 TR에서 CW가 되었다. 그런 다음 별다른 스페이스 오디세이 없이 2001년이 지나갔다. 신중한 미래주의자는 연도를 명토 박지 말아야 한다는 교훈을 얻는다. 우리의 문학과 영화는 여전히 새로운 과거와 온갖 추정적 미래를 배출하고 있다. 매일 낮, 매일 밤 깨어서나 꿈에서나 가정을 하고 선택지를 견주고 과거사를 후회하는 우리 모두도 마찬가지다.

어슐러 K. 르 귄의 1971년작 『하늘의 물레』(황금가지, 2010)에서 냉소적 변호사가 이렇게 비웃는다. "이중의 시간 궤적, 대안 우주…. 옛날 심야 텔레비전 프로를 많이 보나요?"(『하늘의 물레』 80쪽)

곤경에 빠진 고객의 이름은 조지 오르다. (이 책은 조지 오웰에게 경의를 표한다. 40대의 르 귄이 예전의 형태에서 탈피해 이 기이한 소설을 쓴 시점은 오웰의 특별한 해인 1984년을 목전에 둔 때였다.[●]) 지구에 나타난 외계인은 그

● 공교롭게도 르 귄은 필립 K. 딕과 같은 고등학교를 나왔는데, 이 사실을 나중에 알았다. 그녀는 《패리스 리뷰The Paris Review》와의 인터뷰에서 이렇게 말했다. "**아무도** 필 딕을 몰랐어요. 투명인간 학생이었죠."

의 이름을 '조르 조르'라고 부른다.

조지는 공무원에 차분하고 숫기 없고 보수적인 평범한 남자다. 하지만 꿈꾸는 사람이다. 그는 열여섯 살 때 에셀 이모가 차 사고로 죽는 꿈을 꾸었는데, 깨어나서 이모가 몇 주 전에 차 사고로 죽었음을 알게 되었다. 그의 꿈은 현실을 소급적으로 변경했다. 그는 '효력 있는 꿈effective dream'을 꾼다. 이것은 이 책에서 발명된 SF 장치다. 조지가 꿈속에서 대체우주를 가지고 다닌다고 말할 수도 있으리라. 그 밖에 누가 그렇게 할까? 우선 작가가 있다.

이 일에는 책임이 많이 따르는데, 조지는 책임을 지고 싶지 않다. 우리와 마찬가지로 그 또한 자신의 꿈을 좌우하지 못한다. 어쨌든 의식적으로는 안 된다. (그는 자신이 에셀의 성적 접근을 혐오한 것에 대해 두려움을 느낀다.) 점차 절망에 빠진 조지는 꿈을 깡그리 억압하려고 신경 안정제(바르비투르산염)와 각성제(덱스트로암페타민)를 투약하다가 윌리엄 하버라는 꿈 전문 심리학자에게 치료받게 된다. 하버는 노력과 통제의 효과를 믿는다. 이성과 과학의 힘을 믿는다. 그는 자신의 사무실 가구처럼 허울을 두르고 있었다. 그는 조지의 '효력 있는 꿈'을 원하는 방향으로 이끌고 단계적으로 현실을 재구성하기 위해 가련한 조지에게 최면을 건다. 그런데 의사의 진료실 실내 장식이 개선된 것처럼 보인다. 어떻게 된 일인지 그는 연구소의 소장이 되어 있다.

조지의 꿈을 따라 끌려온 나머지 우주에서는 상황이 그렇게 간단하게 진전되지 않는다. 양자 이론가들이 우주의 무한한 풍요를 가로지르는 타당한 통로를 찾는 데 어려움을 겪듯 양심적인 소설가도 골머리를 썩인다. 르 귄은 독자에게 편의를 베풀지 않는다. 그녀는 우리에게 도표를 하나도 그려주지 않는다.• 우리는 그녀의 물살에 쓸려 다니며 귀를 쫑긋 세워야 한다. 음악이 달라지고 날씨가 변한다. 포틀랜드는 끊임없이 비—"영원히 억수같이 내리는 따뜻한 수프의 비"(49쪽)—가 내리는 도시다. 포틀랜드는 맑은 공기와 한결같은 햇볕을 누린다. 존 F. 케네디 대통령과 우산에 대한 꿈을 꿨을까? 하버 박사는 조지에게 인구 과밀에 대한 두려움에 집중하라고 부추긴다. 포틀랜드는 인구 300만의 붐비는 대도시다. 아니, 포틀랜드의 인구는 10만으로 쪼그라들었다. 역병과 대몰락 때문이다. 다들 이 사실—"대기 중에 있는 화학적 오염 물질들이 조합되어 치명적인 발암 물질을 만들어내"고, "첫 번째 역병의 타격"이 일어나고, "폭동과 지독한 짓들이 벌어지고 '지구 종말단'과 자경단원들이 생겨난" 것(110쪽)—을 기억한다. 조지와 (이제는) 하버 박사만이 다중현실을 기억한다. 조지가 빈정댄다. "사람들은 인구 과잉 문제를 신경 썼어요, 그렇지 않나요? 우리는 정말로 그랬다고요."(110쪽) 꿈꿀 때 자신을 생각의 주인이라고 할 수 있을까?

그는 시간여행자가 아니다. 시간을 가로질러 여행하지 않는다. 그는 시간을, 과거와 미래를 한꺼번에 바꾼다. SF에서 이 장치를 일컫는 용어를 만든—또는 물리학에서 빌린—것은 훨씬 뒤의 일이다. 대체역사는 '타임라인'이라 불리거나 (윌리엄 깁슨에 따르면) '토막stub'이라 불릴 수 있다. 어떤 토막에서든 사람들은 자기네 역사가 유일하게 일어난 역사라는 생각에 갇혀 있다. 오르의 꿈이 새 역병을 일으킨다기보다는 그가 꿈꾸자 역병이 언제나 존재했다고 말해야 한다. 그는 이 역설을 이해하기 시작한다. "어제, '그' 인생에서, 나는 효력 있는 꿈을 꾸었어. 그 꿈은 60억 명의 목숨을 없애고 지난 사반세기 동안의 모든 역사를 바꾸어버렸어. 하지만 그러고 나서 내가 창조한 '이' 인생에서는 효력 있는 꿈을 꾸지 않았지."(126쪽) 역병은 언제나 있었다. 이것이 "오세아니아는 항상 이스트아시아와 전쟁을 하고 있었어"라는 조지 오웰의 말처럼 들리는 것은 우연이 아니다. 전체주의 정부도 대체역사의 공급원이다.●

『하늘의 물레』는 특정한 종류의 오만을 비판한다. 이 오만은 의지를 가진 피조물이라면 누구나 어느 정도는 가지고 있는 것이다. 이것은 정치인과 사회공학자의 오만이다. 우리가 세상을 만들 수 있다고 믿는 진보주의자의 오만이다. 오르가 의심을 드러내자 과학자 하버가 말한다. "이 세상에서 인간의 목적이 바로… 뭔가를 하고, 뭔가를 바꾸고, 뭔가를 다스리고, 더 나은 세상을 만드는 것 아닌가요?"(130쪽) 변화는 좋은 것이다. "한 순간에서 다음 순간으로 넘어갈 때 똑같이 남아 있는 것은 아무것도 없습니다, 똑같은 강에 두 번 들어갈 수는 없단 말입니다."(215쪽)

조지는 시각이 다르다. "우리는 세상에 맞서 존재하는 게 아니라 세상 속에 존재해요. 상황의 바깥에 선 상태로 상황을 관리하려고 하는 것은 효과가 없어요. 정말 효과가 없어요, 그건 삶을 거스르는 거예요." 그는 타고난 도가道家임에 틀림없다. "박사님이 따라야 하는 길이 있어요. 세상이 어때야 한다고 우리가 생각하는 것과 상관없이 세상은 존재

● 그녀는 인터뷰어 빌 모이어스Bill Moyers에게 이렇게 말했다. "이 책은 꿈과 환상으로 가득해요. 어느 게 어느 건지는 절대 모르실 거예요."

● 사실 이것이야말로 이중사고의 핵심이다. "이렇게 하려면 과거의 지속적인 개조가 필요하다."(『1984』(열린책들, 2009) 239쪽) 역사를 말 그대로 새로 쓰는 것이 윈스턴 스미스가 기록국(진리부의 한 기구)에서 매일 한 일임을 명심하라.

해요."(216쪽)

인구 과잉 문제를 해결한 하버는 조지를 이용해 지구에 평화를 가져오려 한다. 무슨 문제가 생길 수 있을까? 외계인 침공. 사이렌, 충돌, 은빛 우주선. 후드산의 분화. 오르는 인종 분쟁—"피부색의 문제"(201쪽)—을 끝장내겠다는 꿈을 꾼다. 이제 모두가 회색이다.

장자가 말한다. "꿈속에서 잔치를 한 사람이 새벽에 깨어나 구슬피 울기도 한다네."(196쪽)

이 난장판에서 벗어나는 길은—의도에 바탕을 둔 것이든 통제에 바탕을 둔 것이든—전혀 없는 것처럼 보이지만 뜻밖의 곳에서 지혜가 찾아온다. 그것은 외계인이다. 그들은 초록빛의 커다란 바다거북처럼 생겼다. 그들은 조르 조르에게서 동지애를 느낀다. 그가 꿈으로 그들을 존재하게 했을 테니 그럴 만도 하다. 그들은 수수께끼로 말한다.

> 우리 역시 가지각색으로 동요했었습니다. 개념들이 안개 속을 가로질러요. 지각은 어렵습니다. 화산들이 불을 뿜습니다. 도움이 제공되는데, 거부할 수도 있어요. 뱀에 물린 상처 치료용 혈청이 모두에게 처방되지는 않지요. 잘못된 방향들로 이끄는 지시들을 따르기 전, 즉각 뒤따르는 방식으로 원군이 소환될 수 있습니다.(219쪽)

그들은 모호한 도가의 분위기를 풍긴다. "자아는 우주예요. 안개 속을 가로질러 방해한 것을 용서해주십시오."(220쪽)

현실은 비현실과 다툰다. 조지는 자신이 멀쩡한지 의심스럽다. 자신에게 자유의지가 있는지도 의심스럽다. 그는 깊은 바다와 교차하는 해류의 꿈을 꾼다. 그는 꿈꾸는 사람일까, 꿈일까?

"그가 깨어나 내려온다. 꿈의 다른 집에서Il descend, réveillé, l'autre côté du rêve."(233쪽) (르 귄은 여기서 빅토르 위고를 인용한다.)

외계인이 말한다. "시간이 있어요. 보답이 있지요. 가는 것은 돌아오는 것이니까요."(281쪽)

E. 네스빗의 똑똑한 아이 하나가 시간의 새로운 미스터리로 빠져들면서 이렇게 말했다. "시간이 생각의 무언가에 불과하다는 것 무척 혼란스러워. 모든 것이 한꺼번에 일어난다면 말이지—"

> 앤시어가 단호히 말했다. "그럴 수 없어! 현재는 현재고 과거는 과거라고."
>
> 시릴이 말했다. "늘 그런 건 아냐. 우리가 과거에 있을 땐 현재가 미래였어. 그때 지금!" 그가 의기양양하게 덧붙였다.
>
> 앤시어는 반박할 수 없었다.

우리도 이렇게 물어야 하지 않을까? 우리가 가진 세계가 유일하게 가능한 세계일까? 모든 것이 다르게 펼쳐질 순 없었을까? 히틀러를 죽이고 무슨 일이 벌어지는지 볼 수 있을 뿐 아니라 몇 번이고 과거로 돌아가 상황을 개선하고 시간선을 조정할 수 있다면 어떻게 될까? 위대한 시간여행 영화 <사랑의 블랙홀>에서 기상 통보관 필(빌 머리 분扮)이 매번 같은 하루를 겪다가 결국 문제를 해결하듯 말이다.

이 세계가 모든 가능세계 중에서 최선일까? 당신에게 타임머신이 있다면 히틀러를 죽이겠는가?

역설
The Paradoxes

이것은 역설처럼 보인다.
하지만 역설을 나쁘게 생각해서는 안 된다.
역설은 생각의 열정이며 역설 없이 생각하는 사람은
열정 없이 사랑하는 시시한 자이기 때문이다.
— 쇠렌 키르케고르(1844)

명제. 시간여행은 불가능하다. 당신이 과거로 돌아가 할아버지를 죽일 수 있어도, 그러면 살인자인 당신은 결코 태어날 수 없기 때문이다. 그 밖에도 여러 이유가 있다.

이곳은 전에도 왔던 곳이다. 우리는 논리의 영역에 서 있다. 명심하라. 이곳은 현실의 영역과 구별되는 나라다. 이곳 주민들은 나름의 방언을 구사하는데, 자연언어와 비슷하고 꽤 알아들을 만하지만 도처에 함정이 있다. '논리적으로 가능'한 것이 '실증적으로 불가능'할 수 있다. 논리학자들이 타임머신 제작을 허락하더라도 우리는 여전히 타임머신을 만들지 못할 수 있다.

실제든 가상이든 어떠한 현상에서 촉발된 철학적 분석이 시간여행보다 더 당혹스럽고 복잡하고 궁극적으로 무익한 적이 과연 있었을까 싶다. (결정론과 자유의지 같은 경쟁자가 있긴 하지만 이것들은 어차피 시간여행 논쟁에 결부되어 있다.) 이 논쟁은 H. G. 웰스가 살아 있을 때에도 치열하게 전개되어 그를 즐겁게 했다. 존 호스퍼스John Hospers는 고전적 교과서 『철학적 분석은 어떻게 하는가?』(서광사, 2016)에서 이 문제와 씨름한다. "이를테면 기원전 3000년으로 돌아가서 이집트인이 피라미드 만드는 것을 돕는 것이 논리적으로 가능할까? 우리는 이 문제에 대해 매우 신중을 기해야 한다."(『철학적 분석은 어떻게 하는가?』 241쪽. 재번역) 그 가능성은 쉽게 말할 수 있으며—우리는 시간에 대해 말할 때 종종 공간에 대해 말할 때와 똑같은 단어를 쓴다—쉽게 상상할 수 있다. "사실 H. G. 웰스는 『타임머신』에서 이것을 상상했으며 모든 독자도 그와 함께 상상한다." (『타임머신』에 대한 호스퍼스의 기억에는 착오가 있다. "1900년의 사람이 기계의 레버를 당겨 순식간에 수 세기 전의 세계로 돌아간다.") 실은 호스퍼스는 약간 괴짜 기질이 있었으며, 철학자로서는 드물게 미국 대통령 선거에서 선거인단 표를 한 표 얻어 이목을 끌었다.● 그의 교과서는 1953년에 처음 출간되었으며 40년간 네 판을 거치며 표준으로 군림했다.

이 수사적 질문에 대한 그의 대답은 단연 '아니다'다. 웰스 버전의 시간여행은 그냥 불가능한 게 아니라 **논리적으로** 불가능하다. 이율배반적 모순이다. 네 쪽을 빽빽하게 메운 논증에서 호스퍼스는 이성의 힘으로 이를 입증한다.

"어떻게 우리가 서기 20세기와 기원전 30세기에 **동시에** 있을 수 있겠는가? 여기에 이미 한 가지 모순이 있다. 시간상의 한 세기와 또 다른 세기에 동시에 존재하는 것은 논리적으로 가능하지 **않다**." 너무 흔해서 기만적인 표현인 '동시에'에 함정이 도사리고 있지 않은지 의심이 들지 않는가(호스퍼스는 그러지 않았지만)? 현재와 과거는 다른 시간이며, 따라서 같은 시간이 아니고 '동시에'도 아니다. 증명 종료.

너무 쉬워서 수상할 정도다. 하지만 시간여행 판타지의 요점은 운 좋은 시간여행자에게 나름의 시계가 있다는 것이다. 그들이 우주 전체에서 기록되고 있는 바의 다른 시간으로 거슬러 올라가더라도 그들의 시계는 여전히 앞으로 갈 수 있다. 호스퍼스는 이 사실을 알면서도 거부한다. 그는 이렇게 묻는다. "우주에서 뒤로 걸을 수는 있지만, '시간에서 뒤로 간다'라는 것이 말 그대로 무슨 뜻일까?"

● 1972년에 버지니아의 한 선거인이 다득표자인 리처드 닉슨Richard Nixon과 스피로 애그뉴Spiro Agnew에게 투표하기를 거부하고 자유지상주의 계열의 존 호스퍼스에게 표를 던졌다.

당신이 계속해서 살아간다면 날마다 하루씩 늙는 것 말고 무엇을 할 수 있을까? "날마다 젊어진다"라는 것은 이율배반적 모순이다. 물론 "당신은 날마다 젊어지는군요"라는 말처럼 날마다 젊어지는 것처럼 **보여도** 여전히 날마다 **늙어가고** 있음을 전제하는 경우와 같이 비유적 의미가 아니라면 말이다.

(호스퍼스는 전혀 모르는 것 같지만, F. 스콧 피츠제럴드F. Scott Fitzgerald의 단편 소설에서 벤저민 버튼이 바로 그런 일을 겪는다. 70세 노인으로 태어난 벤저민은 날마다 젊어지다 마침내 아기가 되어 사라진다. 피츠제럴드는 논리적 불가능성을 받아들였다. 이 소설은 많은 아류를 낳았다.)

호스퍼스에게 시간은 단순한 개념이다. 어느 날 20세기에 있다가 이튿날 타임머신을 타고 고대 이집트로 간다는 상상을 그는 이렇게 반박한다. "여기에도 모순이 있지 않을까? 1969년 1월 1일의 이튿날은 1969년 1월 2일이기 때문이다. 화요일 다음은 수요일이다(이것은 분석 명제다. '수요일'의 정의가 '화요일 다음 날'이기 때문이다)." 그리고 그에게는 마지막 논변, 즉 시간여행자의 논리 관에 박을 마지막 못이 있다. 피라미드는 당신이 태어나기 전에 건설되었다. 당신은 돕지 않았다. 심지어 보지도 않았다. 호스퍼스는 "이것은 바꿀 수 없는 사실이다"라고 말하고는 이렇게 덧붙인다. "과거는 바꿀 수 없다. 이것이 요점이다. 과거는 일어난 것이며 일어난 것을 일어나지 않은 것으로 만들 수는 없다." 우리는 지금 분석철학 교과서를 읽고 있지만, 저자가 고함지르는 소리가 귀에 쟁쟁하다.

왕의 말과 부하를 모두 데려와도 일어난 일을 일어나지 않은 일로 만들 수는 없다. 논리적으로 불가능하기 때문이다. (말 그대로) 기원전 3000년으로 돌아가 피라미드 건설을 돕는 것이 논리적으로 가능하다고 말하는 사람은 이 물음에 답해야 한다. 당신은 피라미드 건설을 도왔는가, 돕지 않았는가? 피라미드 건설이 처음 이뤄졌을 때 당신은 돕지 **않았**다. 당신은 그곳에 있지 않았고 아직 태어나지도 않았으며 피라미드는 당신이 등장하기 전에 완성되었다.

인정하라. 당신은 피라미드 건설을 돕지 않았다. 이것은 사실이다. 하지만 논리적 사실일까? 모든 논리학자가 이런 삼단 논법을 자명한 것으로 여기지는 않는다. 논리로 입증하거나 반증할 수 없는 것도 있다. 호스퍼스가 구사하는 언어는 그의 생각보다 까탈스럽다. '시간'이라는 단어부터 문제다. 마지막에 가서 그는 자신이 입증하려는 것을 대놓고 가정한다. 그는 이렇게 결론짓는다. "가정되는 상황 전체가 모순으로 가득하다. 우리가 그것을 상상할 수 있다고 말할 때 우리는 말을 내뱉고 있을 뿐이지만, 사실 거기에는 말로 서술하기에 논리적으로 가능한 것조차 하나도 없다."

쿠르트 괴델Kurt Gödel은 생각이 달랐다. 그는 20세기의 저명한 논리학자였으며, 그의 발견 이후로는 논리학을 예전처럼 생각하는 것이 불가능해졌다. 그는 역설을 에두르는 법을 알았다.

호스퍼스의 논리적 단언은 이런 식으로 들린다. "1월 1일에서 같은 해의 1월 2일 이외의 **어떤 다른 날**로 가는 것은 논리적으로 불가능하다." 하지만 다른 각본을 가지고 있던 괴델에게는 그보다는 이렇게 들렸다.

x_0 선상에서 직교하는 세 공간의 매개변수계가 하나도 존재할 수 없음은 네 공간 내의 벡터장 v가 그 장의 벡터에 직교하는 모든 곳에 세 공간 계가 존재하기 위해 충족해야 하는 필요충분조건에서 즉시 도출된다.

괴델이 말한 것은 아인슈타인 시공 연속체의 세계선이었다. 이때가 1949년이었다. 괴델은 18년 전 빈에서 25세의 나이로 자신의 최고 걸작을 발표했다. 그것은 논리학이나 수학이 자연 산술을 기술할 만큼 강력하면서도 참이나 거짓임이 입증될 수 있는 완전하고 일관된 공리계를 구성할 수 있으리라는 희망을 일거에 모조리 무너뜨린 수학 증명이었다. 괴델의 불완전성 정리는 역설을 바탕으로 구축되었으며 더 큰 역설을 남긴다.● 우리는 완전한 확실성이 언제나 우리를 비켜 간다는 것을 안다. 확실히 안다.

이제 괴델은 시간—"신비하고 자기모순적이면서도 다른 한편으로는 세계와 우리 존재의 바탕을 이루는 것"—에 대해 생각했다. 독일이 오스트리아를 병합하자 시베리아 횡단 철도로 빈을 탈출한 괴델은 프린스턴 고등연구소에 자리를 잡고는 30대 초에 시작된 아인슈타인과의 우정을 더욱 다졌다. 두 사람이 동료들의 시샘 어린 눈길을 받으며 풀드 홀에서 올든 팜까지 함께 걷는 광경은 전설이 되었다. 만년에 아인슈타인은 누군가에게 이렇게 말했다. 자신이 지금도 고등연구소에

● 요한 폰 노이만John von Neumann은 괴델의 증명이 "기념비를 뛰어넘는"다고 말한다. "이것은 머나먼 공간과 시간에서도 볼 수 있는 이정표다. 괴델의 업적으로 인해 논리학의 주제는 그 성격과 가능성이 완전히 달라졌다."

가는 이유는 괴델과 함께 집에 돌아오는 특권을 누리기 위해서um das Privileg zu haben, mit Gödel zu Fuss nach Hause gehen zu dürfen라고. 1949년 아인슈타인의 70세 생일에 한 친구가 그를 위해 놀라운 계산을 했다. 일반상대성이론의 장 방정식에 따르면 시간이 순환하는 '우주'—더 정확히 말하자면 어떤 세계선이 스스로에게 연결되는 우주—의 가능성이 허용된다는 것이다. 이것을 '닫힌 시간성 선closed timelike line', 또는 오늘날의 물리학 용서로 **시간성 폐곡선**closed timelike curve(CTC)이라 한다. CTC는 진입로나 진출로가 없는 원형 고속도로다. 시간성 폐곡선은 스스로에게 연결되기 때문에 원인과 결과의 일반적 관념을 거스른다. 사건은 그 자체의 원인이다. (우주 자체—우주 전체—가 순환할 수도 있지만 천문학자들은 이에 대한 증거를 전혀 발견하지 못했다. 괴델의 계산에 따르면 CTC는 엄청나게 커야 하지만—수십억 광년—이런 세부 사항은 좀처럼 언급되지 않는다.)●

중요성이나 실현 가능성에 비해 과도한 관심이 CTC에 쏠리는 이유를 스티븐 호킹은 안다. "이 분야 과학자들은 '시간성 폐곡선' 같은 전문 용어를 이용해 진짜 관심사를 위장해야 한다. 저 용어는 시간여행을 일컫는 암호다." 하긴 시간여행은 섹시한 주제 아닌가. 병적으로 수줍고 편집증적인 오스트리아 논리학자에게도 마찬가지였다. 괴델은 난무하는 계산식 속에 평범한 단어를 몇 개 숨겨두었다.

● 또한 괴델의 우주는 팽창하지 않는 데 반해 대부분의 우주학자는 우리 우주가 팽창한다고 확신한다.

● 괴델의 전기 작가 리베카 골드스타인Rebecca Goldstein은 이렇게 말했다. "물리학자이자 상식인으로서 아인슈타인은 자신의 장 방정식이 '순환하는 시간' 같은 이상한 나라의 앨리스식 가능성을 배제하길 바랐다."

> 특히 P와 Q가 물질의 세계선 위에 있는 두 점이고 이 선에서 P가 Q에 선행한다면 P와 Q를 연결하며 Q가 P에 선행하는 시간성 선이 존재한다. 즉, 이 세계에서는 과거로 여행하는, 또는 과거를 경험하는 것이 이론적으로 가능하다.

그나저나 물리학자와 수학자가 대체우주에 대해 말하는 것이 이미 얼마나 쉬워졌는지 보라. 괴델은 "이 세계에서는…"이라고 쓴다. 《현대물리학 리뷰》에 발표된 그의 논문 제목은 「아인슈타인 중력장 방정식의 해Solutions of Einstein's Field Equations of Gravitation」였는데, '해'는 다름 아닌 가능 우주다. "물질의 비소실 밀도를 가진 모든 우주적 해"라는 말은 '비어 있지 않은 모든 가능 우주'라는 뜻이다. "나는 본 논문에서 해를 제안한다" = 여기 당신을 위한 가능 우주가 있다. 하지만 이 가능 우주가 실제로 존재할까? 우리가 살고 있는 우주일까?

괴델은 그렇게 생각하는 것을 즐겼다. 당시 고등연구소의 젊은 물리학자이던 프리먼 다이슨Freeman Dyson은 훗날 그에게 괴델이 종종 이렇게 물었다고 말했다. "제 이론이 아직도 입증 안 됐나요?" 오늘날 물리학자 중에는 어떤 우주가 물리 법칙에 모순되지 않는다고 입증된다면 그것은 진짜라고 말하는 사람이 있다. 선험적으로. 시간여행은 가능하다.

이것은 기준을 꽤 낮게 잡는 것이다. 아인슈타인은 좀 더 신중했다. "중력 방정식의 우주적 해를 괴델 씨가 발견했다"라고 인정하면서도 온화하게 한마디 덧붙였다. "이것이 물리학적 근거에서 배제되지 않을 것인지 따져보는 일은 흥미로울 것이다." 달리 말하자면 수학을 좇다 도를 넘지 말라는 뜻이다.• 아인슈타인이 주의를 주었음에도 시간여행 애호가 사이에서—그중에는 논리학자, 철학자, 물리학자도 있다—괴델의 시간성 폐곡선의 인기는 전혀 시들지 않았다. 시간여행 애호가들은 조금도 지체하지 않고 괴델의 가설적 로켓 우주선을 띄워 올렸다.

래리 드와이어Larry Dwyer는 1973년에 이렇게 썼다. "괴델식 시공간 여행자가 자신의 과거를 방문해 젊은 시절의 자신과 이야기를 나누기로 마음먹는다고 가정해보라." 이를 구체적으로 표현하면 아래와 같다.

> t_1에 T가 어린 자신에게 이야기한다
>
> t_2에 T가 로켓에 탑승해 과거로의 여행을 시작한다
>
> $t_1 = 1950$, $t_2 = 1974$라고 가정한다.

가장 독창적인 출발은 아니지만, 철학자 드와이어가 논문을 기고한 《철학적 탐구: 분석 전통의 철학을 위한 국제 학술지Philosophical Studies: An International Journal for Philosophy in the Analytic Tradition》는 《어스타운딩 스토리스》와 하늘과 땅 차이이다. 드와이어는 자신의 숙제를 한 것이다.

> 과학소설에는 복잡한 기계 장치를 운전해 과거로 이동한 사람을 플롯의 중심으로 삼은 이야기가 풍부하다.

그는 소설뿐 아니라 호스퍼스의 시간여행 불가능론을 필두로 한 철학 문헌도 탐독했다. 그는 호스퍼스가 단순히 헷갈렸을 뿐이라고 생각한다. 라이헨바흐(『시간의 방향The Direction of Time』을 쓴 한스 라이헨바흐Hans Reichenbach일 것이다)도 헷갈렸고 차페크(「상대성이론 속의 시간:

과정 철학을 위한 논변Time in Relativity Theory: Arguments for a Philosophy of Becoming」을 쓴 밀리치 차페크Milič Čapek)도 헷갈렸다. 라이헨바흐는 '자신과의 조우'의 가능성에 찬성했다. 이에 따르면 '젊은 자아'가 '늙은 자아'를 만나는데, 후자에게는 "같은 사건이 두 번째로 일어난"다. 이것이 역설적으로 보일지는 모르지만 비논리적이지는 않다. 드와이어의 생각은 다르다. "이런 식의 담론이 문헌에서 숱한 혼동을 빚었다." 차페크는 **불가능한** 괴델식 세계선으로 도표를 그린다. 스윈번, 휘트로, 스타인, 고로비츠("물론 고로비츠의 문제는 오로지 그 자신의 산물이다")도 마찬가지다. 괴델 자신도 자신의 이론을 오해했다.

드와이어에 따르면 그들은 모두 똑같은 오류를 저지르고 있다. 그들은 시간여행자가 과거를 바꿀 수 있다고 상상한다. 하지만 그런 일은 일어날 수 없다. 드와이어는 시간여행으로 생기는 다른 난점—역행인과backward causation(결과가 원인에 선행하는 것)와 존재증식entity multiplication(시간여행자와 타임머신이 제2의 자신과 마주치는 것)—은 받아들인다. 하지만 이것만은 안 된다. 그가 말한다. "시간여행에 다른 무엇이 수반되더라도 과거를 바꾸는 것은 이에 결부되지 않는다." 늙은 *T*가 괴델식 시공간 루프를 이용해 1974년에서 1950년으로 거슬러 올라가 젊은 *T*를 만난다고 가정해보라.

> 물론 이 만남은 시간여행자의 머릿속 역사에 두 번 기록된다. 젊은 *T*가 *T*를 만났을 때의 반응은 두려움, 의심, 기쁨 등일지도 모르는 반면에 *T*는 젊을 때 자신의 늙은 자아라고 주장하는 사람을 만났을 때의 감정을 기억할 수도 있고 기억하지 못할 수도 있다. 그렇다면 *T*가 자신의 기억에 따르면 자신에게 일어나

지 않는다고 알고 있는 일을 젊은 *T*에게 한다고 말하는 것은 당연히 자기모순이다.

당연하다.

왜 *T*는 과거로 돌아가 할아버지를 죽일 수 없을까? 그것은 그러지 않았기 때문이다. 간단한 문제다.

물론 결코 그렇게 간단하지 않다는 것만 빼면.

1939년에 밥 윌슨들을 대량으로 만든—그들은 시간여행의 신비를 스스로에게 설명하기 전에 주먹부터 주고받는다—로버트 하인라인은 20년 뒤에 쓴 (모든 선행 작품을 능가하는) 소설에서 이 역설적 가능성을 다시 탐구했다. 소설 제목은 「너희 모든 좀비들은…」으로, 섹스 장면이 역겹다며 《플레이보이》 편집자에게 반려된 뒤에—1959년이었으니까—《판타지 앤드 사이언스 픽션Fantasy and Science Fiction》에 발표되었다.● 소설에는 트랜스젠더가 플롯 요소로 등장하는데, 당시로서는 다소 시대를 앞섰으나 쿼드러플 악셀급의 시간여행을 달성하려면 꼭 필요했다. 주인공은 자신의 어머니이자 아버지이자 아들이자 딸이다. 한편 저 제목은 "나 자신이 어디에서 왔는지는 알고 있다. 그러나 너희 모든 좀비들은 어디서 온 것일까?"(『하인라인 판타지』(시공사, 2017) 709~710쪽)라는 문장에 쓰여 대미를 장식한다.

● 하인라인의 소설은 2014년작 영화 〈타임패러독스〉의 원작이다. 영화에서는 이선 호크Ethan Hawke와 세라 스누크Sarah Snook가 시간여행자를 연기한다.

누가 이를 능가할 수 있겠는가? 물론 순전히 수적인 면에서. 1973년에 데이비드 게럴드David Gerrold—그는 단명한 (그리고 훗날 장수한) <스타 트렉>의 젊은 텔레비전 작가였다—가 『자신을 접은 사나이The Man Who Folded Himself』라는 소설을 발표했는데, 대니얼이라는 대학생이 신비한 인물 '엉클 짐'에게서 타임벨트와 함께 온갖 지시를 받는다는 내용이다. 엉클 짐은 대니얼에게 일기를 쓰라고 강권한다. 삶이 금세 복잡해질 테니 꼼꼼하게 쓰라고 말한다. 등장인물이 돈, 다이앤, 대니, 도나, 울트라-돈, 앤트 제인에 이르기까지 아코디언처럼 펼쳐지는 것을 따라가느라 우리도 애를 먹는다. 노파심에서 말해두자면 이 모든 등장인물은 꼬리에 꼬리를 무는 시간 롤러코스터를 타고 있는 한 사람이다.

이 주제는 다양하게 변주된다. 역설들은 시간여행자만큼 빠르게 증식하지만, 자세히 들여다보면 모두 똑같다. 역설은 하나밖에 없다. 경우에 맞는 복장을 하고 있을 뿐. 이 역설은 이따금 **제 몸 들어올리기 역설**이라고 불리기도 하는데, 밥 윌슨이 제 몸을 끌어당겨 미래로 가도록 한 하인라인의 아이디어를 기리기 위한 것이다. 존재론적 역설—"누가 네 아빠니?"로 알려진 존재와 변화의 난제—이라고 불리기도 한다. 이것은 사람과 물체(회중시계, 수첩)가 기원이나 원인 없이 존재하는 역설이다. 「너희 모든 좀비들은…」의 제인은 자신의 어머니이자 아버지인데, 이 때문에 그녀의 유전자가 어디서 왔는가 하는 문제가 발생한다. 이런 경우도 있다. 1935년에 미국인 주식 중개인이 캄보디아 밀림("신비의 땅")에서 야자나무 잎에 숨겨진 웰스풍 타임머신("윤기 나는 상아와 반짝거리는 황동")을 발견한다. 그는 레버를 당겨 1925년으로 가는데, 그

곳에서는 타임머신이 윤기 나도록 닦여 야자나무 잎에 감춰져 있다.●
이것이 타임머신의 일생이다. 10년짜리 시간성 폐곡선인 셈이다. 주식
중개인이 노란 승복을 입은 승려에게 묻는다. "하지만 **원래**는 어디서 왔
습니까?" 현인은 바보를 대하듯 설명한다. "'원래'는 결코 없었지요."●

가장 똑똑한 루프 중에는 순수한 정보로 이루어진 것도 있다. "부뉴
엘 선생님! 영화 아이디어 드릴 게 있는데…." 타임머신 만드는 법에 대
한 책이 미래에서 도착한다. **예정설의 역설**도 참고하라. 이것은 일어나
기로 되어 있는 일을 바꾸려고 드는 행위가 그 일이 일어나는 데 일조
한다는 개념이다. <터미네이터>(1984)에서는 사이보그 암살자(특이한 오
스트리아 억양을 가진 37세의 보디빌더 아널드 슈워제네거가 연기한다)가 시간
을 거슬러 올라가는데 그의 목표는 미래의 저항 운동을 이끌 운명인 남
자가 태어나기 전에 그를 낳을 여인을 죽이는 것이다. 그런데 사이보그
가 임무에 실패하고 남은 잔해에서 훗날 그 자신이 창조된다.

물론 어떤 면에서 예정설의 역설은 시간여행보다 수천 년 먼저 등
장했다. 라이오스는 자신이 살해당하리라는 예언을 면하고자 아기 오
이디푸스를 (죽게 할 작정으로) 황무지에 버린다. 하지만 그의 계획은 비
극적 역효과를 낸다. 자기 충족적 예언이라는 개념은 고대부터 있었지
만, 이 용어는 사회학자 로버트 머턴Robert Merton이 "상황을 **틀리게** 규

● 웰스는 이 공들인 묘사를 높이 평가했을 것이다. "이 장치의 전반적인 인상은 비현실성이었다. 여러 막대기가 직각을 이루고 있었으나 정확히 90도로는 보이지 않았다. 시점은 분명히 어긋나 있었다. 어느 쪽에서 보든 먼 쪽이 더 크게 보였다."

● 랠프 밀른 팔리, 「자신을 만난 남자The Man Who Met Himself」(1935). 물론 남자는 10년의 순환에 갇혀 있다. 그는 시간을 이용해 주식 시장에서 돈을 번다.

정해 새로운 행동을 일으킴으로써 본디 틀린 관념이 현실화되도록 하"는, 너무도 현실적인 현상을 일컫기 위해 1948년에 만든 신조어다. (이를테면 휘발유가 부족해질 거라고 경고하면 사재기가 일어나 휘발유가 부족해진다.) 사람들은 자신이 운명을 피할 수 있을지 늘 궁금해했다. 하지만 시간여행의 시대인 이제야 우리는 과거를 바꿀 수 있느냐고 묻는다.

모든 역설은 타임루프다. 이에 따르면 우리는 인과를 고민할 수밖에 없다. **결과**가 **원인**에 선행할 수 있을까? 물론 그렇지 않다. 명백하다. 정의가 그렇다. 데이비드 흄은 줄기차게 말했다. "원인이란 다른 대상을 뒤에 따라 나오게 하는 하나의 대상이다."(『인간의 이해력에 관한 탐구』(지식을만드는지식, 2010) 117쪽) 아이가 홍역 예방 접종을 받고서 발작을 일으킨다면 접종은 발작의 원인일 수도 있고 아닐 수도 있다. 모두가 분명히 아는 한 가지는 발작이 접종의 원인은 아니라는 것이다.

하지만 우리는 원인을 이해하는 일에 썩 재능이 없다. 기록에 따르면 추론의 힘으로 원인과 결과를 분석하려 한 최초의 인물은 아리스토텔레스로, 그가 만든 복잡한 계층은 그 뒤로 혼란의 원인이 되었다. 그는 네 가지 원인을 구분했는데, (수천 년 전 개념이라서 정확히 번역하기가 불가능하다는 것을 감안해) 질료인, 형상인, 작용인, 목적인으로 이름 붙일 수 있다. 이 중에는 원인으로 보기 힘든 것도 있다. 대리석 조각품의 작용인은 조각가이지만 질료인은 대리석이다. 조각품이 존재하려면 둘 다 필요하다. 목적인은 작품을 만든 목적—말하자면 아름다움—이다. 시간순으로 보건대 뒤의 원인들은 뒤에 오는 듯하다. 폭발의 원인은 무엇일까? 다이너마이트? 불꽃? 은행털이? 금고 털기? 이런 논리는 현대인에게 궤변으로 보이기 쉽다. (반면에 일부 전문가는 아리스토텔레스의 어휘가 너무 초보적이라고 생각한다. 그들은 내재성, 초월성, 개별성, 매개논항, 혼합 원인, 확률적 원인, 인과 사슬을 언급하지 않고는 인과관계를 논하려 들지 않는다.) 어느 쪽이든, (자세히 들여다본다면) 모호하지 않고 이론의 여지가 없는 하나의 원인을 가진 것은 아무것도 없음을 명심하라.

바위의 원인이 바로 전 순간의 똑같은 바위라는 진술을 받아들일 수 있겠는가?

흄은 "사태에 대한 모든 추론은 **원인과 결과의 관계**에 기초하고 있는 것 같다"(49~50쪽)라고 말했지만, 추론이 결코 쉽거나 확실하지 않음을 깨달았다. 태양은 바위가 데워지는 원인일까? 모욕은 분노의 원인일까? 분명히 말할 수 있는 것은 하나뿐이다. "원인이란 다른 대상을 뒤에 따라 나오게 하는 하나의 대상이다." 원인에서 결과가 **필연적으로** 따르지 않는다면 이것을 원인이라고 부를 수 있을까? 이 논쟁은 철학의 복도를 메아리쳐 내려왔으며 지금도 메아리치고 있으나, 버트런드 러셀Bertrand Russell은 1913년에 근대과학에 기대어 이 문제를 최종적으로 해결하려 했다. "신기하게도 천체역학 같은 고등 과학에서는 '원인'이라는 단어가 한 번도 등장하지 않는다." 이젠 철학자들이 사고방식을 바꿀 때다. "물리학이 원인을 찾기를 그만둔 이유는 그런 것이 실은 없기 때문이다. 내가 믿기로 철학자들에게서 통용되는 수많은 개념과 마찬가지로 인과법칙은 지나간 시절의 유물이며, 군주제와 마찬가지로 해악을 끼치지 않는다는 오해 덕분에 살아남았다."

러셀이 염두에 둔 것은 한 세기 전에 라플라스가 묘사한 초뉴턴적 과학관이다. 그에 따르면 존재하는 모든 것은 물리법칙의 기계 장치 안에 고정되어 있다. 라플라스는 과거가 미래의 '원인'이라고 말했지만,

기계 전체가 정해진 순서대로 작동한다면 어떤 기어나 레버가 다른 부품보다 더 원인에 가까울 거라고 상상해야 할 이유가 무엇인가? 말이 마차 운동의 원인이라고 생각할 수는 있지만 그것은 편견에 불과하다. 좋든 싫든 말도 완전히 결정되어 있으니 말이다. 러셀은 물리학이 수학 언어로 쓴 법칙에서 시간은 내재적 방향을 전혀 가지지 않음을 알아차렸다. "법칙은 과거와 미래를 전혀 구별하지 않는다. 과거가 미래를 '결정'하는 것과 똑같은 의미에서 미래는 과거를 '결정'한다."

> 혹자는 말한다. "하지만 과거를 바꿀 수는 없어도 미래는 어느 정도 바꿀 수 있지 않느냐"라고. 이 견해는 인과에 대한 착오에서 비롯한 것으로 보인다. 이 착오를 없애는 것이야말로 나의 목표다. 과거를 다르게 바꿀 수 없는 것은 사실이다. 과거가 어땠는지를 이미 안다면 과거가 달라지기를 바라는 것은 분명 쓸데없는 일이다. 하지만 미래를 다르게 바꿀 수 없는 것 또한 마찬가지다. 미래를 알게 된다면—이를테면 일식의 예측에서처럼—미래가 달라지기를 바라는 것은 과거가 달라지기를 바라는 것만큼 쓸데없는 일이다.

하지만 러셀의 주장에도 불구하고 인과에 대한 과학자들의 태도는 일반인과 다를 바 없다. 특정 담배가 특정 암의 원인인가와는 별개로 흡연은 암의 원인이다. 석유와 석탄의 연소는 기후 변화의 원인이다. 유전자 하나의 돌연변이는 페닐케톤뇨증의 원인이다. 다 타버린 별의 붕괴는 초신성의 원인이다. 흄이 옳았다. "사태에 대한 모든 추론은 원인과 결과의 관계에 기초하고 있는 것 같다." 때로는 이것이 우리가 하는 말의 전부다. 인과의 선은 어디에나 있다. 어떤 것은 짧고 어떤 것은 길고, 어떤 것은 질기고 어떤 것은 약하고 보이지 않고 풀 수 없이 뒤엉켜 있다. 이 모든 선은 한 방향으로 뻗는다. 과거에서 미래로.

이렇게 말해보자. 1811년 어느 날 보헤미아 북서부 테플리체라는 도시에서 루트비히라는 남자가 오선지에 음표를 그린다. 2011년 어느 저녁, 레이철이라는 여인이 보스턴 심포니 홀에서 호른을 불어 측정 가능한 결과를 일으킨다(공연장의 공기가 초당 444회의 주 파장으로 진동한다). 종이 위의 음표가 200년 뒤 공기 진동의 (적어도 부분적인) 원인임을 누가 부인할 수 있겠는가? 물리법칙을 이용해 보헤미아의 분자가 보스턴의 분자에 미치는 영향의 경로를 계산하는 것은 라플라스의 신비주의적인 "자연이 움직이는 모든 힘과 자연을 이루는 존재들의 각 상황을 한순간에 파악할 수 있는 지적인 존재"를 가정하더라도 만만한 일이 아니다. 하지만 인과 사슬이 끊임없이 이어지고 있음은 알 수 있다. 물질의 사슬이 아니라면 정보의 사슬이라도.

러셀이 인과 관념을 지나간 시대의 유물로 선언했다고 해서 논의가 종결되지는 않았다. 철학자와 물리학자는 원인과 결과를 놓고 여전히 씨름할 뿐 아니라 여기에 새로운 가능성을 덧붙인다. 요즘은 역행인과retrocausation, backward causation, retro-chronal causation가 화제다. 영국의 저명한 논리학자이자 철학자(이자 과학소설 독자)인 마이클 더밋Michael Dummett은 1954년 논문「결과가 원인에 선행할 수 있을까?Can an Effect Precede Its Cause」로 이 분야를 출범시켰으며 10년 뒤에는 망설임에서 벗어나「과거를 생기게 하다Bringing About the Past」를 발표했다. 그가 제기한 질문 중에는 이런 것이 있다. 어떤 사람이 라디오에서 아들의 배가 대서양에서 침몰했다는 소식을 듣는다고 가정해보라. 그는 아들이 생존자 명단에 있게 해달라고 신에게 기도한다. 그는 신에게 이미 일어난 일을 취소해달라고 요구하는 불경죄를 저질렀을까? 아니면 이 기도는 아들의 무사 귀환을 미리 기원하는 것과 똑같은 역할을 할까?

모든 선례와 전통에 맞서 결과가 원인에 선행할 수 있는 가능성을 현대 철학자들이 고려하도록 자극하는 것은 무엇일까? '스탠퍼드 철학 백과Stanford Encyclopedia of Philosophy'에서 내놓은 답은 '시간여행'이다. 사실 시간여행의 역설은—탄생과 살해까지—역행인과에서 비롯한다. 결과가 원인을 취소하는 것.

> 인과적 순서가 시간적 순서임을 반박하는 최초의 주된 논변은 '시간여행' 같은 경우에 시간적으로 역행하는 인과가 가능하다는 것이다. 시간여행자가 시각 t_1에 타임머신을 타서 앞선 시각 t_0에 내리는 것이 형이상학적으로 가능한 듯하다. 사실 이것은 법칙론적으로 가능해 보인다. 아인슈타인의 장 방정식에 대해 순환 경로를 허용하는 해가 있음을 괴델이 입증했기 때문이다.

그렇다고 해서 시간여행으로 문제가 해결된다는 말은 아니다. 철학 백과에서는 이렇게 단서를 단다. "이에 대해 이미 정해진 것을 바꾼다는 비논리성(과거의 원인이 되는것), 자신의 조상을 죽일 수도 있는 동시에 죽일 수 없다는 비논리성, 인과적 순환을 발생시킨다는 비논리성 등 다양한 비논리성이 제기될 수 있다." 대담한 작가들은 기꺼이 비논리성을 감수한다. 필립 K. 딕은 『반시계 세계Counter-Clock World』에서 시계를 거꾸로 돌렸고 마틴 에이미스는 『시간의 화살Time's Arrow』에서 그렇게 했다.

우리는 정말로 원을 그리며 여행하는 듯하다.

뉴질랜드의 수학자이자 우주학자인 맷 비서Matt Visser는 《뉴클리어 피직스 BNuclear Physics B》("이론적·현상학적·실험적 고에너지물리학, 양자장 이론, 통계적 계"를 전문으로 하는 《뉴클리어 피직스》의 분기 경로)에 이렇게 썼다. "웜홀 물리학의 최근 르네상스는 매우 난감한 주장으로 이어졌다." 웜홀 물리학의 '르네상스'가 확립된 것은 분명하지만, (여기서 가정하는) 시공간을 통과하는 터널은 예나 지금이나 전적으로 가설적이다. 난감한 주장은 이것이었다. "통과 가능 웜홀이 존재한다면 그런 웜홀을 타임머신으로 탈바꿈시키는 것은 꽤 쉬워 보인다." 그냥 난감한 게 아니라 **지독하게** 난감한 주장이었다. "이 지독하게 난감한 상황에 처한 호킹은 **순서보호가설**chronology protection conjecture을 발표했다."

호킹은 물론 케임브리지대학교의 물리학자 스티븐 호킹이다. 그가 21세기에 세상에서 가장 유명한 과학자가 된 한 가지 이유는 몸이 사정없이 마비되는 운동신경 질병과 수십 년간 싸운 것이고, 또 한 가지 이유는 우주론의 가장 까다로운 문제를 근사하게 대중화한 것이다. 그가 시간여행에 매료된 것은 놀랄 일이 아니다.

「순서보호가설」은 그가 1991년에 《피지컬 리뷰 DPhysical Review D》에 기고한 논문의 제목이다. 그는 연구 동기를 이렇게 설명했다. "고등 문명이 시공간을 비틀어 시간성 폐곡선이 나타나게 함으로써 과거로의 여행을 가능하게 할지도 모른다는 주장이 제기되었다." 누가 제기했다는 말이지? 물론 과학소설 작가 군단이지. 하지만 호킹이 거론한 사람은 캘리포니아공과대학교의 킵 손Kip Thorne(휠러의 또 다른 제자)이다. 그는 대학원생들과 함께 '웜홀과 타임머신'을 연구하고 있었다.

언젠가부터 '충분히 고등한 문명'이라는 용어는 수사적 표현이 되었다. 이를테면, 우리 인류는 못 하더라도 충분히 고등한 문명은 할 수 있지 않을까? 이것은 SF 작가뿐 아니라 물리학자에게도 요긴하다. 그래서 손과 마이크 모리스Mike Morris, 울비 유르트세베르Ulvi Yurtsever는 1988년 《피지컬 리뷰 레터스》에 이렇게 썼다. "우리는 임의의 고등 문명이 성간 여행을 위한 웜홀을 제작하고 유지하는 것이 물리법칙에서 허용되는가 하는 물음에서 출발한다." 26년 뒤에 손이 2014년에 개봉한 대작 영화 <인터스텔라>의 제작 책임자 겸 과학 자문을 맡은 것은 우연이 아니다. 1988년 논문에서는 "고등 문명이 양자 거품에서 웜홀을 끄집어내는 것을 상상할 수 있"다면서 삽화에 "웜홀의 타임머신 전환에 대한 시공간 도표"라는 설명을 달았다. 그들은 움직이는 입이 달린 웜홀을 상상했다. 우주선이 한쪽 입으로 들어가 다른 입을 통해 **과거로** 나올 수도 있다는 것이다. 그들이 역설을 제시하며 결론을 맺은 것은 적절했다. 다만 이번에 죽는 사람은 할아버지가 아니다.

> 고등한 존재가 슈뢰딩거의 고양이가 사건 *P*에서 살아 있음을 확인한—이로써 "그 파동 함수"를 "살았음" 상태로 붕괴시킨—뒤에 웜홀을 통해 시간을 거슬러 올라가 그 고양이가 *P*에 도달하기 전에 죽일—그 파동 함수를 "죽었음" 상태로 붕괴시킬—수 있을까?

그들은 답을 내놓지 않았다.

여기에 호킹이 끼어들었다. 그는 역설("역사를 바꿀 수 있게 될 경우에 생기는 온갖 논리적 문제")과 더불어 웜홀 물리학을 분석했다. 그는 "자유의지 개념을 약간 변경하"여 역설을 피할 가능성을 고려했으나, 자유의지가 물리학자에게 행복한 주제인 경우는 드물며 호킹은 더 나은 접근법을 발견했다. 그는 여기에 '순서보호가설'이라는 이름을 제안했다. 엄청난 계산이 동원되었으며, 계산이 끝났을 때 호킹은 **물리법칙**이 상상 속 시간여행자로부터 역사를 보호할 것이라고 확신했다. 쿠르트 괴델의 증명에도 불구하고 물리법칙은 시간성 폐곡선의 출현을 금지해야 한다. 그는 SF 분위기를 풍기며 이렇게 썼다. "시간성 폐곡선의 출현을 막아 우주를 역사가에게 안전하도록 만드는 순서 보호 행위자가 있는 듯하다." 그는 (《피지컬 리뷰》에서 자신이 구사할 수 있는) 화려한 수사로 논문을 끝맺었다. 그는 단지 이론을 제시한 것이 아니었다. 그에게는 '증거'가 있었다.

> 우리가 미래에서 온 관광객 무리에게 침략당하지 않았다는 사실로 보건대 이 가설을 뒷받침하는 강력한 실험 증거가 있다.

호킹은 시간여행이 불가능하다는 사실을 알면서도 시간여행 논의가 재미있다는 사실 또한 알고 있는 물리학자다. 그는 우리 모두가 한 번에 1초씩 시간을 여행하고 있음을 지적한다. 그는 중력이 시간의 흐름을 국지적으로 늦춘다는 사실을 상기시키며 블랙홀을 타임머신으로 묘사한다. 시간여행자들을 위해 파티를 연 이야기도 곧잘 한다. 초대장을 보냈으나 결과는, "한참을 기다려도 아무도 오지 않았다".

사실 순서보호가설은 스티븐 호킹이 이름을 짓기 오래전부터 회자되었다. 이를테면 레이 브래드버리는 1952년에 시간여행 공룡 사냥꾼을 그린 소설에서 이렇게 말했다. "시간은 그런 식으로 사람이 자기 자신과 만나도록 허용하지 않습니다. 그런 경우에 시간은 그 자리를 잠시 비켜 갑니다. 비행기가 에어 포켓에 빠진 경우와 비슷하지요."(『시간여행 SF 걸작선』 179쪽) 여기서 시간이 행위 주체임에 유의하라. 시간은 **허용하지 않고 비켜 간다**. 더글러스 애덤스Douglas Adams는 제 나름의 순서보호가설을 제시했다. "모순이라는 것은 몸에 난 상처 자국 같은 걸세. 시간과 공간이 모순된 부분을 치료해주는 것이지. 사람들은 이치에 부합된다고 여겨지는 삶의 버전을 기억에 담고 살아가는 거야."(『더크 젠틀리의 성스러운 탐정 사무소』(이덴슬리벨, 2009) 358~359쪽)

약간 마법처럼 보일지도 모르겠다. 과학자들은 **물리법칙** 탓으로 돌리는 쪽을 선호한다. 괴델은 탄탄하고 역설 없는 우주가 논리적으로만 가능하다고 생각했다. 그는 1972년에 젊은 방문객● 에게 이렇게 말했다. "시간여행은 가능하지만, 어떤 사람도 과거의 자신을 죽일 수는 없습니다. 사람들은 이 선험적 명제를 턱없이 무시합니다. 논리는 무지막지한 힘이 있습니다." 어느 시점엔가 순서 보호는 기본 원칙에 포함되었으며 심지어 상투어가 되었다. 리브카 갈첸Rivka Galchen은 2008년작 소설 「같지 않음의 영역The Region of Unlikeness」에서 이 모든 개념을 당연한 듯 구사한다.

> 과학소설 작가들은 할아버지 역설에 대해 비슷한 해법에 도달했다. 흉악한 손자는 불가능한 행위가 저질러지기 전에 무언가에 의해—권총이 고장 나거나 바나나 껍질에 미끄러지거나 양심의 가책을 받아—저지될 수밖에 없다.

● 수학자이며 훗날 과학소설 작가가 된 러디 러커Rudy Rucker.

'같지 않음의 영역'은 아우구스티누스의 말에서 인용한 것이다. "나는 내 자신이 주님으로부터 아주 멀리 동떨어진 전혀 다른 공간에in regione dissimilitudinis 있는 것 같은 느낌을 받았습니다."(『고백록』 218쪽) 아우구스티누스는 온전히 존재하지 않는다. 시간과 공간에 얽매인 우리도 마찬가지다. "나는 주님 아래에 있는 온갖 것들을 찬찬히 살펴보고서는, 전적으로 존재하는 것도 없고 전적으로 존재하지 않는 것도 없다는 것을 알았습니다."(219쪽) 신은 영원하고 기억하나, 우리는 애석하게도 그렇지 않다.

갈첸의 화자는 나이 든 사람 두 명—아마도 철학자, 아니면 과학자—과 친구가 된다. 이들의 우정은 다소 모호하다. 관계는 뚜렷이 규정되지 않는다. 화자는 자신이 다소 비非정의되었다고 느낀다. 남자들은 수수께끼 같은 언어를 구사한다. 둘 중 하나가 말한다. "오, 시간이 말해줄 걸세." 이렇게도 말한다. "시간은 우리의 비극이지. 신에게 가까이 가려 할 때 헤치고 나아가야 하는 물질이라네." 그들은 그녀의 삶에서 한동안 자취를 감춘다. 그녀는 부고란을 살펴본다. 우편함에 영문 모를 봉투가 배달된다. 봉투 안에는 도표, 당구공, 공식이 들어 있다. 그녀는 오래된 농담을 떠올린다. "시간파리는 화살을 좋아하고 과실파리는 바나나를 좋아한다Time flies like an arrow and fruit flies like a banana." 한 가지가 분명해진다. 이 소설에서는 모두가 시간여행에 대해 많은 것을 안다. 숙명적 순환—여느 때와 똑같은 역설—이 그림자 속에서 모습을 드러내기 시작한다. 설명되는 규칙도 있다. "대중 영화와 달리 과거로의 여행이 미래를 바꾸지 않았다는 것, 오히려 미래가 이미 바뀌었다는 것, 오히려 그보다 훨씬 복잡한 일이 일어났다는 것이다."

운명은 그녀를 부드럽게 끌어당기는 듯하다. 누가 운명을 피할 수 있으랴? 라이오스에게 일어난 일을 보라. 그녀가 말할 수 있는 것은 이것뿐이다. "우리의 세계는 여전히 우리의 상상과 이질적인 규칙을 따른다."

다시 시작이다. 한 여인이 오를리 공항의 '전망대' 끝에 선 채, 미래를 향한 화살처럼 뾰족하고 거대한 금속제 제트기가 늘어선 콘크리트 바다를 내려다본다. 시커먼 하늘에 창백한 해가 떠 있다. 제트기의 날카로운 이륙음과 음산한 합창, 웅얼거리는 목소리가 들린다. 여인은 바람에 머리칼을 날리며 묘한 미소를 짓는다. 따스한 일요일, 아이가 난간에 매달려 비행기를 구경한다. 아이는 여인이 겁에 질려 손으로 얼굴을 가리는 광경을 본다. 또한 시선의 가장자리에서 흐릿한 형체가 쓰러지는 것을 본다. 낭독자가 말한다. 이후에 그는 한 남자가 죽는 모습을 봤다고 생각했다. 머지않아 3차대전이 발발한다. 핵전쟁으로 파리를 비롯한 온 세상이 파괴된다.

이것은 1962년작 영화 <환송대La jetée>(대사 번역문 출처는 『환송대: 영화-소설』(문학과 지성사, 2008))의 장면이다. 감독 크리스 마커Chris Marker(크리스티앙 프랑수아 부슈빌뇌브Christian François Bouche-Villeneuve의 필명)는 1921년생 철학도로, 레지스탕스 유격대원으로 싸우다 비상주非常住 기자 겸 사진가가 되었다.● 사진 찍힐 때면 늘 가면을 썼으며 91세까지 살았다. 그는 50대에 알랭 레네Alain Resnais와 함께 홀로코스트 다큐멘터리 <밤과 안개Nuit et brouillard>를 제작했는데, 레네는 이렇게 말

● 그의 최종적 자기 묘사는 "영화 제작자, 사진가, 여행가"로 귀결되었다.

했다. “마커가 외계인이라는 이론이 회자되고 있는데, 근거가 없는 것도 아닙니다. 그는 사람처럼 보이지만, 아마도 미래나 다른 행성에서 왔을 것입니다.” 마커는 <환송대>를 ‘사진소설photo-roman’이라고 불렀다. 이 작품은 사진에 페이드와 디졸브 기법을 쓰고 시점을 이동시켜(한 평론가 말마따나) “시공 연속체의 환각”을 자아낸다. 이 영화는 어린 시절 기억의 상흔을 간직한 남자의 이야기라고 한다. “갑작스러운 굉음, 여자의 몸짓, 스러지는 몸뚱이, 환송대 위의 사람들이 공포에 질려 내지르는 비명 소리와 함께.” 기억(과 상흔) 때문에 그는 시간여행의 후보가 된다.

이제 세상은 생명의 흔적을 찾아볼 수 없으며 방사능에 오염되었다. 폐허가 된 교회, 움푹 파인 길거리. 생존자들은 샤요 지하의 터널과 지하 묘지에서 산다. 절망적인 상황이다. 사람들의 유일한 희망은 과거로 보낼 사절을 찾아내는 것이다. “인류에게 공간은 아예 닫혀버렸고 생존 수단을 얻을 수 있는 유일한 희망도 시간을 통과하는 것뿐이라고 했다. 시간에 구멍을 뚫어 아마도 여기로 생필품, 의약품, 에너지 원료 등을 옮겨 올 수 있으리라는 것이다.” 수용소의 과학자들은 포로를 대상으로 그들이 미치거나 죽을 때까지 잔혹한 실험을 진행했다. 그러다 “우리 이야기의 주인공”인 이름 없는 남자를 만난다. 그가 남들과 다른 점은 과거에 대한—과거의 특정한 ‘이미지’에 대한—집착이다. “또 다른 시간을 상상하고 꿈꿀 수 있다면, 아마도 그 시간대에 머무를 수도 있을 것이다.” 여기에 담긴 메시지는 시간여행의 비결이 상상력이라는 것이다. 이 아이디어는 문학에서 거듭 나타난다(이를테면 잭 피니의 『반복되는 시간』). 시간여행은 마음의 눈에서 시작된다. 이곳 <환송대>에서 시

간여행은 단지 이동이 아니라 생존의 문제다. "사람의 정신은 이를 감당할 수 없었다. 다른 시간대에서 깨어난다는 것은 성인의 상태를 유지한 채 두 번째로 다시 태어나는 것이기 때문이다. 이 충격은 너무 컸다."

그가 해먹에 누워 있다. 전극이 연결된 안대가 눈을 가렸다. 커다란 피하 주사로 정맥에 약물을 주입하는 동안 뒤에서 독일어로 속삭이는 소리가 들린다. "그는 고통스러워하기만 한다. 실험 계속. 실험 열흘 째 되던 날, 이미지들이 고백처럼 솟아나기 시작한다. 평화 시기의 아침, 평화 시기의 침실. 진짜 방. 진짜 아이. 진짜 새. 진짜 고양이. 진짜 무덤. 열여섯 번째 날, 그는 환송대 위에 있다. 아무도 없다."

이따금 그는 한 여인을 본다. 그가 찾는 사람인지도 모르겠다. 그녀는 전망대에 서 있거나, 차를 운전하다 미소를 짓는다. 폐석廢石으로 된, 머리 없는 조각상이 있다. 무시간적 세계에서 온 이미지들이다. 그는 가수假睡 상태에서 깨어나지만, 실험자들은 그를 다시 돌려보낸다.

"이번에 그는 그녀 곁에서 그녀에게 말을 건다. 그녀는 전혀 놀라지 않고 그를 기쁘게 맞이한다. 이들은 아무런 기억도, 아무런 계획도 없다. 이들이 지금 느끼는 순간의 정취와 벽에 쓰인 낙서가 시간의 유일한 지표일 뿐이다." 그들은 자연사 박물관을 돌아다닌다. 이곳은 다른 시대의 동물들로 가득하다. 그녀에게 그는 걸핏하면 사라지고 신기한 목걸이를 건 미스터리한 남자다. 목걸이는 다가올 전쟁에서 착용한 인식표다. "그녀는 그를 자신의 유령이라 부른다." 그는 자신의 세상에서, 자신의 시대에서 그녀가 이미 죽었음을 깨닫는다.

사전 정보 없이 <환송대>를 본 많은 사람들은 이 영화가 사진을 이어 붙인 것임을 알아차리지 못한다. 그러다 20분이 지나, 베개에 머리를 비스듬히 댄 채 잠든 그녀가 눈을 뜨고 관객을 똑바로 쳐다보며 숨을 쉬고 눈을 깜박거린다. 시간이 몸부림치다 잠깐이나마 다시 진짜가 된다. 얼어붙은 이미지는 무시간적이었다. 기억, 결정화된. 기억은 시간여행자의 주제인지도 모르겠다. 마커는 이렇게 말한 적이 있다. "제 평생은 기억의 역할을 이해하려고 보낸 시간일 겁니다. 기억은 망각의 반대가 아닙니다. 그 이면이죠." 그는 조지 스타이너를 즐겨 인용했다. "우리를 지배하는 것은 과거가 아니라 과거의 이미지다." '주테jetée'는 언어유희이기도 하다. 나의 과거j'étais.

주인공이 수행하는 임무는 자신이 선택한 것이 아니다. 과학자들은 그를 과거뿐 아니라 미래로도 보낸다. 인간은 살아남았으며, 그는 군대식 선글라스로 눈을 가린 채 그들이 살아남는 데 필요한 조치를 취해달라고 그들에게 부탁한다. 그는 자신을 도와주지 않으면 안 된다고 말한다. 그들의 생존 자체가 그 필요성을 입증하므로. 여기서 다시 역설이 등장한다. 낭독자가 말한다. "이 궤변은 운명으로 가장假裝하여 받아들여졌다." 그가 과거로 돌아갔을 때, 우리가 알다시피—"자신의 어딘가에 남아 있을, 두 번 경험한 시간의 기억과 함께"—그의 목적지는 오를리 공항이다. 그날은 일요일이다. 그는 전망대 끝에 여인이 있을 것임을 안다. 바람에 그녀의 머리카락이 흩날린다. 그녀가 묘한 미소를 짓는다. 그가 그녀를 향해 달려가는데, 한때 자신이었던 아이가 어딘가에서 난간을 붙들고 있으리라는 생각이 떠오른다. 그리고 깨닫는다. "인간은 시간에서 벗어날 수 없다On ne s'évadait pas du Temps." 미래는 이곳까지 그를 따라왔다. 마지막 순간에야 그는 어릴 적 목격한 죽음이 누구의 죽음이었는지 깨닫는다.

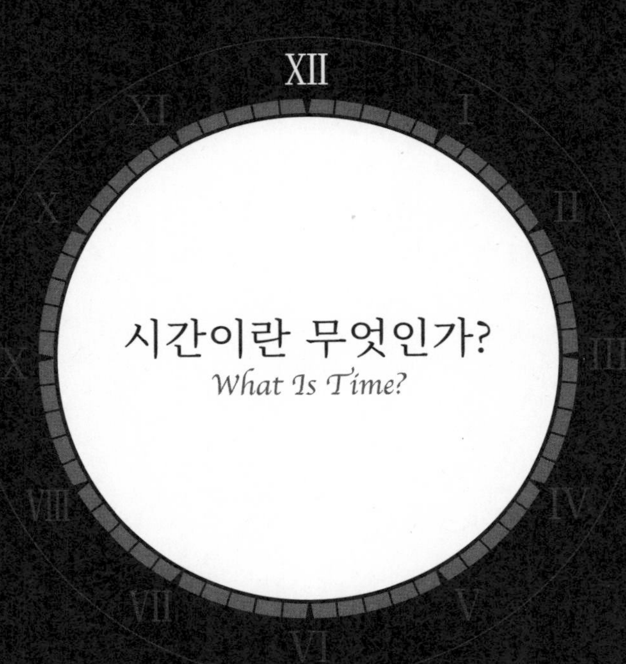

시간이란 무엇인가?

What Is Time?

시간의 개념을 정신적으로 집중시키는 것,
성찰을 위해서 그 집중을 지속시키는 것이 왜 그다지도
창피할 정도로 어려운 일인지! 그것은 그 얼마나 더듬거려야
하는 일이며 얼마나 안달해야 하는 고역인가!
— 블라디미르 나보코프(1969)

사람들은 시간이 무엇이냐고 끊임없이 묻는다. 마치 단어들을 올바르게 조합하면 자물쇠를 풀고 빛을 들어오게 할 수 있다는 듯. 우리는 포춘쿠키식 정의, 즉 완벽한 경구警句를 바란다. 대니얼 부어스틴Daniel Boorstin은 시간이 "경험의 지평"이라고 말한다. 나보코프는 "시간은 계속 생성되는 기억에 불과하다"(『추억을 잃어버린 사랑. 하』 257쪽)라고 한다. "시간이란, 아무런 사건이 일어나지 않을 때에도 꾸준히 일어나고 있는 그 무엇이다."—딕 파인먼. 조니 휠러인지 우디 앨런인지 모르겠지만 이렇게도 말한다. "시간은 모든 것이 한꺼번에 일어나지 않도록 하는 자연의 방식이다." 마르틴 하이데거는 "시간은 존재하지 않는다"라고 말한다.●

시간은 무엇일까? '시간'은 단어다. 단어는 무언가—또는 무언가들—을 가리키지만, 논쟁의 대상이 단어인지 사물인지 잊어버리면 대화가 옆길로 빠지기 십상이다. 사전이 등장한 지 500년이 지난 지금, 사람들은 모든 단어에 정의가 있어야 한다고 생각한다. 그래서 시간이 뭔데? "과거에서 현재를 거쳐 미래까지 명백히 비가역적인 순서대로 사건이 일어나는 비공간적 연속체A nonspatial continuum in which events occur in apparently irreversible succession from the past through the present to the future"(『아메리칸 헤리티지 영어사전American Heritage Dictionary of the English Language』 제5판). 사전학자 위원회가 고심 끝에 저 스무 단어를 골랐다. 틀림없이 단어 하나하나마다 논쟁을 벌였을 것이다. '비공간적'이라고? 자기네 사전에도 나오지 않는 단어이지만, 뭐 좋다, 시간은

● Die Zeit ist nicht. 하지만 그는 "Es gibt Zeit", 즉 시간은 주어진 것이라고 덧붙인다.

공간이 아니니까. '연속체'는? 시간이 연속체일지도 모르지만, 확실한가? '명백히 비가역적'은 보험을 들어놓는 표현 같다. 우리가 이미 알고 있으리라 기대하는 것을 말하려 한다는 느낌이 든다. 관건은 정의라기보다는 일종의 훈육과 돌봄이다.

다른 권위자들은 전혀 다른 정의를 내린다. 어느 것도 틀리지 않았다. 시간이란 무엇일까? 『브리태니커 백과사전』(여러 판본)에 따르면 "지속의 경험을 일반적으로 이르는 말"이다. 로버트 코드리Robert Cawdrey가 1604년에 출간한 최초의 영어사전은 이 문제를 회피하고 'thwite'(면도하다)에서 'timerous'(두렵다, 창피하다)로 건너뛴다. 새뮤얼 존슨Samuel Johnson은 "지속의 척도"라고 말했다(그렇다면 '지속'은? "계속되는 것, 시간의 길이"다). 1960년대 출간된 어린이책 『시간은 언제다Time Is When』에서는 시간의 정의를 '언제when'라는 한마디로 압축했다.

사전에 실을 정의를 만드는 사람들은 정의되는 단어를 정의에 쓰는 순환성을 회피하려 한다. 하지만 시간만큼은 그럴 수 없다. 『옥스퍼드 영어사전』의 사전학자들은 포기하고 만다. 그들은 '시간'(감탄사나 애매한 접속사가 아니라 오로지 명사만)을 서른다섯 개의 주 의미와 100개 가까운 부 의미로 나눈다. "시간의 한 지점, 시간의 크기"에서 "특정한 시간 간격", "쓸 수 있는 시간", "무언가가 차지하는 시간의 양", "과거나 미래로의 여행이 가능하다는 가설이나 상상을 하는 매체로서의 시간 ('시간여행' 참고)"에 이르기까지 빈틈이 없다. 가장 심혈을 기울인 정의는 10번이다. "존재의 시기나 간격을 이루는 것으로 상정되고 그 지속을 계량화하는 데 이용되는 기본적 양." 하지만 이 정의조차 순환성을 뒤로 미룰 뿐이다. '지속', '시기', '간격'을 정의할 때 시간을 동원하기 때문이다. 사전학자들은 시간이 무엇인지 잘 안다. 정의하려 들기 전에는.

여느 단어와 마찬가지로 '시간'에는 경계가 있다. 하지만 딱딱하고 철벽같은 껍데기가 아니라 구멍이 숭숭 뚫린 가장자리여서 언어 사이에 일대일로 대응하지 않는다. 프랑스어로 '시간'은 '탕temps'이지만, 런던 사람이 "그는 그 일을 쉰 번fifty times 넘게 했어"라고 말할 때의 'fifty times'는 프랑스어로 'cinquante fois'다. 그런가 하면 파리 사람은 날씨가 좋을 때 "C'est beau temps"이라고 말한다. 하지만 뉴욕 사람은 시간과 날씨가 다른 것이라고 생각한다.● 이건 시작에 불과하다. 많은 언어에서 "지금 몇 시지What is the time?"라고 물을 때와 "시간이란 무엇인가What is time?"라고 물을 때 다른 단어를 쓴다.

1880년에 영국은 시간정의법을 제정해 시간을 법적으로 정의했다. 이 법은 "의회 제정법, 증서, 기타 법적 수단에서 시간과 관련해 나타나는 표현의 의미에 대한 의혹을 없애"는 것을 목표로 "성직 및 세속 귀족원Lords Spiritual and Temporal(시간 귀족이라니!)과 서민원의 조언과 동의 하에" 여왕이 제정했다. 이 현명한 남녀가 시간 문제를 법령으로 해결할 수 있었다면 얼마나 좋았겠는가. 시간의 의미에 대해 의혹을 없애겠다는 것은 야심찬 목표다. 애석하게도 그들이 염두에 둔 것은 '시간이

● 베스 글릭, 『시간은 언제다』. 저자는 제임스 글릭의 어머니다.

● "타임!"

● 천문학자 샤를 노르만은 1924년에 이렇게 썼다. "프랑스어가 여느 언어와 달리 'temps'이라는 단어 하나로 매우 다른 두 가지—하나는 지나가는 시간이고 다른 하나는 날씨, 즉 대기의 상태—를 가리키는 것은 흥미로운 기벽이다. 이것은 우리 언어에 신비로운 우아함, 집중된 진지함, 생략적인 매력을 부여하는 특징 중 하나다."

란 무엇인가?'가 아니라 '지금은 몇 시인가?'였다. 법률에 따르면 영국의 시간은 그리니치 평균시다.●

시간은 무엇일까? 문자 언어의 여명기에 플라톤은 이 문제와 씨름했다. 그는 시간을 "움직이는 어떤 영원의 모상"이라고 말했으며 시간의 부분들을 "낮과 밤 그리고 연월"(『티마이오스』(서광사, 2007) 102쪽)로 명명할 수 있었다. 이뿐만이 아니다.

> 우리는 다음과 같이 말하기도 합니다. 즉, 생겨난 것(생긴 것)은 생겨난 것(생긴 것)'이다'라고, 생기고 있는 것은 생기고 있는 것'이다'라고, 더 나아가 생겨날 것은 생겨날 것'이다'라고, 그리고 '있지 않은 것'은 있지 않은 것'이다'라고 말하

● 이렇게 정의하려는 시도조차 문제가 드러났다. 그리니치 평균시로 1898년 8월 19일 오후 8시 15분에 고든이라는 남자가 브리스틀에서 램프를 휴대하지 않고 자전거를 타다가 경찰에 체포되었다. 지방법에는 자전거('이동 수단carriage'의 정의에 포함된다)를 탈 때 일몰 한 시간 이후와 일출 한 시간 이전 사이에 반드시 램프를 휴대해 자전거의 접근을 알리는 적절한 수단으로서 점등하도록 명시되어 있다. 문제의 그날 저녁 그리니치에서의 일몰 시각은 오후 7시 13분이었기에 고든은 일몰 한 시간 2분 이후에 램프 없이 자전거를 타다가 잡혔다. 하지만 피고인은 이를 받아들이지 않았다. 브리스틀에서는 그리니치보다 10분 늦게, 즉 7시 13분이 아니라 7시 23분에 해가 졌기 때문이다. 그럼에도 브리스틀시 재판부는 시간정의법에 의거해 그에게 유죄를 선고했다. 재판부의 논리는 "점등 시각을 간편하게 확정하"는 것이 모두에게 유익하다는 것이었다.
가련한 고든은 변호인 달리 앤드 컴벌랜드Darley & Cumberland의 도움으로 항소했다. '천문학적 소訴'라는 이름이 붙은 이 소송에서 항소 법원은 고든의 손을 들어주었다. 재판부는 일몰이 '시간'이 아니라 물리적 사실이라고 판결했다. 채널 판사는 단호하게 말했다. "1심 판결에 따르면 램프를 점등하지 않은 자전거를 탄 자는 하늘에서 태양을 보고 있으면서도 일몰 한 시간 뒤에 램프를 점등하지 않았다는 죄목으로 유죄 판결을 받을 수 있다."

● "그런 단어를 다룸에 있어서 그 정의를 지적 최종 판단으로 여겨 더는 파고들지 않는 것은 거만한 거짓말을 멍청하게 바라보는 꼴이다! 'Deus est Ens, a se, extra et supra omne genus, necessarium, unum, infinite perfectum, simplex, immutabile, immensum, aeternum, intelligens,' 등등—이런 정의가 대체 어디에 유익한가? 형용사를 화려한 망토처럼 걸쳤지만 의미라고는 눈곱만큼도 없다."—윌리엄 제임스

> 는데, 이것들 중 그 어느 것도 정확하지 못합니다. 그렇더라도 아마도 지금으로서는 이것들에 관해서 꼼꼼하게 따지고 들기에 적절한 계제가 아닌 것 같습니다.(103~104쪽)

아리스토텔레스도 난감하긴 마찬가지였다. "그렇다면 우선 다음을 고려하면 그것이 전혀 존재하지 않는지 간신히 존재하는지 또한 모호하게 존재하는지 의심이 들 것이다. 그것의 한 부분은 과거에 있었고 지금은 있지 않으나, 다른 부분은 미래에 있을 것이고 아직 있지 않다." 과거는 존재 밖으로 사라졌고 미래는 아직 탄생하지 않았으며 시간은 이 "존재하지 않는 것들"로 이루어졌다. 다른 한편으로 아리스토텔레스는 다른 관점에서 시간이 변화(또는 운동)의 결과인 것 같다고 말했다. 시간은 변화의 '척도'다. '전에'와 '후에', '더 빨리'와 '더 천천히'는 시간"에 의해 정의되"는 단어다. '빠르다'는 적은 시간에 이루어지는 많은 운동이며 '느리다'는 많은 시간에 이루어지는 적은 운동이다. 시간 자체로 말할 것 같으면 "시간은 시간으로 정의되지 않"는다.

훗날 아우구스티누스는 플라톤과 마찬가지로 시간을 영원과 대비했다. 하지만 플라톤과 달리 시간에 대한 생각을 좀처럼 멈출 수 없었다. 아우구스티누스는 시간에 집착했다. 그의 설명 방식은 자신이 설명하려 드는 순간까지는 시간을 매우 잘 이해한다고 말하는 것이었다. 아우구스티누스의 방법을 뒤집어, 설명 시도를 그만두고 우리가 아는 것을 점검해보자. 시간이 시간으로 정의되지 않는다는 사실에 발목을 잡힐 필요는 없다. 경구와 정의를 찾으려 들지만 않는다면 우리는 사실 많은 것을 알고 있으니까.●

우리는 시간이 '감지할 수 없는 것'임을 안다. 시간은 형체가 없다. 우리는 시간을 볼 수도, 들을 수도, 만질 수도 없다. 시간의 흐름이 느껴진다는 말은 비유적 표현에 불과하다. 그들이 느끼는 것은 벽난로 위에서 째깍거리는 시계나 자신의 심장 박동, 의식 수준 아래에서 나타나는 생물학적 리듬이다. 시간이 무엇이건 간에, 그것은 우리의 감각으로 파악할 수 있는 영역 바깥에 있다. 로버트 훅Robert Hooke은 1682년 왕립학회에서 바로 이 점을 짚었다.

> 우리가 시간에 대해 아는 것이 어떤 감각에 의한 것인지 묻고 싶습니다. 감각으로부터 얻는 정보는 모두 잠정적이며 물체에 의한 인상이 지속되는 동안만 유지되기 때문입니다. 따라서 우리가 가진 관념으로서의 시간을 이해할 수 있는 감각은 아직 존재하지 않습니다.●

하지만 우리는 공간을 경험할 때와 다른 방식으로 시간을 경험한다. 눈을 감으면 공간은 사라진다. 어디에든 있을 수 있으며 커질 수도 있고 작아질 수도 있다. 하지만 시간은 계속된다. 나보코프가 말한다. "시간은 시간 그 자체가 아니라 내 머릿속을 통과하는 피의 흐름을 짧은 순간에, 주의 깊고도 조심스럽게 귀 기울여 들어야 하고 그럼으로써 그 피가 목줄기의 정맥을 통해 내려가는 것을 느낌으로써 '시간'과는 아무 상관이 없는 개인적 고통을 겪어야 하는 긴장 사이에서만 파악될 수 있는 것이다."(『추억을 잃어버린 사랑. 하』 231쪽) 세상과 단절되어 아무런 감각을 느끼지 못하더라도 우리는 여전히 시간을 헤아릴 수 있다. 사실 우리는 곧잘 시간을 수량화한다(혹은 "하지만 우리는 시간을 양으로 상정합니다"라고 말했다). 이로부터 그럴듯한 정의가 도출된다. **시간은 시계가 측정하는 것이다.** 하지만 시계란 무엇일까? **시간을 측정하는 장치다.**● 뱀이 또다시 제 꼬리를 삼킨다.

시간을 양으로 상정하면, 당연히 저장할 수도 있다. 우리는 시간을 아끼고 쓰고 쌓고 저금한다. 요즘도 우리는 이 모든 일에 강박적으로 매달리지만, 이런 시간관념은 적어도 400년 전으로 거슬러 올라간다. 프랜시스 베이컨은 1612년에 이렇게 말했다. "시간을 선택하는 것이 곧 아끼는 것이다." 아낄 수 있다면 당연히 낭비할 수도 있다. 베이컨이 다시 말한다. "장광설과 개인적 연설은 시간을 엄청나게 낭비한다." 이미 돈과 친숙한 사람이 아니고서는 누구도 시간을 예금 가능한 재화로 생각하지 못했을 것이다. "시간은 배낭을 지고 있는데 / 잊힐 공적들이 그 속에 들어 있소."(『셰익스피어 전집』 1368쪽) 하지만 시간이 정말로 재화일까? 아니면 저런 말들은 '시간은 강이다'와 같은 시시한 비유일 뿐일까?

우리는 시간의 주인과 시간의 노예 사이를 오락가락한다. 시간은 우리 소유이고 우리가 쓸 수 있는 것이지만, 우리는 시간에 종속되어 있다. 리처드 2세가 말한다. "낭비했던 시간이 이제 나를 낭비해. / 지

● 혹은 제 손으로 무덤을 팠다. "시간이 만드는 인상을 이해하는 기관Organ을 가정할 필요가 있음을 말씀드립니다." 무슨 기관? "이 기관은 우리가 일반적으로 기억이라 부르는 것으로, 저는 이 기억을 눈이나 귀, 코와 다를 바 없는 기관으로 간주합니다." 그럼 이 기관은 어디 있지? "이 기관은 다른 감각기관의 신경들이 만나는 장소 근처 어딘가에 있습니다."

● 리 스몰린은 『시간의 부활Time Reborn』에서 순환성을 회피하기 위해 '시계'를 재정의한다. "우리의 목적에 비추어볼 때 시계는 증가하는 수의 연쇄를 읽어내는 모든 장치다." 다시 말하지만 100까지 헤아리는 사람은 시계가 아니다.

금 나는 시간 적힌 시계가 됐어."(194쪽) 어떤 행동이 시간을 '낭비'한다는 말은 시간을 무한히 공급되는 물질로 간주하는 것이고, 시간을 '채운'다는 말은 시간을 일종의 그릇으로 간주하는 것이다. 이것은 모순 아닌가? 헷갈려서 이렇게 말하는 걸까? 논리의 오류를 범한 것일까? 그렇지 않다. 오히려 시간에 대해 이렇게 말하는 것은 현명하다. 우리는 머릿속에 둘 이상의 개념을 넣어둘 수 있다. 언어는 불완전하다. 시는 완벽하게 불완전하다. 우리는 시간을 점유하는 동시에 시간을 통과할 수 있다. 시간을 집어삼킬 수도 있고 천천히 움직이는 시간의 입 속에서 시들 수도 있다.

질량 개념의 발명자 뉴턴은 시간이 질량을 가지고 있지 않으며 물질이 아님을 알면서도 시간이 '흐른'다고 말했다. 그는 라틴어로 "템푸스 플루이트tempus fluit"라고 썼다. 로마인은 "템푸스 푸기트tempus fugit", 즉 "시간이 난다"라고 말했다. 어쨌든 이 문구는 중세 영국의 해시계에 처음 등장했다. 뉴턴도 이 문구를 보았을 것이다. 시간을 측정하는 법을 알게 되면서 시간이 지나가버리게 된 것은 사실이지만 시간이 어떻게 날 수 있을까? 이것은 또 다른 비유다. 그리고 실체가 없는 시간이 어떻게 흐를 수 있을까?

뉴턴은 두 종류의 시간을 구분하느라 골머리를 썩였다. 우리는 두 시간을 물리적 시간과 심리적 시간으로 부를 수 있지만, 뉴턴은 마땅한 어휘가 없어서 애를 먹었다. 그는 전자의 시간을 (관형어를 연발해) "절대적이고 참되고 수학적인 시간tempus absolutum verum & Mathematicum"이라고 불렀다. 후자는 일반인vulgus이 생각하는 시간으로, 뉴턴은 '상대적'이고 '표면적'인 시간이라고 불렀다. 참된 시간인 수학적 시간은 뉴턴의 세계가 지닌 기술적 특징, 즉 시계의 일관성에서 추론되었다. 여기서 뉴턴과 시계장이들은 둘 다 갈릴레오에게 의존했다. 길이가 일정한 진자가 시간을 규칙적 조각으로 나눈다는 사실을 밝힌 그 갈릴레오 말이다. 그는 자신의 맥박을 이용해 시간을 쟀다. 얼마 지나지 않아 의사들은 시계를 이용해 맥박을 재기 시작했다. 고대인은 해, 별, 달 같은 믿을 수 있는 천체를 보고 시간을 측정했다. 날, 달, 해는 이렇게 해서 생겼다. (여호수아는 아모리 족을 공격할 시간이 모자라자 해와 달의 운행을 멈춰달라고 하느님에게 기도했다. "태양아 너는 기브온 위에 머무르라. 달아 너도 아얄론 골짜기에서 그리할지어다."(여호수아 10장 12절) 우리 중에서 시간을 멈추고 싶어 한 적 없는 사람이 누가 있으랴?) 이제 시간을 헤아리는 것은 기계의 몫이다.

순환성이 또 기어든다. 이번에는 닭이 먼저냐 달걀이 먼저냐의 문제다. 시간은 운동을 측정하는 기준이다. 운동은 시간을 측정하는 기준이다. 뉴턴은 이 모순을 명령으로 해결하려 했다. 그는 절대시간을 공리로 선언했다. 운동 법칙의 든든한 근간이 필요했기 때문이다. 운동의 제1법칙: 물체는 외부의 힘이 작용하지 않으면 일정한 속력으로 움직인다. 하지만 속력이란 무엇인가? 단위 시간당 움직인 거리다. 시간이 한결같이 흐른다aequabiliter fluit는 뉴턴의 선언은 단위 시간을 확립할 수 있다는 뜻이었다. 연, 월, 일, 시는 언제 어디서나 똑같다. 사실상 뉴턴은 우주가 그 자체의 시계라고 상상했다. 완벽하고 수학적인 우주적 시계. 그는 지상의 시계 두 개가 맞지 않는 것은 우주가 여기서 빨라지고 저기서 느려지기 때문이 아니라 시계에 결함이 있기 때문이라고 말하고 싶었다.

요즘 물리학자와 철학자 사이에서는 심지어 시간이 '실재'인지—시간이 '존재'하는지—묻는 것이 유행이다. 학회와 심포지엄에서 논쟁이 벌어지고 책에서 분석이 시도된다. 내가 앞의 두 단어에 따옴표를 친 것은 그 자체로 문제적이기 때문이다. 실재의 본성 또한 확립되지 않았다. 우리는 유니콘이 실재가 아니라는 말이 무슨 뜻인지 안다. 산타클로스도 마찬가지다. 하지만 학자들이 시간은 실재가 아니라고 말할 때는 뭔가 다른 뜻이 있다. 그들은 손목시계나 달력에 대한 믿음을 잃지 않았다. 그들은 '실재'를 다른 무언가, 즉 절대적이거나 특수하거나 근본적인 것을 가리키는 암호로 쓴다.

물리학자가 시간의 실재성 논란을 좋아한다는 데 모두가 동의하는 것은 아니다. 숀 캐럴이 말한다. "놀라겠지만 물리학자들은 어떤 특정한 개념이 '실제'냐 아니냐를 판단하는 데 별로 관심이 없다."(『현대물리학, 시간과 우주의 비밀에 답하다』 50쪽) 내 생각에는 철학자에게 맡기라는 뜻인 듯하다. "'시간'처럼, 세상을 기술하는 데 유용한 어휘가 틀림없는 개념에 대해 '실재'를 논하는 것은 약간의 무해한 잡담에 불과하다." 물리학자의 일은 이론 모형을 구축해 경험적 데이터로 검증하는 것이다. 모형은 효과적이고 강력하지만 여전히 인위적이다. 그 자체로 일종의 언어다. 물리학자들은 여전히 실재의 본성에 대한 논쟁에 사로잡혀 있다. 어떻게 그러지 않을 수 있겠는가? '시간의 본성'은 물리학과 우주학의 근본 질문을 탐구하는 연구소 FQXi에서 2008년에 주최한 국제 논문 경연 대회의 주제였다. 100여 편의 투고작 중에서 선정된 당선작은 캐럴의 논문 「시간이 정말로 존재하면 어떻게 될까?What If Time Really

Exists?」였다. 이것은 의도적인 반대 질문이었다. 캐럴은 이렇게 말했다. "시간이 존재하지 않는다고 단언하는 유서 깊은 지성사적 흐름이 있다. 그것은 두 손 들고서 모든 것이 환각이라고 선언하고 싶은 강한 유혹이다."

이 길에서 이정표가 된 것은 존 맥태거트 엘리스 맥태거트John McTaggart Ellis McTaggart가 1908년에 학술지 《마인드Mind》에 발표한 논문 「시간의 비실재성The Unreality of Time」이다. 그는 영국의 철학자로, 당시 케임브리지대학교 트리니티 칼리지에 몸담고 있었다.● 노버트 위너Norbert Wiener에 따르면 "통통한 손과 졸린 기운과 모로 걷는 걸음걸이"의 소유자 맥태거트는 『이상한 나라의 앨리스』에서 도마우스로 카메오 출연을 했다고 한다. 맥태거트는 시간에 대한 우리의 통념이 환상이라고 오랫동안 주장했는데, 이제 자신의 논증을 내놓았다. 논문은 이렇게 시작된다. "시간이 실재하지 않는다고 단언하는 것은 의심할 여지없이 매우 역설적으로 보인다." 하지만 고려할 것이 있는데…

그는 '시간에서의 위치'(또는 '사건')에 대해 이야기하는 두 가지 방법을 대비한다. 우리는 현재—화자의 현재—에 상대적인 시간에 대해 이야기할 수 있다. 앤 여왕의 죽음(맥태거트가 든 예)은 우리에게는 과거에 있지만, 한때는 미래에 있었으며, 그러다 현재로 왔다. 맥태거트가 말

● 맥태거트의 이름은 설명할 필요가 있다. (그의 부모인 윌트셔의 엘리스Ellis of Wiltshire가 지어준) 그의 세례명 존 맥태거트 엘리스는 자녀가 없던 친척인 스코틀랜드 준남작 존 맥태거트 경의 이름을 땄다. 존 경은 자신의 성을 받는 조건으로 엘리스 부부에게 상당한 액수의 유산을 남겼다. 어린 존은 이 때문에 이름이 중복되었다. 하지만 그는 '맥태거트'가 두 번 나오는 것을 개의치 않은 듯하다. 그리고 오늘날 가장 널리 기억되는 맥태거트는 준남작이 아니라 그다.

한다. "각 위치는 과거, 현재, 아니면 미래다." 그는 편의를 위해 여기에 **A 계열**이라는 이름표를 붙인다.

이와 반대로 서로 상대적인 시간상 위치에 대해서도 이야기할 수 있다. "각 위치는 다른 위치의 일부보다 이르거나 늦다." 앤 여왕의 죽음은 마지막 공룡의 죽음보다는 늦지만 「시간의 비실재성」의 출간보다는 이르다. 이것이 **B 계열**이다. B 계열은 고정되어 있으며 영구적이다. 순서가 결코 바뀔 수 없다. 이에 반해 A 계열은 달라질 수 있다. "지금은 현재인 사건은 미래였으며 과거가 될 것이다."

많은 사람은 A 계열과 B 계열의 구분에 설득력이 있다고 생각했으며 이 구분은 철학 논의에서 든든히 살아남았다. 맥태거트는 이를 이용한 추론의 연쇄를 통해 시간이 존재하지 않음을 입증한다. 시간은 변화에 의존하기에 A 계열은 시간에 필수적이며 A 계열만이 변화를 허용한다. 이에 반해 A 계열은 스스로의 전제와 모순된다. 같은 사건이 과거성과 미래성의 두 성질을 가지기 때문이다. "시간은 전체로서든 A 계열과 B 계열로서든 실제로는 존재하지 않는다"라는 것이 그의 (명백하게) 필연적 결론이다. (논문이 1908년에 발표되었으니 '결론이었다'라고 말해도 무방하다. 하지만 '결론이다'라고도 말할 수 있는 것은 논문이 도서관과 온라인에 존재하며 (더 추상적으로는) 서로 얽힌 개념과 사실의 조직체(빠르게 확장되는 이 조직체를 우리는 문화라 부른다)에 존재하기 때문이다.)

여러분 중에서 맥태거트가 자신이 입증하려는 것을 애초에 가정했음을 눈치챈 사람이 있으려나? 그랬다면 그의 대다수 독자보다 눈썰미가 좋은 것이다. 그는 모든 '시간상의 위치'와 가능한 모든 '사건'이 마치 이미 연속적으로 놓여 있으며 (신이나 논리학자의 관점에서 배열된) 기하학자의 선 M, N, O, P 위에 있는 점이라고 간주했다. 이것을 영원의 관점, 또는 영원주의eternalism라고 부르자. 이에 따르면 미래는 과거와 똑같으며 깔끔하게 도식화된 마음의 눈으로 볼 수 있다. 우리가 '과거성', '현재성', '미래성'으로 경험하는 기억, 지각, 예상은 이에 반하는 경험이지만, 이것은 마음 상태의 부산물에 불과하다. 영원주의자는 실재가 무시간적이라고 말한다. 따라서 시간은 비실재적이다.

사실 이것은 현대물리학의 주류적 견해다. '유일한' 주류적 견해라고는 말하지 않겠다. 요즘 같은 격동기에는 누구도 무언가가 주류적 견해라고 확실히 말할 수 없으니까. 가장 저명한 물리학자 중 상당수가 아래 명제에 동의한다.

- 물리 방정식에는 시간의 흐름을 입증하는 증거가 전혀 없다.
- 과학 법칙은 과거와 미래를 구별하지 않는다.
- **따라서**—이거 삼단 논법인가?—
- 시간은 실재하지 않는다.

(물리학자든 철학자든) 관찰자는 바깥에 서서 안을 들여다본다. 인간의 시간 경험은 추상적 관찰을 위해 유보된다. 과거, 현재, 미래는 한 덩어리로 묶여 있다.

그렇다면 우리가 끊임없이 그 반대로 느끼는 것은 어찌된 영문일까? 우리는 시간을 뼛속에서 경험한다. 우리는 과거를 기억하고 미래를 기다린다. 하지만 물리학자들은 우리가 어수룩한 생물이며 쉽게 속고 미덥지 못하다고 말한다. 과학 시대 이전의 선조들은 평평한 지구와 그 주위를 도는 태양을 경험했다. 우리의 시간 경험도 그와 똑같이 순진한 것일 수 있을까? 그럴지도 모르겠지만, 과학자들은 결국 감각 경험으로 돌아와야 한다. 경험에 비추어 모형을 검증해야 한다.

아인슈타인은 말했다. "물리학을 믿는 우리에게 과거, 현재, 미래의 구분은 끈질기게 퍼진 망상일 뿐이니까요." '물리학을 믿는 우리.' 이 말에서 뭔가 아쉬움이 느껴진다. 프리먼 다이슨이 맞장구친다. "물리학에서 시공간의 과거, 현재, 미래 구분은 환상이다." 인용 과정에서 사라지긴 했지만, 이 문장들에는 약간의 겸손이 담겨 있다. 아인슈타인의 말은 친구 미셸 베소와 사별한 그의 누이와 아들을 위로하기 위한 것이었으며, 아마도 그는 자신의 임박한 죽음에 대해서도 생각하고 있었을 것이다. 다이슨의 말은 과거인 및 미래인과 친족 관계를 맺을 가능성을 피력한 것이었다. "그들은 우주에서 우리의 이웃입니다." 두 사람의 생각은 아름답지만, 실재의 본성에 대한 최종 선언을 염두에 둔 것은 아니었다. 아인슈타인 자신이 예전에 말했듯 "시간과 공간은 우리가 생각하는 양식이지 우리가 살아가는 조건이 아니다."

미래가 이미 완성되어 과거와 다름없이 단단히 고정되어 있다는 과학자의 믿음에는 어딘지 괴팍한 구석이 있다. 과학 기획의 최초 동기("제1지령")는 미지의 미래를 향한 추락에 대해 통제권을 얻는 것이다. 고대 천문학자가 천체의 운동을 예측한 것은 입증이자 승리였다. 일식을 예견할 수 있게 되자 일식에 대한 공포가 사라졌으며, 의학은 질병을 근절해 숙명론자가 천수天壽라 부르는 수명을 늘리려고 수 세기 동안 애썼다. 뉴턴 법칙을 지구 역학에 효과적으로 적용한 첫 사례에서 탄도학 연구자들은 포탄의 포물선 궤적을 계산해 명중률을 높였다. 20

세기 물리학자들은 전쟁의 향방을 바꿨을 뿐 아니라, 새로운 연산 기계를 이용해 지구의 기상을 예견하고 심지어 통제하겠다는 꿈을 꿨다. 그 이유는… 그러지 않을 이유가 없기 때문이었다. 우리는 패턴 인식 기계이며 과학의 목표는 우리의 직관을 정식화하고 계산하는 것이다. 이것은 단순히 (수동적이고 학문적인 쾌감을 얻으려고) 자연을 이해하기 위해서가 아니라 자연을 우리의 의지대로 최대한 좌지우지하기 위해서다.

라플라스의 완벽한 지성체를 기억해보라. 이 지성체는 모든 힘과 위치를 파악해 분석 대상으로 삼을 만큼 거대하다. "불확실한 것은 아무것도 없을 것이며 과거와 마찬가지로 미래가 그의 눈앞에 나타날 것이다." 이리하여 미래는 과거와 구별할 수 없게 된다. 톰 스토파드는 라플라스의 말을 재치 있게 풀어내며 철학자의 대열에 동참한다. "모든 원자를 그 위치와 방향에서 멈출 수 있다면, 이렇게 멈춘 모든 동작을 선생님의 마음이 이해할 수 있다면, 그리고 선생님의 대수학 실력이 정말로, 정말로 뛰어나다면, 모든 미래에 대한 공식을 쓸 수 있어요. 그 공식은 존재할 수 있는 그대로 존재해야 해요." 우리는 물어야 한다(수많은 현대물리학자들이 여전히 이런 식으로 믿고 있기에). 왜? 어떤 지성체도 이토록 전지할 수 없고 어떤 컴퓨터도 이토록 많은 계산을 할 수 없는데, 왜 우리는 미래를 마치 예측 가능한 것처럼 취급해야 하나?

암묵적인—때로는 명시적인—대답은 우주가 그 자체의 컴퓨터라는 것이다. 우주는 한 단계 한 단계씩, 한 비트 한 비트씩(또는 한 큐비트 한 큐비트씩) 자신의 운명을 계산한다. 우리가 아는 컴퓨터, 즉 21세기 초의 컴퓨터는 알 듯 모를 듯한 양자적 변화를 계산하는 것이 아니라 결정론적으로 작동한다. 입력이 같으면 출력도 언제나 같다. 다시 말하지만 우리의 입력은 최초 상태의 총합이며 우리의 프로그램은 자연법칙이다. 이게 전부다. 우주 전체가 이미 여기에 있다. 어떤 정보도 더할 필요가 없으며, 발견되지 않은 것은 하나도 없다. 새로운 것도, 놀랄 일도 전혀 없을 것이다. (형식화에 불과한) 논리의 기어만이 계속 철컥거리며 돌아갈 뿐.

하지만 우리는 현실 세계의 사정이 언제나 약간은 뒤죽박죽임을 배웠다. 측정은 대략적이며 지식은 불완전하다. 윌리엄 제임스는 이렇게 말했다. "부분들은 서로에 느슨하게 영향을 미치므로 그중 하나를 확정한다고 해서 나머지가 어떻게 될지를 반드시 결정할 수 있는 것은 아니다." 제임스는 양자물리학의 발견에 놀라고 기뻐했을지도 모른다. 입자의 정확한 상태는 **결코** 완벽하게 알 수 없다. 불확실성이 지배한다. 라플라스가 꿈꾼 완벽한 시계 장치는 확률 분포에 대체된다. 제임스는 이렇게 말했을지도 모른다(실제로 이렇게 말하긴 했지만, 이것은 실제 과학이 발전하기 전이었다). "가능성이 실제를 초과할 여지가 있으며 우리에게 아직 밝혀지지 않은 것들이 실은 그 자체로 모호할 여지도 있다." 바로 그렇다. 가이거 계수기를 가진 물리학자는 다음 딸깍 소리가 언제 날지 결코 추측할 수 없다. 현대 양자물리학자들은 제임스와 더불어 비결정론을 소리 높여 외칠 것이다.

(반드시 우리가 가진 컴퓨터가 아니더라도) 사고실험의 컴퓨터가 비결정론적인 이유는 그렇게 설계되었기 때문이다. 마찬가지로 **과학 법칙이 결정론적인 이유는 그렇게 쓰였기 때문이다**. 과학 법칙의 이상적 완벽함은 마음속에서나 플라톤적 세계에서 얻을 수 있는 것이지 현실 세계에서 얻을 수 있는 것이 아니다. 현대물리학의 나사돌리개인 슈뢰딩거

방정식은 불확실성을 처리하기 위해 가능성을 하나의 단위인 파동 함수로 묶는다. 허깨비처럼 추상적인 대상이다. 이 파동 함수라는 놈은. 물리학자는 파동 함수를 ψ로 쓰고는 내용에 대해서는 개의치 않는다. 리처드 파인먼은 이렇게 말했다. "이 식은 어디서 가져온 것인가? 어디에서 가져온 게 아니다. 이 식은 우리가 알고 있는 그 어떤 것으로부터도 유도할 수 없다. … 슈뢰딩거가 발명해낸 것으로 그의 정신에서 나온 식이다."(『파인만의 물리학 강의 3』(승산, 2009) 16-15절) 예나 지금이나 기막히게 효과적일 뿐. 일단 슈뢰딩거 방정식을 손에 넣으면 풀이 과정에서 결정론이 도출된다. 계산은 결정론적이다. 올바른 입력이 주어지면 훌륭한 양자물리학자는 정확한 결과를 끊임없이 계산해낼 수 있다. 유일한 문제는 이상화된 방정식에서 (양자물리학자가 기술해야 하는) 현실 세계로 돌아오는 행위에서 발생한다. 결국 우리는 플라톤적인 추상적 수학에서 실험실 책상 위 월하月下의 사물로 낙하해야 한다. 측정 행위가 필요한 그 시점에서 파동 방정식은 (물리학자들 말마따나) '붕괴'한다. 슈뢰딩거의 고양이는 살았거나 죽었거나 둘 중 하나다. 이것을 시로 표현하면 아래와 같다.

어찌나 놀라운지!

우리가 ψ에서 알 수 있는 것이

고양이의 운명이 아니라

그와 관련된,

우리가 할 수 있는 최선의 추측이라니!

이러한 파동 함수의 붕괴는 양자물리학에서 특별한 논증을 촉발한다. 이것은 수학에 대한 것이 아니라 철학적 토대에 대한 것이다. '이게 대체 무슨 뜻일 수 있을까?'는 기본 문제이며 이에 대한 다양한 접근법은 해석이라고 불린다. 무엇보다 코펜하겐 해석이 있다. 코펜하겐 접근법은 파동 함수의 붕괴를 난감한 필연—감수해야 할 말썽● —으로 취급하는 것이다. 코펜하겐 해석의 구호는 '닥치고 계산해'다. 그 밖에도 봄 해석Bohmian interpretation, 양자 베이스 해석quantum Bayesian, 객관적 붕괴 해석objective collapse, 마지막으로 다세계 해석이 있다. 물리학자 크리스토퍼 푹스Christopher Fuchs가 말한다. "어느 회합을 가도 성도聖都가 대격변에 휘말린 것처럼 보인다. 온갖 종교와 온갖 성직자가 성전聖戰을 벌인다."

(아는 사람들은 MWI라 부르는) 다세계 해석은 우리 시대의 가장 똑똑한 물리학자들에게 지지받는 근사한 공상이다. 이 물리학자들은 (보르헤스까지는 아니더라도) 휴 에버렛의 지적 계승자다. 영국의 (전직 물리학자이자) 과학 저술가 필립 볼Philip Ball은 2015년에 이렇게 썼다. "MWI는 더없이 화려하며 눈길을 끈다. 이 해석은 우리에게 다중 자아가 있고, 다른 우주에서 다른 삶을 살며, 우리가 꿈꾸지만 결코 이루지 못하는—또는 감히 시도하지 못하는—모든 일을 할 수도 있다고 말한다. 이런 개념을 누가 거부할 수 있으랴?" (그는 거부한다.) 다세계 해석 지지자

● '코펜하겐 해석'이라는 명칭은 어디서 왔을까? 첫째, '코펜하겐'은 닐스 보어를 가리키는 약칭이다. 수십 년간 코펜하겐과 양자 이론의 관계는 바티칸과 가톨릭의 관계와 같았다. '해석'으로 말할 것 같으면, 독일어에서 온 것으로 보이는데 원래 단어는 '코펜하게너 가이스트 데어 크반텐테오리Kopenhagener Geist der Quantentheorie'(베르너 하이젠베르크Werner Heisenberg, 1930)에서 보듯 '가이스트Geist'였다.

들은 수집광 같아서 아무것도 내다버리지 못한다. 가지 않은 길 따위는 없다. 일어날 수 있는 것은 모두 일어난다. 모든 가능성이 실현된다. 여기서가 아니라면 다른 우주에서라도. 우주학에서는 우주도 무수히 많다. 브라이언 그린Brian Greene은 평행우주를 '누벼 이은 다중우주, 인플레이션 다중우주, 브레인 다중우주, 주기적 다중우주, 경관 다중우주, 양자적 다중우주, 홀로그래피 다중우주, 시뮬레이션 다중우주, 궁극적 다중우주'의 아홉 가지 유형으로 명명했다.(『멀티 유니버스』(김영사, 2012) 489쪽) MWI는 논리로 무너뜨릴 수 없다. 어떤 반대 논증도 이미 고려되었으며 (그들의 머릿속에서는) 저명한 옹호자들에 의해 반박되었다. 이 얼마나 매력적인가!

내 생각에 물리학자가 가장 큰 성취를 이루는 방법은 자신의 프로그램에 대해 어느 정도의 겸손을 유지하는 것이다. 보어는 이렇게 말했다. "자연을 기술하는 목적은 현상의 실제 본질을 드러내는 것이 아니라 경험의 다양한 측면 간의 관계를 가능한 한 깊숙이 파고드는 것이다." 파인먼은 이렇게 말했다. "저는 여러 가지 문제에 대해 대략적인 답과 가능한 믿음과 저마다 다른 정도의 확신이 있지만, 절대적으로 확신하는 것은 아무것도 없습니다." 물리학자들은 수학 모형을 만드는데, 이것은 일반화와 단순화이며 실재의 풍요를 벗겨냈기에 정의상 불완전하다. 모형은 뒤죽박죽에서 패턴을 드러내어 이용한다. 모형 자체는 무시간적이어서 변하지 않은 채 존재한다. 시간과 거리를 나타내는 데카르트 좌표계에는 그 자체의 과거와 미래가 담겼다. 민코프스키의 시공간 도표는 무시간적이다. 파동 함수는 무시간적이다. 이 모형들은 이상적이며, 고정되어 있다. 우리는 이 모형들을 머릿속에서 또는 우리의 컴퓨터로 파악할 수 있다. 이에 반해 세계는 여전히 놀라움으로 가득하다.

윌리엄 포크너William Faulkner는 이렇게 말했다. "모든 예술가의 목표는 인위적 수단으로 운동—삶—을 사로잡아 고정시키는 것입니다." 과학자들도 그렇게 하는데, 이따금 자신이 인위적 수단을 쓰고 있음을 잊는다. 우주가 4차원 시공 연속체임을 아인슈타인이 발견했다고 말할 수도 있지만, 우리가 우주를 4차원 시공 연속체로 기술할 수 있고 이런 모형 덕분에 물리학자들이 특정한 제한적 영역에서 거의 모든 것을 놀라운 정확도로 계산할 수 있음을 아인슈타인이 발견했다고 (더 겸손하게) 말하는 게 낫다. 이것을 **추론의 편의를 위해** 시공간이라 부르자. 비유의 연장통에 시공간을 넣으라.

물리 방정식이 과거와 미래를, 시간에서 앞과 뒤를 전혀 구분하지 않는다고 말할 수는 있다. 하지만 그것은 우리의 마음이 가장 소중히 여기는 현상에서 눈길을 돌리는 것이다.● 진화, 기억, 의식, 생명 자체의 수수께끼를 다음날이나 다른 학과로 넘기는 것이다. 기초적 과정은 가역적일지 모르나 복잡한 과정은 그렇지 않다. 사물의 세계에서는 시간의 화살이 늘 날고 있다.

주류인 블록 우주관에 도전장을 내민 21세기 이론가로 리 스몰린Lee Smolin이 있다. 1955년 뉴욕에서 태어난 스몰린은 양자중력 전문가

● 데이비드 머민David Mermin이 말한다. "물리학에서 현재 순간을 위한 자리가 있음은 그 경험을 실재로—이것은 내게 명백하다—간주하고 시공간이 그러한 경험을 체계화하려고 구성하는 추상화임을 인식할 때 분명해진다."

로, 캐나다 퍼리미터 이론물리학 연구소Perimeter Institute for Theoretical Physics를 창립했다. 스몰린은 학계에 몸담은 대부분의 기간 동안 시간에 대해 (물리학자 입장에서) 전통적인 견해를 품었으나 어느 순간 돌아섰다. 그는 2013년에 이렇게 선언했다. "더는 시간이 비실재한다고 믿지 않는다. 사실 나는 정반대 견해로 기울었다. 시간은 실재할 뿐 아니라, 우리가 알거나 경험하는 그 무엇도 시간의 실재성보다 더 자연의 핵심에 가까이 있지 않다." 이에 따르면 시간을 거부하는 것은 그 자체로 기만이다. 이것은 물리학자들이 스스로에게 부린 속임수다.

스몰린은 이렇게 썼다. "시간이 언제나 우리의 지각 속의 어느 순간이며 우리가 그 순간을 순간들의 흐름 중 하나로 경험한다는 사실은 환각이 아니다." 무시간성, 영원, 4차원 시공간 덩어리—이런 것들이야말로 환각이다. 자연의 무시간적 법칙은 완벽한 정삼각형과 같다. 엄연히 존재하지만, 우리 머릿속에만 있다.

> 우리가 경험하는 모든 것, 모든 생각, 느낌, 의도는 순간의 일부다. 세계는 순간의 연쇄로 우리에게 나타난다. 우리에게는 선택의 여지가 없다. 지금 어느 순간에 깃들지, 시간의 앞으로 갈지 뒤로 갈지 선택할 수 없다. 도약을 선택할 수도 없다. 순간들이 흐르는 속도에 대해서도 선택의 여지가 없다. 이런 점에서 시간은 공간과 전혀 다르다. 모든 사건이 특정한 장소에서 일어난다고 반론하는 사람이 있을지도 모르겠다. 하지만 우리는 공간에서 어디로 움직일지 선택할 수 있다. 이것은 작은 차이가 아니다. 이 차이가 우리의 경험 전체를 빚는다.

물론 결정론자들은 선택이 환각이라고 믿는다. 스몰린은 환각의 지속을 (쉽사리 폐기할 것이 아니라) 설명이 필요한 증거의 조각으로 기꺼이 취급했다.

스몰린이 보기에 시간을 구해내는 열쇠는 공간 개념 자체를 다시 생각하는 것이다. 공간은 어디서 올까? 물질이 없는 텅 빈 우주에 공간이 존재할까? 그는 시간이 자연의 근본 성질인 데 반해 공간은 발생적 성질이라고 주장한다. 말하자면 '온도'와 같은 종류의 추상화—뚜렷하고 측정할 수도 있지만 실제로는 더 심오하고 비가시적인 것의 결과—라는 것이다. 온도의 경우 그 토대는 분자 앙상블의 현미경적 운동이다. 우리가 온도라고 느끼는 것은 이렇게 움직이는 분자들의 평균 에너지다. 공간도 마찬가지다. "양자역학 수준에서 공간은 전혀 근본적이지 않으며 더 깊은 수준에서 발생한 것이다." (마찬가지로 그는 온갖 수수께끼와 역설을 품은 양자역학 자체—"살았기도 하고 죽었기도 한 고양이, 즉 동시에 존재하는 무한한 우주들"—가 알고 보면 더 심오한 이론의 근삿값일 것이라 믿는다.)

공간의 더 심오한 실재는 공간을 채우는 모든 실체 간의 관계망이다. 사물은 다른 사물과 연관되어 있다. 이들은 서로 연결되어 있으며, 공간을 정의하는 것은 다름 아닌 그 관계다. 이것은 새로운 관점이 아니다. 적어도 뉴턴의 호적수 라이프니츠까지 거슬러 올라간다. 라이프니츠는 시간과 공간을 만물이 담긴 그릇—우주의 절대적 배경—으로 보는 견해를 거부했다. 그는 시간과 공간을 물체 간의 관계로 보고 싶어 했다. "공간은 다른 무엇도 아니며 그 질서 또는 관계다. 실체가 없고 실체를 놓을 가능성만 있다면 그것은 아무것도 아니다." 빈 공간은 결코 공간이 아니라고 라이프니츠는 말했을 것이다. 빈 우주에서는 시간도 존재하지 않는다고 했을 것이다. 시간은 변화의 척도이기 때문이다. 라이프니츠는 이렇게 썼다. "나는 공간이 시간과 마찬가지로 단지 상대적인 무언가라고 주장한다. 사물 없이 고려되는 순간들은 아무것도 아니다." 뉴턴적 우주관이 승리하면서 라이프니츠의 견해는 시야에서 사라지다시피 했다.

연결망 중심의 상대적 우주관을 이해하려면 서로 연결된 디지털 세계를 들여다보는 것으로 충분하다. 인터넷은 (한 세기 전 전신과 마찬가지로) 공간을 '소멸'시킨다는 말을 듣는다. 물리적 차원을 넘어선 네트워크에서 아무리 멀리 떨어진 노드와도 연결될 수 있기 때문이다. 여섯 다리 건너면 모두 알게 되는 정도가 아니라 수십억 가닥으로 연결되어 있다. 스몰린이 말한다.

> 우리는 낮은 차원의 공간에서 살아갈 때 따르는 한계를 기술로 극복한 세상에서 산다. 휴대폰의 관점에서 보면 우리는 25억 차원의 공간에서 살고 있으며 거의 모든 동료 인간이 우리의 가장 가까운 이웃이다. 인터넷도 물론 똑같은 일을 해냈다. 우리를 가르는 공간을 연결망이 녹였다.

따라서 이젠 사물의 실제 모습을 보기가 더 쉬울지도 모른다. 이것이 스몰린의 믿음이다. 시간은 근본적이지만 공간은 환각이라는 것. "세계를 형성하는 진짜 관계는 역동적 네트워크라는 것." 네트워크 자체가 그 안의 모든 것과 더불어 시간의 흐름에 따라 진화할 수 있으며 진화해야만 한다는 것.

그는 추가 연구를 위한 프로그램을 제시하면서 '선호되는 세계시'

라는 개념을 바탕으로 삼는다. 이 개념은 우주로 확장되어 과거와 미래의 경계를 규정하며 우주에 퍼진 관찰자 집단과 선호되는 휴지休止 상태를 상상하는데, 이 상태를 기준으로 운동을 측정할 수 있다. '지금'이 관찰자들에게 똑같을 필요는 없더라도 그 의미는 우주 어디에서나 동일하다. 이 관찰자들은 현재 순간에 대한 지속적 감각을 가지고 있으며, 제쳐두기보다는 살펴보아야 하는 문제다.

우주는 제 할 일을 한다. 우리는 변화를 감지하고 운동을 감지하며 부글부글 끓어오르는 혼란을 이해하려 애쓴다. 말하자면 진짜 어려운 문제는 의식이다. 우리는 출발점으로 돌아왔다. 웰스의 시간여행자가 시간과 공간의 유일한 차이는 "우리의 의식이 그것을 따라 움직인"다는 것뿐이라고 주장한 지점으로(그 직후에 아인슈타인과 민코프스키가 같은 말을 했다). 물리학자들은 자아의 문제와 애증 관계를 발전시켰다. 한편으로 자아는 물리학자 소관이 아니다. (한갓) 심리학자에게 맡겨두면 된다. 다른 한편으로 자연을 훌륭히 기술記述하려면 관찰자—측정하고 정보를 축적하는 사람—를 결코 배제할 수 없음이 밝혀졌다. 우리의 의식은 어떤 마법적 방관자가 아니라, 자신이 보려 하는 우주의 일부다.

마음은 우리가 가장 직접적으로 경험하는 것이자 경험의 주체다. 마음은 시간의 화살에 휘둘린다. 마음은 계속해서 기억을 만들어낸다. 마음은 세계의 모형을 만들고 이 모형을 이전 모형과 끊임없이 비교한다. 의식의 정체가 무엇이든, 움직이면서 4차원 시공 연속체의 연속적 조각을 비추는 손전등은 아니다. 의식은 시간 속에서 생기고, 시간 속에서 진화하고, 과거에서 정보의 조각을 흡수해 처리할 수 있고, 미래에 대한 예상을 만들어낼 수도 있는 동적 계다.

아우구스티누스가 줄곧 옳았다. 현대 철학자 J. R. 루커스J. R. Lucas는『시간과 공간에 대한 논고Treatise on Time and Space』에서 아우구스티누스로 돌아온다. “우리는 시간이 무엇인지 말할 수 없다. 우리가 시간이 무엇인지 이미 알고 있으며 우리가 하는 말이 우리가 이미 아는 모든 것과 맞아떨어지지 않기 때문이다.” (보르헤스의 번역에 따르면) 부처도 마찬가지였다. “과거의 사람은… 과거에 살았지, 현재나 미래에는 살지 않는다. 반대로 미래의 사람은 미래에 살 것이어서, 과거나 현재에 살지 않는다. 현재의 사람은 현재를 살고 있기에, 과거에 살았던 사람도 미래에 살 사람도 아니다.”(『만리장성과 책들』 336쪽) 우리는 과거가 지나갔음을—끝장나고 결딴나고 봉인되고 사라졌음을—안다. 과거에 대한 접근은 기억과 물리적 증거—화석, 다락의 그림, 미라, 오래된 장부—로 인해 손상되고 제약된다. 우리는 목격자가 미덥지 않으며 기록이 가필되거나 오독될 수 있음을 안다. 기록되지 않은 과거는 더는 존재하지 않는다. 그럼에도 경험은 과거가 일어났고 지금도 계속 일어난다고 우리를 설득한다. 미래는 다르다. 미래는 아직 오지 않았다. 미래는 열려 있으며, 모든 것은 아니지만 많은 것이 일어날 수 있다. 세계는 여전히 공사 중이다.

시간은 무엇일까? 만물은 변한다. 시간은 우리가 그 변화를 추적하는 방법이다.

XII
XI
XIII
X
XIV
IX
III
VIII
IV
VII
V
VI
유일한 보트
Our Only Boat

시간이라는 강을 항해할 때는 이야기가
우리의 유일한 보트다.(『내해의 어부』 245쪽)
— 어슐러 K. 르 귄(1994)

당신의 지금은 나의 지금이 아니다. 당신은 책을 읽고 있고 나는 책을 쓰고 있다. 당신은 나의 미래에 있지만, 나는 다음에 무엇이 올지 알고 당신은 모른다.●

당신이 쓴 책에서는 당신도 시간여행자가 될 수 있다. 조바심이 나면 결말로 건너뛸 수 있다. 기억이 나지 않을 때는 앞 페이지를 들추면 된다. 글 안에 다 들어 있으니까. 당신은 페이지를 넘기는 시간여행에 친숙할 텐데, 이는 당신 책의 인물도 마찬가지다. 무라카미 하루키의 『1Q84』(문학동네, 2016)에서 아오마메가 말한다. "거기에는 시간이 불규칙하게 흔들리는 느낌이 있어요. 앞이 뒤여도 괜찮고, 뒤가 앞이어도 상관없는 듯한."(『1Q84 3』(문학동네, 2016) 404쪽) 그녀는 금세 자신의 현실을 변화시킬 수 있지만 독자인 당신은 역사를 바꿀 수도, 미래를 바꿀 수도 없다. 일어날 일은 일어날 것이다. 당신은 그 모든 것의 바깥에 있다. 당신의 시간 바깥에 있다.

약간 메타적으로 보이는가? 사실이 그렇다. 시간여행이 난무하는 시대가 되면서 이야기가 더욱 복잡해졌다.

문학은 스스로의 시간을 창조한다. 문학은 시간을 모방한다. 20세기까지는 주로 합리적이고 단순하고 직선적으로 시간을 모방했다. 책 속의 이야기는 대체로 시작에서 시작해 끝에서 끝났다. 하루가 걸릴 수도 몇 년이 걸릴 수도 있었지만 사건은 대개 순서대로 전개되었다. 시

● 나보코프는 『추억을 잃어버린 사랑』 어딘가에 이렇게 썼다. "이 장章의 결과(이미 쓰이고 정리가 끝나버린)는 도무지 바꿀 수 없다."(『추억을 잃어버린 사랑. 하』 113쪽) 물론 그가 책을 쓰고 있을 때는 사실이 아니었다.

간은 좀처럼 드러나지 않았다. 하지만 이따금 시간이 전면에 나서기도 했다. 첫 부분에서 이야기 속 이야기를 들려주면 장소뿐 아니라 시간도 이동했다(플래시백과 플래시포워드). 우리는 이야기 속 등장인물이 이따금 이야기 속 등장인물—"내일과 내일과 내일"의 시간에 휘둘리며 "한동안 무대에서 우쭐대고 안달하다 다시는 소식 없는 불쌍한 배우"(『셰익스피어 전집』 674쪽)—처럼 **느껴진다**는 것을 잘 알고 있다. 아니, 어쩌면 이곳 현실에서 우리가 다른 누군가의 가상현실 속 등장인물에 불과하다는 의심이 스멀스멀 커지는지도 모르겠다. 대본을 연기하는 배우. 로전크랜츠와 길던스턴(『햄릿』의 등장인물_옮긴이)은 자신들이 운명의 주인이라고 상상한다. 우리라고 다를까? 마이클 프레인Michael Frayn의 2012년작 소설 『스키오스Skios』에서는 전지적 화자가 이야기 속에서 살아가는 등장인물들을 이야기한다. "그들이 이야기 속에서 살고 있다면 어디선가 누군가가 책의 나머지를 손에 쥐고 있으며, 막 일어나려는 일이 이미 인쇄된 페이지에 고정되고 불변하고 확고하게 존재한다고 짐작했을지도 모른다. 그런다고 해서 **그들**에게 별 도움이 되지는 않았을 것이다. 이야기 속의 그 누구도 그들이 그렇다는 사실을 알지 못하니까."

이야기는 순서대로 진행된다. 이것은 이야기의 근본적 특징이다. 이야기는 사건들을 낭독하는 것이다. 우리는 다음에 무슨 일이 일어나는지 알고 싶어 한다. 우리는 계속 듣고 읽는다. 운이 좋다면 왕이 샤흐라자드를 하룻밤 더 살게 해준다. 적어도 이것이 서사에 대한 전통적인 견해였다. E. M. 포스터E. M. Forster는 1927년에 이렇게 말했다. "서사란 시간순으로 배열된 사건입니다. 아침 식사 다음에 저녁 식사가, 월요일 다음에 화요일이, 죽음 다음에 부패가 옵니다." 현실에서 우리는 이야기꾼이 누리지 못하는 자유를 누린다. 우리는 시간의 흐름을 놓친다. 우리는 상상의 나래를 펼친다. 우리의 과거 기억은 쌓이거나 저절로 우리의 생각에 비집고 들어오며 미래에 대한 예상은 자유롭게 떠다닌다. 하지만 기억도 바람도 시간선에 체계적으로 놓이지는 않는다. 포스터가 말한다. "여러분이나 제가 일상생활에서 시간이 존재함을 부정하고 그에 따라 행동할 수야 있지만, 그랬다가는 의사소통이 불가능해지고 동료들이 정신병원에 처넣을 것입니다. 하지만 소설가가 자기 소설의 구조 안에서 시간을 부정하는 것은 절대로 가능하지 않습니다." 삶에서는 째깍거리는 시계 소리를 들을 수도 듣지 않을 수도 있지만 "소설에는 언제나 시계가 있"다.

더는 그렇지 않다. 우리는 더 발달한, 더 자유롭고 더 복잡한 시간 감각을 진화시켰다. 소설에는 시계가 여러 개 있을 수도 있고, 아예 없을 수도 있고, 모순되거나 믿을 수 없는 시계, 뒤로 가거나 아무렇게나 회전하는 시계가 있을 수도 있다. 이탈로 칼비노Italo Calvino는 1979년에 이렇게 썼다. "우리가 경험하고 생각할 수 있는 것은 자신의 궤도를 따라 멀어졌다가 곧 사라져버리는 파편화된 시간뿐이다. 시간의 연속성은, 시간이 멈추지도, 아직 폭발하지도 않았던 시대의 소설, 대략 100여 년 정도 지속되었던 그 시대의 소설에서만 찾아볼 수 있다."(『어느 겨울밤 한 여행자가』(민음사, 2016) 15쪽) 그는 100년이 언제 끝나는지 정확하게 말하지 않는다.

모더니즘 운동이 사방에서 자의식적으로 분출하던 시기였으니 포스터는 자신의 말이 지나친 단순화임을 알았을지도 모른다. 그는 『폭풍의 언덕』으로 연대기적 시간에 반기를 든 에밀리 브론테Emily Brontë를

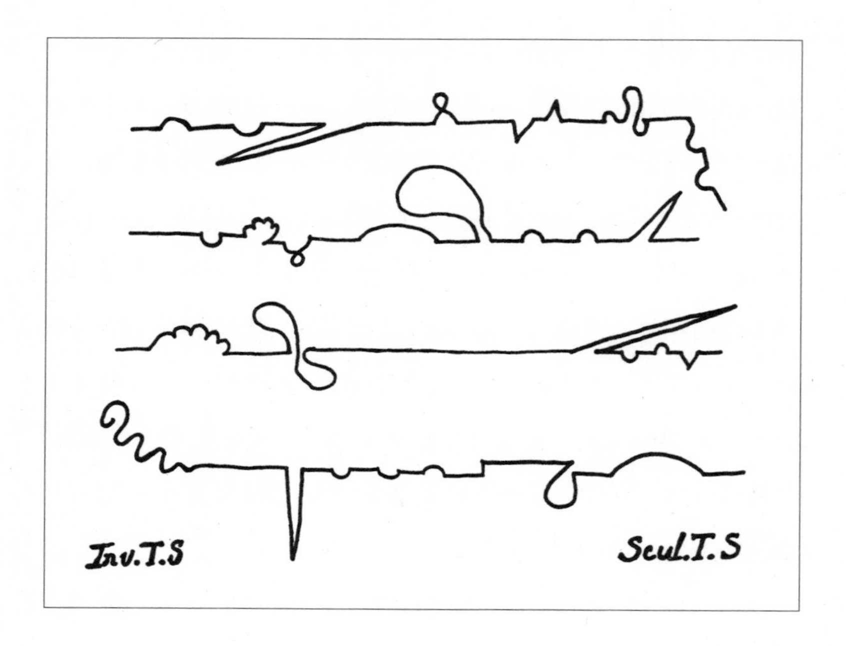

읽었다. 그는 로런스 스턴Laurence Sterne을 읽었다. 소설에서 트리스트럼 섄디는 "해결하겠다고 약속드린 문제만도 백 가지나 되고, 천 가지나 되는 고민거리와 가정 문제가 잇따라 내 머리 위를 여러 겹으로 두텁게 뒤덮었"다며 시제의 족쇄를 벗어 던지고—"소가 토비 삼촌의 요새를 침입해 (내일 아침에)"—심지어 자신의 시간 행각을 앞으로 갔다 뒤로 갔다 올라갔다 내려갔다 한 바퀴 돌기도 하는 구불구불한 시간선으로 그리기까지 했다.(『트리스트럼 섄디 1』(문학과지성사, 2015) 70쪽)

포스터는 프루스트도 읽었다. 하지만 시간이 만개한다는 메시지를 이해했는지는 잘 모르겠다.

공간은 우리의 자연스러운 차원인 듯했다. 우리는 공간 속을 돌아다니고 직접 지각한다. 프루스트가 보기에 우리는 시간이라는 차원의 주민이 되었다. "나는 우선 사람들이 중요한 자리를 차지하는 것처럼, 비록 **공간**에서는 그들이 차지하는 자리가 그토록 한정되어 있건만, 끝없이 늘어난 자리를 차지하는 것처럼, 이것이 비록 그들을 괴물처럼 만들지라도, 그렇게 묘사할 것이다. 왜냐하면 그들은 마치 세월 속에 깊이 빠져 있는 거인들과도 같이, 그사이에 수많은 날이 자리 잡고 있는 멀리 떨어져 있는 시대들을 동시에, **시간** 속에서 살고 있기 때문이다."● (『프루스트』(워크룸프레스, 2016) 13쪽) 마르셀 프루스트와 H. G. 웰스는 동시대인이었는데, 웰스가 기계에 의한 시간여행을 발명했다면 프루스트는 기계 없는 일종의 시간여행을 발명했다. 이것을 '마음시간여행'이라 부를 수 있으리라. 심리학자들은 이 용어를 자기네 용도에 맞게 썼지만.

로버트 하인라인의 시간여행자 밥 윌슨은 과거의 자신을 다시 방문하는데—그들과 대화하고 자신의 인생 역정을 변경한다—이따금 마르셀이라는 이름으로 불리는 『잃어버린 시간을 찾아서』의 화자도 나름의 방식으로 그렇게 한다. 프루스트, 또는 마르셀은 자신의 존재에 대해

● 베케트의 번역. (원문: 얼마간이라도 나에게 작품을 완성시킬 만한 오랜 시간이 남아 있다면, 우선 거기에(괴물과 비슷한 인간으로 만들지도 모르지만), 공간 속에 한정된 자리가 아니라, 아주 큰 자리, 그와 반대로 한량없이 연장된 자리—세월 속에 던져진 거인들처럼, 여러 시기 사이의 거리가 아무리 멀고 큰들, 수많은 나날이 차례차례 와서 자리잡는 여러 시기에 동시에 닿기 때문에—'시간' 안에 차지하는 인간을 그려보련다.(『잃어버린 시간을 찾아서 11』(국일출판사, 2006) 498~499쪽) *Si du moins il m'était laissé assez de temps pour accomplir mon oeuvre, je ne manquerais pas de la marquer au sceau de ce Temps dont l'idée s'imposait à moi avec tant de force aujourd'hui, et j'y décrirais les hommes, cela dût-il les faire ressembler à des êtres monstrueux, comme occupant dans le Temps une place autrement considéable que celle si restreinte qui leur est réservée dans l'espace, une place, au contraire, prolongée sans mesure, puisqu'ils touchent simultanément, comme des géants, plongés dans les années, à des époques vécues par eux, si distantes—entre lesquelles tant de jours sont venus se placer—dans le Temps.)*

의심을 품는다. 이것은 아마도 필멸성에 대한 의심일 것이다. 그것은 "내가 '시간' 밖에 있지 않고 소설 속 인물처럼 시간의 법칙에 종속된다는 점이었다. 바로 그런 이유로 콩브레에서 덮개 달린 버드나무 의자 깊숙이에서 그 인물들의 삶에 대한 이야기를 읽었을 때, 인물들이 그토록 날 슬픔 속으로 몰아넣었던 것이다."(『잃어버린 시간을 찾아서 3』(민음사, 2016) 104쪽)

제라르 주네트Gérard Genette가 말한다. "프루스트는 서사 표현의 전체 논리를 뒤흔든다." 그는 이에 대처하려고 서사학narratology이라는 전혀 새로운 연구 분야를 창시하려 한 문학 이론가 중 한 명이다. 1930년대에 러시아의 비평가이자 기호학자 미하일 바흐친Миха́ил Бахт́ин은 문학에서 시간과 공간이 분리될 수 없음을 나타내기 위해 '크로노토프chronotope'('시간-공간'이라는 뜻으로, 아인슈타인의 '시공간'을 노골적으로 차용했다) 개념을 창안했다. 문학에서는 시간과 공간이 서로 영향을 미친다. 바흐친은 이렇게 썼다. "말하자면 시간은 부피가 생기고 살이 붙어 예술적으로 가시화되고, 공간 또한 시간과 플롯과 역사의 움직임들로 채워지고 그러한 움직임들에 대해 반응하게 된다."(『장편 소설과 민중 언어』(창작과비평사, 1998) 261쪽) 두 개념의 차이점은 시공간이 단지 시공간인 반면에 크로노토프는 상상력이 허락하는 만큼의 가능성을 받아들인다는 것이다. 한 우주는 숙명론적인데 다른 우주는 자유로울 수 있다. 한 우주에서는 시간이 직선이고 다음 우주에서는 원이어서 우리의 모든 실패와 발견이 반복될 수도 있다. 한 우주에서는 다락방에서 사진이 나이를 먹는 동안 젊은 시절의 아름다움을 간직하고, 다음 우주에서는 주인공이 노년기에서 유아기로 거꾸로 성장할 수도 있다. 한 이야기는 기계적 시간의 지배를 받고 다음 이야기는 심리적 시간의 지배를 받을 수도 있다. 어느 시간이 진짜일까? 전부 진짜일까, 아니면 모두 진짜가 아닐까?

보르헤스는 삶과 꿈이 "한 책 속의 쪽들"이라는 쇼펜하우어의 말을 상기시킨다. 이 쪽들을 올바른 순서대로 읽는 것은 사는 것이지만, 뒤적거리는 것은 꿈꾸는 것이다.

20세기 스토리텔링의 시간적 복잡성은 유례를 찾을 수 없을 만큼 야단스럽다. 시제가 충분치 않을 정도다. 아니, 우리가 창조하는 모든 시제에 붙일 이름이 없다.● 매들린 티엔Madeleine Thien의 소설 『확실성Certainty』은 "미래였을 것이 되려던 것에서In what was to have been the future"라는 단순한 절로 시작한다. 프루스트는 거울로 시간적 경로를 그린다.

> 이따금 호텔 앞을 지나면서 그는 자신의 보모를 그렇게 멀리 순례하도록 했을 때의 비 오는 날을 기억했다. 하지만 언젠가 더는 그녀를 사랑하지 않는다고 느

● 용언 시제와 시간여행의 문제는 대중문화에서 끝없는 매혹의 원천이다. 수많은 책이 쓰였으나 대부분은 픽션으로, 1980년 더글러스 애덤스의 착상이 그 시작이다. "가장 큰 문제는 간단히 말해서 문법적인 문제다. 이 문제와 관련해 참조할 수 있는 가장 정통한 논문은 댄 스트리트멘셔너 박사의 『시간여행자용 천한 가지 시제 구조 핸드북』이다. 이 책은 가령, 과거에 어떤 일이 당신에게 곧 벌어질 상황이었는데 당신이 그 일을 피하기 위해 시간을 이틀 뛰어넘었을 때 그 일을 어떻게 묘사해야 할지 말해준다. 이는 당신이 현재의 시점에서 그 일에 대해 이야기하는지, 더 미래의 시점에서 이야기하는지, 혹은 먼 과거의 시점에서 이야기하는지에 따라 달라질 것이다. 게다가 당신이 실제로 자신의 아버지나 어머니가 될 작정을 하고 이 시간에서 저 시간으로 시간여행을 하는 중에 대화를 한다면, 문제는 더욱 복잡해진다.
"대부분의 독자들은 '미래 반조건 수식 하위 역전 변격 과거 가정 의지 시제' 정도까지 가면 포기한다."(『은하수를 여행하는 히치하이커를 위한 안내서』(책세상, 2014) 335~336쪽)

낄 때 음미할 (것이라 생각한) 우수憂愁에 잠기지는 않았다. 앞에 놓인 무관심에 앞서 예상으로 투사된 이 우수는 그의 사랑에서 비롯했다. 그리고 이 사랑은 더는 존재하지 않았다.

예상의 기억, 기억의 예상. 서사학자들은 타임루프를 설명하려 기호로 도표를 그린다. 자세한 내용은 전문가에게 맡기고 우리는 새로운 가능성을 음미하면 된다. "기억과 욕망을 뒤섞으며."(『T. S. 엘리엇 전집』 47쪽) 요는 물리학자에게서만큼이나 소설가에게서도 시경時景이 풍경을 대체하기 시작했다는 것이다. 마르셀의 어린 시절 성당은 그에게 "말하자면 4차원 공간을 차지하는 건물로—4차원이란 바로 시간의 차원이다—수 세기에 걸쳐 이 기둥에서 저 기둥으로, 이 제단에서 저 제단으로, 단지 몇 미터의 거리뿐만 아니라, 계속되는 시대들을 통해 마침내 승리자가 된 내부를 펼쳐 보였"다.(『잃어버린 시간을 찾아서 1』 115쪽) 조이스와 울프를 비롯한 그 밖의 위대한 모더니스트들도 시간을 캔버스이자 주제로 삼았다. 필리스 로즈Phyllis Rose에 따르면 이들 모두에서 "글의 흐름이 시간과 공간을 배회하며, 현재의 어떤 순간이라도 기억과 예상과 연상의 호수에 잠기게 해주는 다이빙대 역할을 한"다. 스토리텔링은 연대기적이지 않다. 시대착오적이다. 당신이 프루스트라면 삶의 서사가 삶에 섞여든다. "우리의 일생은 연대순으로 되어 있는 일이 적고, 세월의 흐름에는 시대착오가 매우 많이 끼어 있다."(『잃어버린 시간을 찾아서 4』(국일출판사, 2007) 8쪽) 서사 자체가 타임머신이요, 기억은 연료다.

H. G. 웰스처럼 프루스트도 신학문 지질학을 받아들였다. 프루스

트는 자신의 지층을 판다. "이 모든 추억들이 서로 겹치며 하나의 덩어리를 이루었지만, 그렇다고 그 추억들 사이에서—가장 오래된 것과 '향기'로 생긴 최근 추억, 그리고 내가 알게 된 다른 사람에 대한 추억 사이에서—진정한 균열이나 단층은 아니라고 해도, 적어도 어떤 암석이나 어떤 대리석에서처럼 기원과 나이와 '형성'의 차이를 나타내는 돌의 결이나 색채의 다양함을 구분하지 못하는 것은 아니었다."(『잃어버린 시간을 찾아서 1』 318~319쪽) 현대 신경과학자들이 기억의 작동 방식에 대해 더 권위 있는 모형을 확립했다면 프루스트의 기억이 단지 시적일 뿐이라고 비판할 수도 있겠지만, 그런 모형은 확립되지 않았다. 컴퓨터 저장 장치라는 예를 활용할 수 있고, 심지어 해마와 편도의 신경 구조도 자세히 밝혀졌지만, 기억이 어떻게 형성되고 인출되는지 제대로 설명할 수 있는 사람은 아무도 없다. 프루스트의 역설적 주장을 논박할 수 있는 사람도 아무도 없다. 기억을 검색하거나 기억을 추궁하거나 필름을 되감거나 서랍을 뒤진다고 해서 과거를 진정으로 복원할 수는 없으며 (우리가 그나마 접할 수 있는) 과거의 알맹이는 초대받지 않은 채 찾아온다는 주장 말이다.

그는 이를 일컫는 '불수의적 기억involuntary memory'이라는 용어를 만들어냈다. 그는 이렇게 경고했다. "지나가버린 과거를 되살리려는 노력은 헛된 일이며, 모든 지성의 노력도 불필요하다. 과거는 우리 지성의 영역 밖에, 그 힘이 미치지 않는 곳에… 숨어 있다."(85쪽) 우리는 자신의 마음속을 순진하게 들여다보면서 우리가 기억을 빚어냈으며 이제 한가로이 살펴보면 불러일으킬 수 있다고 생각할지도 모르지만, 그렇지 않다. 우리가 추구하는 기억, 의식적 의지의 기억은 환각이다. "이런 기억이 과거에 대해 주는 지식은 과거의 그 어떤 것도 보존하지 않는다."(84쪽) 우리의 지성은 자신이 회상하려는 이야기를 다시 쓰고 또다시 쓴다. "매번 정신은 스스로를 넘어서는 어떤 문제에 직면할 때마다 심각한 불안감을 느낀다. 정신이라는 탐색자는… 어두운 고장에서 찾아야만 한다."(87쪽) 불수의적 기억은 성배이지만, 우리가 좇는 성배는 아닐지도 모른다. 우리가 기억을 찾는 것이 아니라 기억이 우리를 찾는다. 어쩌면 기억은 유형의 물체에—"그 대상이 우리에게 주는 감각 안에"(85쪽)—숨어 있는지도 모른다. 이를테면 보리수차에 적신 "프티트 마들렌"의 맛처럼. 기억은 각성과 수면 사이의 역공간閾空間(liminal space. 어떤 주체가 안에 있지도 밖에 있지도 않은 채, 친밀하고도 일상적인 공간이나 일상적인 시간 질서 혹은 패권적인 사회 구조로부터 분리된, 말하자면 어중간한 위치에 처한 상태_옮긴이)에서 찾아오는지도 모른다. **그 혼란은 궤도를 이탈한 세계에서 더 극심해져, 마술 의자가 전속력으로 그를 시간과 공간 속으로 여행하게 할 것이다.**

모든 것을 고려할 때 심리학자들이 이 현상을 정의하고 '마음시간여행'이라는 이름을 붙이기까지 60년이 넘게 걸린 것이 놀라울 수도 있겠지만, 이제는 개념이 정착되었다. 캐나다의 신경과학자 엔델 털빙Endel Tulving은 1970년대와 1980년대에 '일화 기억episodic memory'이라는 용어를 지었다. 그는 이렇게 썼다. "기억자에게 기억은 마음시간여행이다. 과거에 일어난 무언가를 다시 겪는 셈이다." 당연히 미래일 수도 있다. (뒤로만 작동하는 것은 열등한 종류의 기억임을 명심하라.) 마음시간여행은 줄여서 'MTT'라고 하는데, 연구자들은 이것이 인간 고유의 능력인지, 아니면 원숭이와 새도 과거를 재방문하고 미래로 스스로를 투사할 수 있는지 논쟁 중이다. 더 최근의 정의는 인지과학자 두 명이 제시했다. "마음시간여행은 자신을 시간상의 뒤쪽으로 정신적으로 투사해 과거 기억을 다시 겪고 시간상의 앞쪽으로 투사해 가능한 미래 경험을 미리 겪는 것이다. 선행 연구는 자발적 형태의 MTT에 초점을 맞췄으나 여기서 우리는 불수의적 MTT 개념을 도입한다." 말하자면 "과거와 미래로의 불수의적(저절로 일어나는) 마음시간여행"이다. 하지만 마들렌에 대해서는 한마디도 없다.

웰스식 타임머신이 없더라도 상상력이 시간 차원에서 우리를 해방할 수 있다는 데는 모두가 동의하는 듯하다. 하지만 사뮈엘 베케트의 생각은 달랐다. 아직 소설이나 희곡을 써본 적 없던 더블린 출신의 청년 베케트는 1930년 여름 파리 고등사범학교에서 프루스트를 공부했다. 그의 목적은 "무엇보다 저주와 구원의 쌍두 괴물인 시간을 살펴보"는 것이었다. 자유는 그가 본 것이 아니다. 프루스트의 세계에서 베케트는 희생자와 죄수만을 발견했다. 앞에 놓인 쓰디쓴 운명으로부터 눈을 돌리게 하는 "치명적이며 치유할 수 없는 낙관주의"와 "우리의 우쭐한 의지"(『프루스트』 15쪽)는 샘에게 걸맞지 않았다. 그는 우리가 2차원 생물과 비슷하다고 주장한다. 3차원인 높이를 난데없이 발견하는 플랫랜드 주민처럼 말이다. 그 발견은 아무짝에도 소용이 없다. 그들은 새로운 차원으로 여행하지 못한다. 우리도 마찬가지다. 베케트가 말한다.

> 우리는 시간과 날들로부터 도망칠 수가 없다. 내일로부터도, 어제로부터도. 어제로부터 도망칠 수 없는 까닭은 어제가 우리를 변형시켰거나, 어제가 우리에 의해 변형되었기 때문이다. … 어제는 그 단계를 넘은 기점이 아니라, 과거의

닳을 대로 닳은 길에 놓인 조약돌로, 그 무겁고 위협적인 존재는 돌이킬 수 없이 우리의 일부로 우리 속에 있다.(『프루스트』 14쪽)

베케트는 시간여행의 즐거움을 기꺼이 남들에게 넘길 것이다. 그에게 시간은 독이자 암이다.

시간 속에서 완성되는 모든 것들(**시간**이 생산하는 모든 것들)을 우리가 소유할 수 있다면, 그것은 **예술**에서건 **삶**에서건 결코 한꺼번에 동시다발적으로 일어나지 않고, 하나하나 부분적인 성취가 연속적으로 일어남으로써만 가능하다.(『프루스트』 16~17쪽)

적어도 그에겐 일관성이 있다. 우리는 기다릴 수 있다. 그게 전부다.

블라디미르: 우리가 어제 저녁에 왔었다고 했잖아?

에스트라공: 내가 잘못 생각했을지도 모르지.(『고도를 기다리며』(민음사, 2014) 24쪽)

(제본되고 처음과 중간과 끝이 있는) 모든 책은 단단한 우주를 닮았다. 실제 삶에는 없는 결말이 있기 때문이다. 삶에서는 우리의 여정이 끝났을 때 모든 실이 묶여 있으리라 기대할 수 없다. 소설가 앨리 스미스Ali Smith는 책을 일컬어 "손 안에 있고 만질 수 있는 시간의 조각"이라고 말한다. 책은 쥘 수 있고 경험할 수 있지만 바꿀 수는 없다. 바꿀 수 있고 실제로 그렇게 한다는 것만 빼면. 책은 누군가 읽기 전에는 아무것도 아니다. 불활성 상태로 기다릴 뿐. 읽기 시작되면 독자 또한 이야기

속 참가자가 된다. 프루스트를 읽으면 당신의 기억과 욕망이 마르셀의 것과 뒤엉킨다. 스미스는 헤라클레이토스를 새로 번역한다. "같은 이야기에 두 번 발을 담글 수는 없다." 독자가 어디에 있든, 몇 쪽에 있든 이야기에는 지나간 것인 과거와 오지 않은 것인 미래가 있다.

하지만 독자가 품이 넓은 것은 분명하다. 그의 기억은 책을 전부 담을 만큼 크고 미덥다. (책은 아무리 두꺼워도 몇 메가바이트밖에 안 된다.) 그렇다면 책을 한꺼번에 머릿속에 담을 수는 없을까? 과거와 현재와 미래를 모두 소유할 수는 없을까? 블라디미르 나보코프는 무지나 천진의 상태에서 책을 맞닥뜨려 한 쪽씩 한 단어씩 경험하는 것이 아니라, 책 전체를 기억 속에 소유하는 것이야말로 읽기의 이상이라고 생각한 듯하다. 그는 『문학 강의Lectures on Literature』에서 이렇게 말했다. "좋은 독자, 주요 독자, 능동적이고 창의적인 독자는 재독자再讀者입니다."

> 이유를 말씀드리죠. 어떤 책을 처음 읽을 때 눈동자를 왼쪽에서 오른쪽으로 행마다 쪽마다 열심히 굴리는 과정 자체, 책에 대해 행하는 이 복잡한 신체적 수고, 이 책이 무엇에 대한 것인지를 공간과 시간에서 배우는 바로 그 과정, 이것을 넘어서야 예술적 감상이 가능해집니다.

책은 그림처럼 시간 바깥에서 단번에 이해하는 것이 이상적이라고 나보코프는 말한다. "우리는 그림을 볼 때 눈을 특별한 방식으로 움직이지 않아도 됩니다. 책과 마찬가지로 그림에도 깊이와 발전의 요소가 있음에도 말이죠. 사실 시간이라는 요소는 그림과의 첫 만남에 개입하지 않습니다."

하지만 책을 시간과 별개로 단번에 통째로 이해할 수 있을까? 그림을 단번에 흡수할 수 없음은 분명하다. 눈동자가 굴러가고 관람객은 이걸 봤다 저걸 봤다 한다. 책으로 말할 것 같으면, 음악이 그러듯 시간과 어울려 논다. 책은 예상에 능하고 기대를 희롱한다. 책을 아무리 잘 알아도, 심지어 호메로스를 낭송하는 시인처럼 통째로 외울 수 있어도 무시간적 대상으로 경험할 수는 없다. 책에 담긴 기억의 메아리와 복선의 수법을 감상할 수는 있지만, 책을 읽을 때 당신은 시간 속에서 살아가는 존재다. 소설가이자 번역가 팀 파크스Tim Parks는 '망각'에 본질적 역할이 있음을 지적한다. "나보코프는 망각을 언급하지 않지만, 이것이야말로 분명 그가 하려는 얘기다." 명심하라. 기억은 테이프 녹음기가 아니다. "연판鉛版이나, 절취선이 있는 종이"도 아니다.

> 기억은 대체로 제작, 재작업, 서술의 변화, 단순화, 왜곡, 얼굴을 대체하는 사진 등이다. 게다가 첫인상이 머릿속 어딘가에 고스란히 남아 있으리라고 생각할 이유는 전혀 없다. 우리는 과거를—심지어 바로 전의 과거조차—소유하지 않는다. 이것을 애석해할 필요는 없다. 그랬다가는 현재에 대한 우리의 경험이 심하게 저해될 것이기 때문이다.

망각의 반대도 작용하는데, 그것은 '아직 모름'이다. 전지적 재독자의 기억 속에도 아직 모르는 것이 있다. 안 그러면 무슨 재미로 책을 읽겠는가? 책을 아무리 많이 재독하더라도 우리는 과거에 대한 무지, 미래에 대한 의심을 원한다. 안 그러면 책을 읽어도 기대, 실망, 흥분, 놀람처럼 시간과 망각에 의존하는 인간적 감정들을 경험할 수 없다. 나보코프의 『추억을 잃어버린 사랑』에서 누군가(전지적 저자 또는 잘 잊어버리는 화자)가 주인공들에 대해 말한다. "시간이 그들을 속인 탓에 이들은 때로 상대방이 무엇을 물었는지 알면서도 자신의 답변은 잊고 마는 엉뚱한 대화를 이어갔다."(『추억을 잃어버린 사랑. 상』 244쪽) 그들은 "표현하기 전에는 황혼의 존재(또는 아무것도 아닌 것, 즉 임박한 표현의 뒤에 드리운 그림자의 환각에 불과한 것)에 불과한 무언가를 표현하려"(209쪽. 재번역)고 분투한다. 시간은 우리 모두를 속인다. 타임머신을 가진 깐깐한 재독자조차.

따라서 삶에서처럼 책에서도 결말은 인위적이다. 누군가 만들어내야 한다. 그 누군가는 신의 일을 대신하는 저자다. 서사학적 선택지가 복잡해짐에 따라 세계를 구성하는 일의 어려움도 커져만 간다. 주제 사라마구José Saramago가 말한다. "글쓰기는 아주 어렵다. 엄청난 일이다. 사건들을 시간 순서에 따라 배치하는 진 빠지는 작업을 생각하면 된다. 먼저 이것을 그다음에는 저것을. 또는 적당한 효과를 얻는 데 더 편리하다고 생각할 경우 오늘의 사건을 어제의 일 앞에 놓거나, 다른 아슬아슬한 곡예를 부려 과거를 새것처럼 다루고, 현재를 끝도 없이 계속되는 과정으로 보여주기도 한다."(『돌뗏목』(해냄, 2008) 14~15쪽) 결국 독자(와 영화 관객)는 비유와 수법을 배우면서 점점 눈이 밝아진다. 우리는 앞선 모든 시간여행자의 어깨 위에 서 있다.

여기 타임머신을 가진 사람이 있다. 타임머신 '안'에 있는 사람이라고 말해야 할지도 모르겠다. 그의 이름은 찰스 유Charles Yu다. 그는 자신이 시간여행업에 종사한다고 말한다. 타임머신 수리가 그의 생업이다. 그는 과학자가 아니다. 한갓 기술자일 뿐이다. 그가 말한다. "보다 정확하게 말하자면, 나는 T급 개인용 시간문법 이동기의 공인받은 네트워크 기술자다."(『SF 세계에서 안전하게 살아가는 방법』(시공사, 2011) 18쪽) 지금(이 책에서는 골치 아픈 단어다) 그는 TM-31이라는 "재창조 시간여행 기구"(49쪽) 안에서 산다.

> TM-31은… 시간시제 변환기술에 의해 움직인다. 지정된 환경에서 자유 형태 항행이 가능한 응용 시간언어학적 구조에 기반을 두고 만들어졌다. … 지정된 환경의 예로는 이야기 공간, 그중에서도 특히 SF 우주를 들 수 있을 것이다.(16쪽)

말하자면 우리는 책 안에 있다. 책은 이야기 공간, 즉 우주다. "사용자는 상자 안에 들어가서 버튼 몇 개를 누른다. 그러면 그는 다른 장소, 다른 시간대로 여행할 수 있다. 이 버튼을 누르면 과거로 가고, 이 레버를 당기면 미래로 간다. 사용자는 상자에서 나와서 세계가 변했으리라 기대한다."(16~17쪽) 그렇다. 이제 우리는 모든 것을 알았다. 몇 가지 역설도 예상할 수 있다.

찰스는 외출을 별로 하지 않는다. 가장 친한 친구는 '인격 스킨'을 가진 태미(섹시하지만 자존감에 문제가 있는 소프트웨어)라는 컴퓨터 UI(사용자 인터페이스. 사용자와 컴퓨터가 정보를 더욱 쉽게 주고받을 수 있도록 도움을 주는 수단_옮긴이)와 에드라는 이름의 "일종의" 개다. 개는 "어떤 우주 활극물에서 구출해낸retconned 녀석"이다. '구출retconning'은 포스트포스트모던적 서사학 용어로, '소급적 연속성retroactive continuity'의 약자다. 허구 세계의 배경을 사후에 다시 쓴다는 뜻이다. 에드는 냄새가 고약하고 찰스의 얼굴을 핥아대지만 실제로 존재하지는 않는다. "에드는 존재론적으로 유효한 가상의 괴상한 존재일 뿐이다. 이놈은 뭔가 보존의 법칙을 어기고 있는 것이 분명하다. 이 침 좀 보라. 무에서 유를 창조하고 있지 않은가."(18쪽) 우리가 이를 그냥 받아들여야 하는 것은 분명하다. 찰스도 받아들인다. 외로운 직업이니까. "타임머신 수리에 종사하는 사람들 중 많은 수는 몰래 소설을 쓰고 있다."(26쪽) 공교롭게도 우리가 읽고 있는 책은 찰스 유라는 작가의 첫 장편 소설『SF 세계에서 안전하게 살아가는 방법』이다.

타임머신에서 사는 덕에 찰스에게는 남다른 관점이 있다. 이따금 그는 자신이 부정 현재Present-Indefinite라는 시제에 존재한다고 느낀다(한국어판에서는 '현재완료'로 번역_옮긴이). 이곳은 일종의 연옥으로, '현재'와는 다르다. "하지만 현재를 살아갈 이유가 대체 무엇이란 말인가? 내 생각에 현재는 과대평가되는 경향이 있다. 내게 있어 현재란 그다지 대단한 것이 아니었다."(44쪽) (모두가 앞으로만 나아가고 뒤만 돌아보는) 연대기적 삶은 어제의 뉴스다. "… 일종의 거짓이다. 내가 거기서 벗어난 이유가 바로 그것이다."(44쪽)

그래서 그는 "조용하고 이름 없는 어두운 공간 속"(33쪽)에서 혼자 자면서 그곳에서 자신이 안전하다고 느낀다. 그는 미니 웜홀 발생기로 다른 우주를 엿볼 수 있다. 이따금 고객에게 현실을 설명해야 할 때가 있다. 고객 중에는 과거로 돌아가 역사를 바꾸고 싶어서 타임머신을 빌리는 사람들이 있고, 타임머신을 빌리지만 무심코 역사를 바꾸게 될까 봐 '걱정'하는 사람들이 있다. "아 세상에, 내가 과거로 가면 나비가 날개를 살짝 다르게 펄럭일 테고 이런 일 저런 일과 세계대전이 벌어져서 나는 존재하지 못하게 될 거고 기타 등등."(32쪽) 규칙은 그럴 수 없다는 것이다. 이 말을 듣고 싶어 하는 사람은 아무도 없지만, 과거를 바꿀 수는 없다.

> 우주는 그런 식으로 굴러가지 않는다. 그 정도로 중요한 개인은 존재하지 않는다. … 너무 많은 요인, 너무 많은 변수가 있다. 시간은 조용히 흐르는 냇물이 아니다. 우리 각자가 만드는 잔물결을 기록하는 고요한 호수도 아니다. 시간은 찐득하다. 시간은 도도한 강물이다. 시간에는 자가 치유 능력이 있으며, 따라서 그 안의 어떤 것도 파묻혀 사라질 수 있다.(32~33쪽)

찰스는 몇 가지 규칙을 더 배웠다. 타임머신에서 나오는 자기 모습을 보거든 있는 힘껏 반대쪽으로 달려야 한다. 자신을 만나서 좋을 것은 하나도 없다. 친척이 될지도 모르는 사람과 섹스를 하지 않도록 주의하라. ("내가 아는 한 남자는 자신의 누나가 되어버리기도 했다." (76~77쪽)) 이것은 극도로 순환적이고 재귀적이고 자기 참조적인, 21세기 메타서사다. 진짜 과학('진짜' 과학)이 SF 과학과 뒤섞인다. SF 과학은 진짜 과학의 패러디이자 SF의 진짜 과학이다. 무슨 말인지 이해되려나. 예를 들어보자. "이야기의 중심이 되는 인물, 심지어 해설자까지도 자신이 이야기의 과거형 서술 안에 있는지, 아니면 현재 시제에서 (또는 다른 시제를 가진 사건 내에서) 과거를 회상하고 있는지 알 수 없다."(59쪽)

무엇보다 그는 아버지를 그리워한다. 시간여행에 대해 모든 것을 가르쳐주고 "오늘은 민코프스키 공간을 탐험해볼까"(82쪽) 같은 말을 하던, 그가 기억 속에서 존경하고 사랑하는 아버지. 생각해보면 수많은 시간여행이 부모를 찾는 모험이다. 영화 <빽 투 더 퓨쳐> 시리즈에서 마티 맥플라이는 부모의 과거를 찾아내야 한다. 거기에 자신의 운명이 달렸다. 영화 <터미네이터> 시리즈는 모두 엄마를 찾는—찾아서 죽이는, 또는 지키는—얘기다. 등장인물들이 감정을 별로 드러내지는 않지만. 윌리엄 보이드William Boyd가 2015년작 소설 『달콤한 애무Sweet Caress』에서 묻는다. "시간을 거슬러 부모가 되기 전의 부모를 만나보고 싶지 않은 사람이 어디 있겠는가? '엄마'와 '아빠'가 집안의 신화적 존재가 되기 이전 말이다." 우리는 어린 시절을, 그 속에서 살아갈 때와 기억 속에서 다시 겪을 때 다르게 경험한다. 또한 자신이 부모가 되면 자신의 부모와 자신의 어린 시절을 마치 처음인 것처럼 재발견하기도 한다. 이것이 타임머신을 가지는 것에 가장 가까워지는 방법이다.

"우리가 과거와 현재를 어떻게 구분하는가?" 찰스의 아버지는 이것이 시간여행의 핵심 질문이라고 말한다. "우리가 현재라는 매우 작은 창문을 통해서, 어떻게 이렇게 일정한 속도로 사건을 인지할 수 있는가?"(256쪽) 어쩌면 의식의 핵심 질문인지도 모르겠다. 우리는 어떻게 자신을 구성할까? 의식 없이도 기억이 있을 수 있을까? 물론 그럴 수 없다. 아니면 물론 그럴 수 있을지도. 이는 기억이 무슨 뜻이냐에 달렸다. 미로를 통과하는 법을 배우는 쥐는 미로를 기억하는 것일까? 기억이 정보의 영속화라면 조금이라도 의식이 있는 생물에게는 기억이 있다. 컴퓨터도 마찬가지다. 컴퓨터의 기억은 바이트로 측정된다. 무덤도 기억이 있다. 하지만 기억이 회상의 행위라면, 추억의 행위라면, 기억은 두 구성물을 머릿속에 간직하고—하나는 현재를 표상하고 다른 하나는 과거를 표상한다—둘을 비교하는 능력을 전제한다. 우리는 기억을 경험과 구별하는 법을 어떻게 배웠을까? 뭔가 꼬이는 바람에 현재를 기억처럼 경험하는 것을 '데자뷔'라 한다. 데자뷔—환각 또는 병—를 생각해보면 기억이라는 평범한 일이 얼마나 놀라운지 실감할지도 모른다.

기억 없는 의식이 있을 수 있을까? 보르헤스는 이렇게 말했다. "우리는 자신의 기억이다."

> 우리는 형태가 달라지는 기상천외한 박물관이요,
>
> 깨진 거울 더미다.

우리의 의식적 뇌는 기억으로부터 유추하고 변화로부터 외삽해 시간 개념을 발명하고 또 발명한다. 시간은 자아의 자각에 필수 불가결하다. 저자와 마찬가지로 우리도 자신의 서사를 구축하고 장면을 그럴듯한 순서로 조합하고 원인과 결과를 추론한다. 찰스의 소프트웨어 친구가 설명한다. "이 책은 '현재'라는 개념과 마찬가지로 허구예요. 진짜가 아니라는 뜻은 아니지만요. 이 SF 세계에 있는 다른 모든 물체들과 마찬가지로 진짜죠. 당신과 마찬가지로요. 에셔 앤드 선즈 건축 사무소에서 지은 집의 계단만큼이나 진짜 물건이죠."(307쪽)

당신은 삶의 조각들을 순서대로 놓는다. 당신은 영화를 편집한다. 심지어 촬영하는 동안에도. 그녀가 말한다. "당신의 뇌는 시간 속에 살기 위해 자기 스스로를 속여야만 해요."(308쪽) 시간여행은 의식을 만들어내는 평범한 과정의 고농축 업그레이드다.

100년 전, 스토리텔링이 지금보다 단순해 보였고 E. M. 포스터가 모든 소설이 시계의 구현이라고 생각했을 때 그는 미래에 대한 이야기를 발명했다. 그는 1909년에 이렇게 썼다. "육각형의 작은 방을 상상해 보기 바란다."(『콜로노스의 숲』(열린책들, 2006) 161쪽) 한가운데는 안락의자가 있다. 의자에는 "마치 포대기를 두른 듯 살집이 두툼한 여자가 앉아 있다. … 얼굴은 곰팡이가 핀 것처럼 하얗다." 그녀는 현대식 편의 시설을 모두 갖춘 채 행복하게 감금되어 있다.

> 방 안 어디에나 단추와 스위치가 가득했다. 음식, 음악, 의복을 불러내는 단추들이었다. 따뜻한 목욕 단추도 있었는데 누르면 바닥에서 모조 대리석 욕조가 솟아오르고 탈취된 따뜻한 물이 욕조 가장자리까지 차올랐다. 차가운 목욕 단추도 있었고, 문학을 만드는 단추도 있었다. 그녀가 외부의 친구들과 의사소통하는 단추들도 물론 있었다. 비록 그 방 안에는 아무것도 없었지만 그녀가 이 세상에서 좋아하는 것들과 완벽하게 연결되어 있었다.(166쪽)

포스터의 동시대인은 대부분 기술낙관론자였으며 한 세대 뒤에도 여전히 그랬지만, 기이한 노벨라 「기계는 멈춘다」에서 그는 암울한 전망을 내놓는다. 그가 훗날 인정했듯 그것은 "H. G. 웰스가 앞서 내놓은 천국에 대한 반발"이었다. 구체적으로 묘사되지 않은—아마도 자초한—재앙 때문에 인류는 지하로 쫓겨 내려가 방에서 혼자 살아간다. 인류는 자연을 넘어서고 저버렸다. 모든 필요와 욕구는 '기계Machine'라는 장치가 충족한다. 기계는 지구인 전체를 돌보며 (그들은 모르겠지만) 감금한다.

> 그녀의 위에서, 뒤에서, 주위에서 기계는 영원히 웅웅거렸다. 그녀는 그 소음을 의식하지 않았다. 왜냐하면 태어날 때부터 익숙해져 있기 때문이다. 그녀를 내부地下에 담고 있는 지구는 침묵의 공간을 웅웅거리며 자전했고 때로는 그녀를 보이지 않는 해 혹은 보이지 않는 별들로 인도했다.(168쪽)

(제목에서 짐작할 수 있듯) 두 번째 재앙이 기다리고 있지만, 대부분은 예감하지 못한다. 단 한 사람만이 인류가 감금되어 있음을 간파한다. 그가 말한다. "어머니는 우리가 공간 감각을 상실했다는 걸 알고 계시지요? 우리는 '공간이 파괴되었다'라고 말하지만 실제로 파괴된 것은 공간이 아니라 우리의 공간 감각일 뿐이에요. 우리는 우리 자신의 일부를 잃어버렸어요."(182쪽)

'문학의 시대'는 과거가 되었다. 『기계서機械書』라는 책 하나만 남았다. 기계는 통신 시스템이다. "신경 센터"가 있으며, 분산되어 있고 전능하다. 인류는 기계를 숭배한다. "그것(기계)을 통해 우리는 서로에게 말을 걸고, 그것을 통해 우리는 서로를 만나고, 그것을 통해 우리는 존재를 갖게 됩니다."(199쪽)

뭐 생각나는 것 없으신지?

현재

Presently

우리는 시간이 처음으로 휘고 구부러지고 미끄러지고
앞으로 건너뛰고 뒤로 건너뛰되 여전히 굴러가는 세기말을
훌쩍 지났다. 우리의 생각이 트윗—문단을 추구하는
우리의 140자—의 속도로 여행하는 지금,
우리는 모든 것을 안다. 우리는 히스토리 이후에 도달했다.
우리는 미스터리 이후에 도달했다.
— 앨리 스미스(2012)

공간을 멀리까지 빠르게 여행할 수 있는데 시간여행이 필요한 이유는 무엇일까? 역사를 위해. 미스터리를 위해. 향수를 위해. 희망을 위해. 우리의 잠재력을 확인하고 기억을 탐색하기 위해. 우리가 살았던 삶, 유일한 삶, 하나의 차원, 처음부터 끝까지에 대해 후회하지 않기 위해.

웰스의 『타임머신』은 인간과 시간의 관계가 달라졌음을 보여준 이정표다. 전신, 증기기관차, 라이엘의 지구과학과 다윈의 생명과학이 등장하고, 고고학이 골동품학에서 벗어나 떠오르고, 시계가 완벽해지는 등 신기술과 새로운 아이디어가 서로를 보강했다. 19세기에서 20세기로 접어들면서 과학자와 철학자는 시간을 새로운 방식으로 이해하기 시작했다. 모두가 그랬다. 시간여행은 순환, 비틀림, 역설의 형태로 문화에서 꽃을 피웠다. 우리는 전문가이자 애호가다. 시간이 우리를 위해 난다. 앨리 스미스가 반半반어적으로 말하듯 우리의 생각이 트윗의 속도로 여행하는 지금 우리는 모든 것을 안다. 우리는 자신의 미래로 가는 시간여행자다. 우리는 시간의 제왕이다.

이제 어두운 등잔 밑에서 또 다른 시간 이동이 시작되었다.

최첨단 통신 기술에 친숙한 사람들은 남들과 끊임없이 연결되어 있는 것을 당연하게 여긴다. 그들이 항상 휴대하는 휴대폰은 상태("무슨 생각을 하고 계신가요?"), 풍문, 흥밋거리로 넘쳐난다. 그들은, 우리는 새로운 장소 또는 매체(꼴사나운 용어이지만 쓰지 않을 도리가 없다)에 서식한다. 한편에는 사이버공간이나 인터넷이나 온라인 세상이나 그냥 '네트워크' 등 여러 이름으로 불리는 가상의 연결된 광속의 영역이 있고, 다른 한편에는 나머지 모든 것, 옛 장소, '진짜 세상'이 있다. 우리가 사회와 경험의 대조적인 두 형태를 동시에 살아간다고 말하는 사람도 있을 것이다.● 사이버공간은 또 다른 나라다. 그렇다면 시간은? 시간 현상은 다르게 일어난다.

이전의 소통은 필요에 의해 현재 순간에 일어났다. 당신이 말하고 내가 듣는다. 당신의 지금은 나의 지금이다. 동시성이 환각임을 아인슈타인이 밝혀냈지만—신호 속도가 관건인데, 빛이 한 사람의 미소에서 출발해 다른 사람의 눈으로 이동하는 데는 시간이 걸리므로—대체로 보면 인간의 상호 작용은 현재 시제들의 조합이었다. 그러다 문자 언어가 시간을 갈랐다. 당신의 현재가 나의 과거가 되었으며 나의 미래가 당신의 현재가 되었다. 심지어 동굴 벽의 물감 자국조차 비동기 통신의 역할을 했다. 전화는 공간적 간극을 넘어 현재를 확장함으로써 새로운 동시성을 제공했다. 음성 메시지는 시간 이동의 새로운 기회를 만들었다. 문자는 현재로의 복귀다. 이렇게 계속된다. 유무선 장치가 언제나 메시지를 보내고 받는다. 연결이 지속되면서 시간이 꼬인다. 우리는 다시보기와 미리보기를 구분하지 못한다. 우리는 점을 치듯 게시 시각을 꼼꼼히 살핀다. 이어폰에서 들리는 팟캐스트는 밖에서 들려오는 목소리보다 더 시급하게 느껴진다. 메시지의 강은 '시간선'(타임라인)이지만 순서는 임의적이다. 시간적 배열은 좀처럼 믿기 힘들다. 과거, 현재, 미래는 잇따라 충돌하는 범퍼카처럼 돌아다니고 부딪친다. 거리가 번개와 천둥을 가를 때 사이버공간은 둘을 합친다.

어둡고 폭풍우 치는 밤. 젊은 여인이 목조 주택 안을 돌아다니며 사

● 마셜 매클루언이 1962년에 한 말이다.

진을 찍는다. 그녀는 “위험 / 접근 금지 / 안전하지 않은 구조물”이라는 경고문을 무시한다. 벽지를 벗겨내자 벽에 휘갈긴 낙서가 드러난다. “조심해요…” 그녀가 벽지를 더 벗긴다. “제발 허리를 숙여요!” 그녀가 문구를 읽는다.

“정말이에요, 숙여요!”

“샐리 스패로, 허리를 숙여요, 당장.”

샐리 스패로(그녀의 이름이다)가 허리를 숙이는 찰나 어떤 물체가 날아와 그녀 뒤의 창문을 박살 낸다. 비동기 통신이 이루어지고 있는 것이 틀림없다.

여기는 2007년 런던이다. 벽의 문구 아래에는 “애정을 담아, 닥터(1969)”라는 서명이 쓰여 있다. 시청자인 당신은 닥터가 누구인지 안다. 그는 장기간 방영되고 여러 번 재방송되는 텔레비전 드라마 <닥터 후>의 주인공이다. 이 프로그램은 1963년 BBC에서 첫 전파를 탔다. <타임머신>에 부분적으로 영향을 받았는데, 책이 아니라 3년 전에 발표된 조지 팰George Pal의 영화였다. 닥터는 ‘타임로드’라는 고대 외계인 종족의 생존자다. 그는 타디스TARDIS라는 이동 수단을 타고 시간과 공간을 여행한다. 타디스의 겉모습은 언제나 20세기의 파란색 경찰용 전화 부스처럼 생겼는데 그 이유는 열성팬들만 안다. 닥터는 아주 멀리서 온 외계인이고 온 우주를 누빌 수 있지만, 그의 여행지는 주로 지구이며 그의 시간여행 모험은 E. 네스빗의 마법 부적과 미스터 피보디의 웨이백머신 스타일의 역사 투어를 연상시킨다. 그는 나폴레옹, 셰익스피어, 링컨, 쿠빌라이 칸, 마르코 폴로, 그 밖에 수많은 영국 왕과 여왕을 만난다. 아인슈타인과 지식을 교환하기도 한다. 그는 허버트라는 시간여행 밀항자를 발견하는데 명함에 H. G. 웰스라는 이름이 적혀 있다. <닥터 후>의 시간여행은 언제나 농담에 제격이다. 하지만 이따금 시간여행의 문제와 역설이 전면에 부각되기도 한다. 이것을 가장 예리하고 기발하게 보여주는 것은 샐리 스패로의 얘기로, 스티븐 모팻Steven Moffat이 대본을 쓰고 2007년에 방송된 '블링크Blink' 편이다.

샐리는 벽의 문구 때문에 여전히 어리둥절한 채 친구 캐시 나이팅게일과 함께 폐가를 다시 찾는다. 샐리는 오래된 것을 좋아한다고 말한다.● 우리는 오래된 집이 시간여행을 연상시킨다는 사실을 이미 알고 있다. 캐시가 화면 밖을 돌아다닌다. 초인종이 울린다. 샐리가 문을 연다. 젊은 남자가 자신의 (돌아가신) 할머니 캐시 나이팅게일에게서 온 편지를 그녀에게 건넨다. "사랑하는 샐리 스패로에게. 우리 손자가 약속을 지킨다면 우리가 마지막으로 얘기한 뒤 몇 분 지나지 않아 이 글을 읽게 되겠구나. 네게는 몇 분이지만, 내게는 60년도 더 지났단다."

우리는 풀어야 할 퍼즐이 있다. 시청자도, 샐리도. 우리는 힌트를 얻는다. 괴물들이 출몰한다. 괴물을 만난 희생자는 강제로 과거로 보내져 다시는 돌아오지 못한다.

당신이 과거에 갇힌다면 어떻게 미래와 소통하겠는가? 일반적으로 보자면 우리는 모두 과거에 갇혀 있으며 책과 묘비명, 타임캡슐 등으로 누구나 미래와 소통한다. 하지만 미래의 특정한 시각에 미래의 특정한 사람에게 메시지를 보내야 하는 경우는 드물다. 믿음직한 심부름꾼이 편지를 직접 전달한다면 가능할지도 모르겠다. 오래된 집의 벽에 글을

● "저런 걸 보면 슬퍼져." 슬픈 게 뭐가 좋다는 거지? "마음이 깊은 사람들에게는 슬픔이 행복이거든."

써두거나. 테리 길리엄Terry Gilliam의 1995년작 영화 <12 몽키즈>(<환송대>를 교묘하게 리메이크한 작품이다)에서는 마지못해 시간여행자가 된 남자(브루스 윌리스Bruce Willis 분)가 알쏭달쏭한 번호로 전화를 걸어 사서함에 음성을 남긴다. 이것은 일방향 메시지다. 더 잘할 수 있는 사람이 있을까?

캐시의 남동생 래리는 DVD 가게에서 일한다. 즉, 그는 유난히 단명한 ("새롭고 중고에 희귀한") 정보 매체의 전문가다. 뒤로 텔레비전 화면이 보인다. 많은 텔레비전에 한 남자의 얼굴이 비친다. 애청자들은 닥터의 얼굴임을 알아차린다. 그가 왜 텔레비전에 나오지? 뭔가 긴급한 얘기를 하려는 듯하다. 이를테면 "눈 깜박이지 말아요!" 같은 말. 그의 말은 연결되지 않은 조각들이다. 그가 고전적인 시간여행자의 전통에서 설명하는 소리가 들린다. "사람들은 시간을 이해하지 못해요. 당신이 생각하는 그런 게 아니라고요."

래리는 서로 다른 열일곱 가지 DVD의 히든 트랙에서 이 남자를 발견했다. 그가 샐리에게 말한다. "언제나 숨겨져 있어요. 언제나 비밀이죠. 유령 DVD 엑스트라 같아요." 이따금 래리는 그가 대화를 절반쯤 엿듣는다는 느낌을 받는다.

화면이 다시 돌아간다. 닥터는 중대한 질문에 대답하는 듯하다. 그는 이렇게 설명한다. "사람들은 시간이 원인에서 결과로 엄격하게 진행된다고 생각하지만, 비선형적이고 비주관적인 관점에서 보자면 오락가락하고 왔다 갔다wibbly wobbly timey wimey 하는 재료로 만든 큰 공에 가깝죠."

샐리가 대꾸한다. "문장 한번 절묘하네."(하긴 우리 중에서 텔레비전과 대화를 나눠보지 않은 사람이 누가 있겠는가?)

화면 속 닥터가 대답한다. "그래요, 제 말이에요."

샐리: 좋아요. 이상하네요. 당신이 제 말을 들을 수 있는 것 같아요.

닥터: 정말 들을 수 있는걸요.

이제 대화가 복잡해지기 시작한다. 닥터는 자신이 시간여행자이고, 타임머신(파란색 전화 부스)과 떨어져 1969년으로 내팽개쳐졌으며, 오래된 집과 장수하는 다양한 심부름꾼을 통해 그녀에게 메시지를 보내려 시도했고, 이제 (그녀가 우연히 2007년에 소장하게 된) DVD 열일곱 장에 숨겨둔 영상을 통해 서로 이야기하고 있음을 샐리(와 우리)에게 설득해야 한다. 래리는 닥터가 말하는 장면들을 이미 여러 번 들었기에 이것이 미리 정해진 것이라고 생각한다. 플라스틱 원반에 레이저로 새긴 정보이니까. 그러다 소리가 스테레오로 들리기 시작한다. 샐리가 화면에 대고 말하고 닥터가 화면에서 말하고 래리는 모두 받아 적는다.

샐리: 전에 본 장면이네요.

닥터: 얼마든지 그럴 수 있죠.

샐리: 지금 1969년에서 말하고 있는 거라고요?

닥터: 그렇다니까요.

샐리: 하지만 제 말에 대답하고 계시잖아요. 제가 말하기 40년 전에 제가 뭐라고 말할지 어떻게 알아요?

닥터(잘난 체하며): 38년인데요.

어떻게 이게 가능할까? 시간여행의 규칙을 다시 살펴보자. 샐리 말이 맞다. 닥터는 그녀의 말을 들을 수 없다. 그건 환각이다. 닥터는 무척 간단한 문제라고 설명한다. 자신이 전체 대화의 녹취록을 가지고 있으며 배우처럼 자신의 대사를 읽는 것이라고.●

샐리: 완성된 녹취록을 어떻게 손에 넣었죠? 아직도 기록되는 중이잖아요.

닥터: 말씀드렸잖아요. 저는 시간여행자라고. 미래에서 얻었어요.

샐리: 알았어요, 머리 좀 굴려보고요. 그러니까 우리가 지금 나누고 있는 대화의 녹취록을 낭독하고 있다는 거죠?

닥터: 그래요. 오락가락 왔다 갔다.

타디스는 아직 닥터와 재회하지 못했다. 닥터는 아직 녹취록을 손에 넣지 못했다. 이 플롯의 정교한 장치가 완성되기 전에 샐리는—그녀는 이제 사건의 전모를 파악했다—아직 영문을 모르는 버전의 닥터를 만나야 한다. 이제 그녀의 과거가 그의 미래다. '블링크'는 모든 역설을 뫼비우스의 띠로 연결했다. 예정설과 자유의지의 토론이 실시간으로 전개된다. 여기에 쓰인 기술은 한 사람에게는 새롭고 한 사람에게는 구닥다리다.

2007년이 되어 인터넷이 본격적으로 등장했으나, 이 드라마에서는 뚜렷한 역할을 하지 않는다. 사이버공간은 밤에 짖지 않는 개처럼 무대 뒤에 존재한다. 이 에피소드는 <닥터 후>의 나머지 에피소드와 사뭇

● 정확히 말하자면 데이비드 테넌트David Tennant처럼.

다른데, 시간과 복잡하게 얽힌 우리의 관계에 대해 무언가를 표현했다. 요즘이라면 샐리 스패로의 '받은 편지함'은 (옛것과 지금 것이 뒤섞인) 이메일 수천 통으로 넘쳐나고 그 수가 점점 증가할 것이다. 그녀는 SMS와 MMS, 이모티콘과 동영상 등 동시적이고 비동기적인 여러 개의 방법을 동원해 둘 이상의 사람과 동시다발적으로 대화를 나눌 수 있다. 한편 이어폰을 꼈든 안 꼈든 대기실과 도로 표지판 등 어디에서나 목소리를 듣고 화면을 본다. 만일 그녀가 잠시 멈춰 생각에 잠긴다면 모든 정보를 올바른 시간 순서로 배열하느라 골머리를 썩일 테지만—오락가락 왔다 갔다—누가 그러겠는가?

루이 뤼미에르와 오귀스트 뤼미에르 형제가 1890년대에 시네마토그라프를 발명하고 맨 먼저 한 일은 의상을 입은 배우들을 촬영하는 것이 아니었다. 그들은 허구의 영화를 제작하지 않았다. 두 사람은 촬영기사들에게 신기술을 훈련시켰으며 클레망과 콩스탕, 펠릭스, 가스통을 비롯한 수많은 사람을 전 세계에 보내 실제 삶의 단편을 기록하도록 했다. 자기네 공장에서 노동자들이 퇴근하는 장면을 찍은 것은 당연한 일이었지만—<리옹 뤼미에르 공장의 퇴근La sortie de l'usine Lumière à Lyon> 같은 손쉬운 소재를 누가 마다할 수 있겠는가?—1900년 들어서는 과달라하라의 투계, 브로드웨이의 행인들, (지금의) 베트남에서 아편 피우는 사람들을 촬영했다. 먼 곳에서 실제로 벌어지는 일들을 보려 관객이 몰려들었다. 이 이미지들의 창조는 사건의 지평선인 셈이다. 뒤돌아보면 1900년 이전의 과거는 시각적으로 선명하지 않다. 그나마 책이 있어서 다행이다.

이제는 화면 위에서 세상의 온갖 장면을 만날 수 있다. 소리도 사진만큼 생생하다. 화면은 맨눈으로 볼 수 있는 한계 너머를 보여준다. 이것이 타임게이트가 아니라고 누가 말하랴? 사람들은 음악과 동영상을 우리에게 흘려보내고stream, 우리가 시청하는 테니스 경기는 생방송일 수도 있고 아닐 수도 있으며, 야구장의 대형 전광판에서 실시간 리플레이를 보는 관중은—우리는 각자의 화면에서 이 장면이 반복 재생되는 것을 본다—다른 시간대에서 어제 경기를 관람했을지도 모른다. 정치인들은 연설에 대한 반응을 생방송용으로 미리 녹화한다. 우리가 현실 세계를 수많은 가상 세계와 헷갈리는 것은 현실 세계가 대부분 가상 세계이기 때문이다. 많은 사람은 화면 없이 보낸 시간에 대한 기억이 전혀 없다. 너무 많은 화면, 너무 많은 시계.

'인터넷 시간'은 특별한 의미를 가지게 되었다. 인텔 최고 경영자 앤드루 그로브Andrew Grove는 1996년에 이렇게 말했다. "우리는 이제 인터넷 시간을 살아가고 있습니다." 종종 이 표현은 단지 '더 빠르게'를 일컫는 유행어였으나, 우리와 시간과의 관계는 또다시 변화하고 있었다. 그것이 무엇인지, 어떻게인지 제대로 이해하는 사람은 아무도 없었지만. 인터넷 시간에서는 과거와 현재가 섞인다. 미래는 어떨까? 사람들은 미래가 이미 도래했다고 느끼는 듯하다. 눈 한 번 깜박이면 이미 찾아와 있다. 따라서 미래는 사라진다.

J. G. 밸러드는 1995년에 이렇게 썼다. "가면 갈수록 과거와 현재, 미래라는 개념을 수정하지 않을 수 없다."(『크래시』(그책, 2011) 5쪽) 탄광의 카나리아로서 과학소설의 역할이 어느 때보다 커졌다. "미래는 닥치는 대로 몽땅 먹어치우는 현재에 삼켜져 점차 소멸해가고 있다. 우리

는 주어진 수많은 대안 중의 하나로 미래를 현재에 합쳐버렸다."

우리는 과거도 합치고 있다. 《사이언티픽 아메리칸》에서 《브리지 월드The Bridge World》에 이르는 잡지들은 자기네 자료실을 활짝 열어 '50년 전'에 무엇이 새로웠는지 보여준다. 《뉴욕 타임스》 온라인판 첫 화면은 베이글과 피자에 대한 첫 보도를 재활용한다. 복고가 전 세계인의 마음을 흔든다. 새것 강박이 어느 때보다 격렬하던 바로 그때, 시간을 비트는 복고 이론가 스베틀라나 보임Svetlana Boym은 이렇게 말했다. "21세기 첫 10년의 특징은 새것에 대한 추구가 아니라 (종종 서로 부딪치는) 복고의 확산이다. 복고적 사이버펑크와 복고적 히피, 복고적 민족주의자와 복고적 세계주의자, 복고적 환경주의자와 복고적 도시성애자가 블로그 공간에서 픽셀 포화를 교환한다." 형체를 바꿔가며 만발하는 이 모든 복고에 대해 우리는 시간여행자에게 감사해야 한다. 보임은 계속해서 이렇게 말한다. "낭만적 복고의 대상은 경험의 현재 공간 너머에 있어야 한다. 골동품 시계에서처럼 시간이 행복하게 멈춘 과거의 황혼이나 유토피아 섬 어딘가에."

20세기의 결말 치고는 어찌나 이상한지! 새 세기—햇수를 세던 사람들에게는 새 천 년—는 텔레비전에서 방영되는 불꽃놀이와 악대의 연주(그리고 밀레니엄 버그에 대한 공포)와 함께 찾아왔으나 1900년을 찬란하게 밝힌 낙관주의는 찾아보기 힘들었다. 당시는 다들 큰 선박의 이물에 몰려가 희망찬 눈빛으로 수평선을 바라보며 비행선, 이동식 보도, 강우기降雨機, 수중 크로케, 비행차, 가스 동력 차, 개인용 비행체 등의 과학적 미래를 꿈꾸었다. 안디아모, 아미치!Andiamo, amici!(어서 오시게, 친구들!) 이 꿈 중에서 상당수는 실현되었다. 그렇다면 새 천 년의 여명이 밝았을 때 3000년을 기대하는 장밋빛 꿈은 무엇이었을까? 2100년은?

신문과 웹사이트에서 독자들에게 설문 조사를 실시했는데, 결과는 실망스러웠다. (이번에도) "기상을 조절할 수 있을 것이다." "사막이 열대림으로 바뀔 것이다." 아니면 "열대림이 사막으로 바뀔 것이다." "우주 승강기." 하지만 우주여행의 전망은 밝지 않았다. 워프 항법과 웜홀이 있지만 우리는 은하계에 진출한다는 꿈을 포기한 듯하다. "나노로봇." "원격 조종 전쟁." 콘택트렌즈나 뇌에 삽입하는 인터넷. 미래파의 상상인 듯한 자율 주행차와 무섭게 질주하는 경주용 차. 미래주의 미학도 달라졌으며 아무도 선언을 발표하지 않았다. 크고 대담한, 원색과 금속성 빛은 음침하고 눅눅한 부패물과 잔해로 바뀌었다. 유전 공학 및/또는 멸종. 이것이 우리가 예상하는 미래의 전부인가? 나노봇과 자율 주행차가?

1900년경 힐데브란츠 초콜릿 회사에서 제작한 카드

우주여행이 힘들다면 우리에겐 원격현장감telepresence이 있다. 여기서 '현present'은 시간이 아니라 공간을 가리킨다. 원격현장감은 원격 조종 카메라와 마이크가 상용화된 1980년대에 탄생했다. 심해 탐사가와 폭탄 제거반은 자신을—몸은 뒤에 남긴 채 정신과 눈과 귀를—딴 곳으로 투사할 수 있다. 우리는 행성 너머로 로봇을 보내며 그 속에 깃든다. 같은 시기에 (이미 컴퓨터 용어로 쓰이던) '가상'이라는 단어가 원격 시뮬레이션—가상 사무실, 가상 의회, 가상 섹스—을 일컫기 시작했다. 물론 가상현실도 빼놓을 수 없다. 원격현장감을 바라보는 또 다른 방법은 사람들이 스스로를 가상화하는 것이다.

한 여인이 (약간 으스스한) "어떤 게임의 베타 버전"에서—"쏠 것이 아무것도 없"는 일인칭 슈팅 게임에서처럼—쿼드콥터를 조종한다. 그녀는 윌리엄 깁슨의 소설『퍼리퍼럴The Peripheral』(2014)에 등장하는 인물이므로 우리는 무엇이 가상이고 무엇이 현실인지 종잡을 수 없다. 그녀의 이름은 플린이다. 그녀는 미국 남부 어딘가에—시골 작은 만 아래쪽의 트레일러에서—사는 듯하다. 하지만 시점이 현재일까, 미래일까? 정확히 알기는 힘들다. 적어도 미래의 물결이 기슭을 때리고는 있다. 해양 수의사들에게는 '햅틱' 삽입으로 생긴 신체적·정신적 흉터가 있다. 그 시대를 대표하는 명칭으로는 크로닛, 테슬라, 룸바, 스시 반, 헤프티 마트 등이 있다. 길가 가게에서는 '패빙fabbing'—사실상 모든 것을 3D로 인쇄하는 것—을 해준다. 드론이 바글거린다. 웅웅대는 곤충 중 어느 녀석이 스파이인지 모른다.

어쨌든 플린은 현실을 뒤로하고 드론을 조종해 가상의 다른 현실을 누빈다. 정체를 알 수 없는 (가상?) 회사가 그녀에게 급여를 지급한다.

그녀가 크고 검은 빌딩 근처를 선회한다. 그녀가 고개를 들면 카메라가 올라가고 고개를 숙이면 카메라가 내려간다. "사방에서 속삭이는 소리가 들렸다. 보이지 않는 요정 경찰들이 모여 있는 듯 희미하면서도 급박했다." 컴퓨터 게임의 몰입도가 얼마나 큰지는 누구나 알지만, 그녀의 목표는 무엇일까? 목적은? 겉보기에 그녀의 목표는 잠자리처럼 떼지어 있는 다른 드론들을 쫓아내는 것처럼 보이지만, 전에 했던 어떤 게임과도 느낌이 다르다.● 그때 플린이 살인을 목격한다(창문과 여인과 발코니).

미래에 대한 글을 쓰지 않는다고 말하는 미래주의자 깁슨을 우리는 이미 만난 적이 있다. 깁슨은 1982년에 '사이버공간'이라는 단어를 지어냈는데, 밴쿠버의 한 오락실에서 아이들이 비디오 게임을 하는 광경이 계기가 되었다. 아이들은 게임기를 들여다보며 손잡이를 돌리고 단추를 눌러 (딴 사람은 아무도 볼 수 없는) 우주를 조종했다. 훗날 깁슨은 이렇게 말했다. "아이들은 게임 안에 있기를, 기계의 유명론적 공간 속에 있기를 바라는 것 같았습니다. 그들에게는 진짜 세상이 사라져버렸습니다. 중요성을 완전히 잃은 거죠. 아이들은 유명론적 공간에 존재하고 있었습니다." 깁슨은 사이버공간을 "전 세계에서 수억의 정규직 오퍼레이터가 매일 경험하는 공감각적 환상"(『뉴로맨서』(황금가지, 2011) 85쪽)으로 상상했는데, 당시에는 그런 사이버공간이 존재하지 않았다. "정신 속의 공간 아닌 공간, 자료의 성운과 성단을 가로지르는 빛의 선."

● "게임이라기보다는 치안 활동을 하는 느낌이다."
"어쩌면 치안에 대한 게임인지도 모르겠다."

우리 모두 이따금 그렇게 느낀다.

어느 시점엔가 깁슨은 자신이 보르헤스의 1945년작 소설에 등장하는 '알레프' 비슷한 것—나머지 모든 점을 포함하는 공간상의 점—을 묘사한 게 아닌가 하는 생각이 들었다. 알레프를 보려면 어둠 속에 납작하게 누워 꼼짝 않고 있어야 한다. "어느 정도의 시력 조절도 필요해."(『알레프』(민음사, 2015) 206쪽) 그러면 보이는 것을 말 속에 담을 수 없을 것이라고 보르헤스는 말한다.

> 중심문제—무한한 전체를 부분이나마 열거하는 것—는 해결될 수 없다. 나는 그 거대한 찰나에서 즐겁고도 끔찍한 수많은 행위들을 보았다. 그리고 모든 것들이 서로 겹치거나 투명하지도 않게 동일한 지점을 차지하고 있다는 사실만큼 나를 놀라게 한 것은 없었다. 내 눈에 동시에 그런 것들을 보았다. 그러나 나는 그것을 연속적 순서로 글로 옮길 것이다. 바로 언어가 그러하기 때문이다.(209쪽)

사이버공간의 '공간'이 사라진다. 공간은 연결망으로 붕괴한다. 리 스몰린 말마따나 수십억 차원의 공간으로. 상호작용이 전부다. 그렇다면 사이버시간은 어떨까? 모든 하이퍼링크는 타임게이트다.• "즐겁고도 끔찍한 수많은 행위들"—게시, 트윗, 댓글, 이메일, 좋아요, 스와이프, 윙크—이 동시에 또는 연속적으로 나타난다. 신호 속도는 광속이고 시간대가 겹치며 타임스탬프가 햇살 속 먼지처럼 날아다닌다. 가상 세계의 토대는 시간횡단성transtemporality이다.

깁슨은 시간여행이 믿기 힘든 마법이라고 늘 생각했으며, 30년에 걸쳐 열 편의 소설을 쓰는 동안 한 번도 시간여행을 소재로 삼지 않았다.● 자신이 상상한 미래가 현재의 컨베이어 벨트에서 밀려드는 채로, 그는 미래를 통째로 폐기했다. 깁슨의 2003년작 소설 『패턴 인식Pattern Recognition』에서 주인공 휴버터스 비겐드가 말한다. "온전하게 상상된 미래는 다른 날, '지금'이 좀 더 길던 날의 사치였다. 우리에게 미래가 없는 이유는 현재가 너무 불안정하기 때문이다." 미래는 현재 위에 서 있는데, 현재는 모래 늪이다.

하지만 깁슨은 열한 번째 소설 『퍼리퍼럴』에서 다시 한 번 미래로 돌아간다. 근미래가 원미래와 교류한다. 사이버공간이 그에게 입구를 열어주었다. 시간여행의 새로운 규칙. 물질은 시간을 벗어날 수 없으나 정보는 그럴 수 있다. 미래는 과거로 '이메일'을 보낼 수 있음을 발견한다. 그다음에는 과거에 '전화'를 건다. 정보가 양방향으로 흐른다. 3D 프린터로 헬멧, 고글, 조이스틱을 만드는 지시 사항이 전달된다. 타임시프팅과 원격현장감이 결합되었다.

미래 사람들에게 과거 주민은 '폴트'(물건을 움직이는 유령인 '폴터가이스트'에서 딴 듯하다)로 고용될 수 있다. (복권에 당첨되거나 주식 시장을 조작

● "—틀림없이 시공간적 하이퍼링크야."
"—그게 뭔데?"
"—몰라. 그냥 지어낸 말이야. '마법의 문'이라고 말하고 싶지는 않았어."
— 〈닥터 후〉(2006) 中 스티븐 모팻, '벽난로 속 소녀The Girl in the Fireplace'

● 하지만 완벽주의자는 1981년작 단편 소설 「건스백 연속체The Gernsback Continuum」(제목은 휴고 건스백에게 바치는 오마주)를 언급할 것이다. 이 소설은 적어도 시간여행스럽긴 하다. 기호학적 유령. "이 은밀한 폐허를 헤치고 나아가면서 잃어버린 미래의 주민들이 내가 살았던 세상을 어떻게 생각할까 궁금했다."

함으로써) 화폐를 보내거나 창조할 수 있다. 어쨌든 금융은 가상 활동이 되었다. 기업은 문서와 은행 계좌로 이루어진 껍데기다. 새로운 차원에서 아웃소싱이 추진된다. 시간을 넘나들며 사람들을 조작하면 말썽이 생길까? "가상의 시간횡단 문제에 대한 논의에서 우리가 문화적으로 친숙한 종류의 역설보다는 훨씬 적다. 사실 꽤 간단하다." 어쨌든 우리는 시간의 갈림길에 대해 알고 있으니까. 우리는 분기하는 우주의 애호가다. "연결 행위는 인과의 갈래, 즉 인과적으로 고유한 새로운 분기를 낳는다. 우리는 이것을 '토막'이라고 부른다."

그렇다고 해서 역설이 없다는 것은 아니다. 어느 시점에 수사관 에인슬리 로비어라는 미래의 치안 요원이 플린의 아바타—외골격, 호문쿨루스, 퍼리퍼럴—에게 설명한다. "당신의 사망을 계획하는 것이 이곳에서는 어떤 식으로도 범죄로 성립하지 않는다고 들었습니다. 현행 최상의 법률적 견해에 따르면 당신은 실재하는 것으로 간주되지 않기 때문입니다." 나노봇은 진짜다. 코스프레는 진짜다. 드론은 진짜다. 미래성은 완성되었다.

시간여행은 왜 필요할까? 모든 대답은 하나로 수렴한다. 죽음을 피하는 것.

시간은 살인자다. 누구나 아는 사실이다. 시간은 우리를 묻을 것이다. **낭비했던 시간이 이제 나를 낭비해.** 시간은 만물을 먼지로 만든다. 날개 달린 시간 전차는 우리를 좋은 곳으로 데려다주지 않는다.

저승hereafter. 죽음 너머의 시간이라니 얼마나 절묘한 작명인가. 우리가 존재하지 않은 과거는 견딜 만하지만 우리가 존재하지 않을 미래는 심란하다. 나는 드넓은 우주에서 내가 무한히 작은 먼지임을 알며 개의치 않는다. 하지만 시간의 찰나, 돌아갈 수 없는 순간에 구속되는 것을 받아들이기는 힘들다. 물론 시간여행이 발명되기 전에도 인류 문화에서는 이 심란함을 가라앉힐 방법을 찾아냈다. 영혼 불멸, 환생과 윤회, 내세의 낙원을 믿을 수도 있다. 타임캡슐도 내세로의 이동을 준비하는 일이다. 과학의 위안은 냉담하다. 나보코프 말마따나 이것은 "우주와 시간의 문제들, 우주 대 시간, 시간으로 휘감긴 우주, 시간으로서의 우주, 우주로서의 시간, 그리고 결국 '나는 죽는다, 고로 나는 존재한다'는 인간 사고의 마지막 비극적 승리로 귀결되는 시간에서 탈출하는 우주"(『추억을 잃어버린 사랑. 상』 176쪽)● 의 문제다. 시간여행은 적어도 상상에 자유를 선사한다.

불멸의 암시. 이것이 우리가 바랄 수 있는 최선인지도 모른다. 웰스의 시간여행자는 어떤 운명을 맞았을까? 친구들에게 그는 사라졌으나 죽지는 않은 것으로 되어 있다. "그는 지금도—'지금'이라는 말을 쓸 수 있다면—플레시오사우루스가 출몰하는 어란상魚卵狀 석회질 산호초 위나 트라이아스기의 쓸쓸한 짠물 호숫가를 헤매고 있을지도 모른다."(『타임머신』 153~154쪽) 엔트로피를 영원히 붙잡아둘 수는 없다. 모든 생명은 망각으로 사라진다. **시간과 종이 낯을 파묻는다.**(『T. S. 엘리엇 전집』 126쪽) 아인슈타인은 이런 시공간적 견해에서 위안을 찾았음이 틀림없다(**그가 나보다 조금 앞서서 이 희한한 세상을 떠났군요. 이 사실에는 아무런 의미도 없습니다**). 『제5도살장』에서 커트 보니것의 화자도 그렇게 생각한다.

● 하이데거, "우리가 시간을 지각하는 유일한 이유는 죽어야 한다는 것을 알기 때문이다."

내가 트랄파마도어에서 배운 가장 중요한 것은 사람이 죽는다 해도 죽은 것처럼 **보일** 뿐이라는 점이다. 여전히 과거에 잘 살아 있으므로 장례식에서 우는 것은 아주 어리석은 짓이다. … 마치 줄로 엮인 구슬처럼 어떤 순간에 다음 순간이 따르고 그 순간이 흘러가면 그것으로 완전히 사라져버린다는 것은 여기 지구에 사는 사람들의 착각일 뿐이다. 트랄파마도어인은 주검을 볼 때 그냥 죽은 사람이 그 특정한 순간에 나쁜 상태에 처했으며, 그 사람이 다른 많은 순간에는 괜찮다고 생각한다.(『제5도살장』 43~44쪽)

거기에 일말의 위안이 있다. 나는 삶을 경험했다. 이 사실은 변치 않는다. 죽음은 나의 삶을 지우지 못한다. 죽음은 마침표일 뿐이다. 시간을 한눈에 볼 수 있다면, 과거가 뒷거울에서 사라지지 않고 고스란히 남아 있음을 알 수 있다. 거기에 불멸이 있다. 호박 속에 얼어붙은 채.

내가 보기에 이런 식으로 죽음을 부정하는 것은 삶을 부정하는 것이다. **물결 속으로 다시 뛰어들라. 살에 매인 감각으로 고개를 돌리라.**

이것으로 이것만으로 우리는 생존해왔느니라
그것은 사자死者의 약전略傳 속에도
자비로운 거미줄에 싸인 비명碑銘에도
우리들의 빈 방 안에서 야윈 변호사가 봉인을 찢는
유언장 속에도 나타나지 않는다.(『T. S. 엘리엇 전집』 63쪽)

모든 죽음은 기억의 소멸이다. 이에 맞서 온라인 세상은 집단적이고 연결된 기억을 약속하며 이로써 불멸의 대용품을 제시한다. 사이버공간에서는 현재 순간이 뒤섞이고 과거 순간들이 합쳐진다. 매일 트위터에 일기를 올리는 계정 @SamuelPepys는 《텔레그래프Telegraph》에서 팔로를 권하는 "죽은 사람 10인" 중 하나인데, 이런 추천을 하는 것은 "트위터는 살아 있는 존재만 간직하는 것이 아니"기 때문이다. 페이스북은 사망한 고객의 계정을 계속 유지('기념 계정'으로 전환)하는 절차를 공지했다. 이터나인Eter9이라는 스타트업은 고객을 가상 인격체로 구현(또한 영구화)하는 서비스를 내놓았다. 육신이 죽는다고 해서 게시글과 댓글이 중단될 필요는 없다. "카운터파트Counterpart는 여러분의 가상 자아로, 시스템에 상주하면서 여러분의 생전 모습과 똑같이 세상과 소통합니다." SF 소설가들이 미래 창조의 희망을 잃을 법도 하다. 영원은 예전의 모습이 아니다. 천국은 예전이 더 좋았다. 내세를 엿볼 수 있다면 우리는 앞을 내다보고 뒤를 돌아볼 수 있다.

존 밴빌이 말한다. "뒤돌아보면 모든 것이 유동적이어서 처음도 끝도 없이 흐를 뿐이다. 그 끝은 최후의 종지부로서만 경험하게 되리라."

그다음은 무엇일까? 최후의 종지부 뒤에는, 아무것도 없다. 물론 모던 뒤에는 포스트모던이 있다. 아방가르드. 미래파. 이 모든 시대의 이야기는 디지털 이전 세계에 대한 역사책에서 읽을 수 있다. 아, 좋은 시절이여.

미래가 급속히 과거로 사라지면 남는 것은 일종의 비시간성이다. 이 현재 시제에서는 시간적 순서가 알파벳 순서만큼이나 임의적으로 느껴진다. 우리는 현재가 실재라고 말하지만, 현재는 모래처럼 우리의 손가락 사이로 빠져나간다. 사라진다. **지금**—아니, **지금**—잠깐만, **지금**… 심리학자들은 뇌에서 느끼는, 또는 지각하는 **지금**의 길이를 측정하려 한다. 문제는 무엇을 측정해야 하느냐다. 밀리초 수준의 짧은 간격으로 들리는 두 소리는 하나로 지각된다. 두 섬광은 100분의 1초 간격을 두고 빛나도 동시에 빛난 것으로 보인다. 두 자극이 별개임을 인식하더라도, 간격이 10분의 1초 이하이면 어느 것이 먼저인지 맞히기 힘들다. 심리학자들에 따르면, 우리가 '지금'이라고 부르는 것은 2~3초의 시간을 일컫는다. 윌리엄 제임스는 이를 '가현재假現在, specious present'라고 불렀다. "몇 초에서 아마도 1분 이내의 유동적 길이가 직관적으로 인식되는 원래의 시간이다." 보르헤스에게는 나름의 직관이 있었다. "현재, 즉 심리학자들이 말하는 '가상 현재'는 1초의 몇 분의 1에서 몇 초 정도까지만 지속될 뿐이다. 우주의 역사도 그런 식으로 지속된다. 다시 말해, 한 사람의 삶이 없는 것처럼, 역사도 없고, 심지어 수많은 밤들 중의 하룻밤도 없다. 그저 우리가 살아가는 매 순간만 존재할 뿐, 그 순간의 가상의 총체는 존재하지 않는다."(『만리장성과 책들』 316쪽) 직접적 감각은 단기 기억으로 용해된다.

컴퓨터 세계에서는 현재를 만들어내는 일이 집단적 과정으로 바뀐다. 모든 사람의 모자이크는 크라우드소싱으로 만들어진, 여러 시점의 몽타주다. 과거의 이미지, 미래의 환상, 동영상 생방송이 모두 뒤섞이고 어우러진다. 시간은 모든 것이기도 하고 아무것도 아니기도 하다. 역사를 거슬러 올라가는 길은 뒤죽박죽이고 앞으로 나아가는 길은 뿌옇다. 엘리엇은 이렇게 말했다. "앞으로 나아가라, 여행자들이여! 과거로부터 도피하여 / 다른 생활이나 미래로 들어가는 것이 아니다."(『T. S. 엘리엇 전집』 14쪽) 과거가 배경과 틀의 역할을 하지 않으면 현재는 흐릿할 뿐이다. 제임스는 이렇게 물었다. "이 현재라는 것은 어디에 있는가? 현재는 우리의 손 안에서 녹아버렸다. 만지기 전에 달아났으며 과정의 순간에 사라졌다." 뇌는 뒤범벅된 감각 자료를 끊임없이 이전 순간들의 연쇄와 비교하고 대조해 추정적 현재를 조합해야 한다. 우리가 지각하는 것은 변화뿐이며 정체의 감각은 모조리 구성된 환각이라고 말하는 것이 옳을지도 모르겠다. 모든 순간은 이전의 것을 바꾼다. 우리는 시간의 층을 가로질러 기억의 기억을 향한다.

현인들은 "현재를 살아라"라고 충고한다. 그들의 말은 집중하라는 것이다. 감각 경험에 몰입할 것. 후회나 기대의 그늘에 들지 말고 햇볕을 쬘 것. 하지만 시간의 가능성과 역설에 대해 힘겹게 얻은 통찰을 왜 내다버려야 한단 말인가? 그러다 자신을 잃을 수도 있는데. 버지니아 울프는 이렇게 썼다. "지금이 현재의 순간이라는 것보다 더 놀라운 계시가 있겠는가? 우리가 이 충격을 이겨낼 수 있는 것은 한쪽을 과거가… 보호해주고, 또 다른 한쪽을 미래가 보호해주기 때문이다."(『올랜도』 356~357쪽) 과거와 미래로 들어가는 입구가 변덕스럽고 찰나적이기는 하지만 그것이 우리를 인간으로 만든다.

따라서 우리는 현재를 유령들과 공유한다. 한 영국인이 펄럭거리는 램프 불빛에 의지해 기계를 만들고, 미국인 기술자가 중세의 들판에서 깨어나며, 펜실베이니아 출신의 권태로운 기상 통보관이 2월의 어느 하루를 계속해서 살고, 작은 케이크가 잃어버린 시간을 불러일으키고, 마법의 부적이 아이들을 바빌로니아 황금 시대로 데려가고, 찢긴 벽지가 때맞춰 메시지를 보여주고, 들로리언의 소년이 부모를 찾고, 전망대에 선 여인이 연인을 기다린다. 이들 모두가 우리의 뮤즈이자 우리의 가이드다. 끝없는 지금에서.

감사의 글

데이비드 앨버트, 레라 보로디츠키, 빌리 콜린스, 유타 프리스,
크리스 푹스, 리브카 갈첸, 윌리엄 깁슨, 야나 레빈, 앨리슨 루리,
대니얼 메너커, 마리아 포포바, 로버트 D. 리처드슨, 필리스 로즈,
시오반 로버츠, 리 스몰린, 크레이그 타운센드, 그랜트 위소프,
그리고 지칠 줄 모르는 나의 저작권 대리인 마이클 칼리슬,
현명하고 참을성 강한 편집자 댄 프랭크,
늘 그렇듯 신시아 크로선의 조언과 의견에 깊이 감사한다.

참고 자료

이 책의 집필에 참고한 자료는 아래와 같다.

시, 소설, 영화

Edwin Abbott Abbott, *Flatland*, 1884. 한국어판은『플랫랜드』(필로소픽, 2017).

Douglas Adams, "The Pirate Planet" (*Doctor Who*), 1978.
The Restaurant at the End of the Universe, 1980.

Woody Allen, *Sleeper*, 1973.
Midnight in Paris, 2011. 한국어판은 〈미드나잇 인 파리〉.

Kingsley Amis, *The Alteration*, 1976.

Martin Amis, "The Time Disease," 1987.
Time's Arrow, 1991.

Isaac Asimov, *The End of Eternity*, 1955. 한국어판은『영원의 끝』(뿔, 2012).

John Jacob Astor IV, *A Journey in Other Worlds*, 1894.

Kate Atkinson, *Life After Life*, 2013. 한국어판은『라이프 애프터 라이프』(문학사상, 2014).
A God in Ruins, 2014.

Marcel Aymé, "*Le décret*," 1943.

John Banville, *The Infinities*, 2009.
Ancient Light, 2012.

Max Beerbohm, "Enoch Soames," 1916.

Edward Bellamy, *Looking Backward*, 1888. 한국어판은『뒤돌아보며』(아고라, 2014).

Alfred Bester, "The Men Who Murdered Mohammed," 1958. 한국어판은 「모하메드를 죽인 사람들」 『마니아를 위한 세계 SF 걸작선』(도솔, 2002)에 수록.

Michael Bishop, *No Enemy but Time*, 1982.

Jorge Luis Borges, *El jardín de senderos que se bifurcan*, 1941. 한국어판은 「두 갈래로 갈라지는 오솔길들의 정원」 『픽션들』(민음사, 2011)에 수록.
El aleph, 1945. 한국어판은 『알레프』(민음사, 2012).
Nueva refutación del tiempo, 1947. 한국어판은 「시간에 대한 새로운 반론」 『만리장성과 책들』(열린책들, 2008)에 수록.

Ray Bradbury, "A Sound of Thunder," 1952. 한국어판은 「천둥 소리」 『시간여행 SF 걸작선』(고려원, 1995)에 수록.

Ted Chiang, "Story of Your Life," 1998. 한국어판은 「네 인생의 이야기」 『당신 인생의 이야기』(엘리, 2016)에 수록.

Ray Cummings, *The Girl in the Golden Atom*, 1922. 한국어판은 『반지 속으로』(기적의 책, 2009).

Philip K. Dick, *The Man in the High Castle*, 1962. 한국어판은 『높은 성의 사내』(폴라북스, 2011).
Counter-Clock World, 1967.
"*A Little Something for Us Tempunauts*," 1974.

Daphne du Maurier, *The House on the Strand*, 1969.

T. S. Eliot, *Four Quartets*, 1943. 한국어판은 『T. S. 엘리엇 전집』(동국대학교출판부, 2001).

Harlan Ellison, "The City on the Edge of Forever" (*Star Trek*), 1967.

Ralph Milne Farley, "I Killed Hitler," 1941.

Jack Finney, "The Face in the Photo," 1962.
Time and Again, 1970.

F. Scott Fitzgerald, "The Curious Case of Benjamin Button," 1922. 한국어판은 『벤자민 버튼의 시간은 거꾸로 간다』(문학동네, 2015).

E. M. Forster, *The Machine Stops*, 1909. 한국어판은 「기계는 멈춘다」 『콜로노스의 숲』(열린책들, 2006)에 수록.

Stephen Fry, *Making History*, 1997.

Rivka Galchen, "The Region of Unlikeness," 2008.

Hugo Gernsback, *Ralph 124C 41+: A Romance of the Year 2660*, 1925.

David Gerrold, *The Man Who Folded Himself*, 1973.

William Gibson, "The Gernsback Continuum," 1981.
The Peripheral, 2014.

Terry Gilliam, *Twelve Monkeys*, 1995. 한국어판은 〈12 몽키즈〉.

James E. Gunn, "The Reason Is with Us," 1958.

Robert Harris, *Fatherland*, 1992. 한국어판은 『당신들의 조국』(알에이치코리아, 2016).

Robert Heinlein, "Life-Line," 1939.

"By His Bootstraps," 1941.
Time for the Stars, 1956. 한국어판은『시간의 블랙홀』(한뜻, 1995).
"*"—All You Zombies—,"*" 1959. 한국어판은「너희 모든 좀비들은…」『하인라인 판타지』(시공사, 2017)에 수록.

Washington Irving, "Rip Van Winkle," 1819. 한국어판은「립 밴 윙클」『스케치북』(문학수첩, 2004)에 수록.

Henry James, *The Sense of the Past*, 1917.

Alfred Jarry, "*Commentaire pour servir à la construction pratique de la machine à explorer le temps,*" 1899.

Rian Johnson, *Looper*, 2012. 한국어판은 〈루퍼〉.

Ursula K. Le Guin, *The Lathe of Heaven*, 1971. 한국어판은『하늘의 물레』(황금가지, 2010).
A Fisherman of the Inland Sea, 1994. 한국어판은『내해의 어부』(시공사, 2014)

Muray Leinster (William Fitzgerald Jenkins), "The Runaway Skyscraper," 1919.

Stanisław Lem, *Memoirs Found in a Bathtub*, 1961.
The Futurological Congress, 1971.

Alan Lightman, *Einstein's Dreams*, 1992. 한국어판은『아인슈타인의 꿈』(다산책방, 2009).

Samuel Madden, *Memoirs of the Twentieth Century*, 1733.

Chris Marker, *La jetée*, 1962.

J. McCullough, *Golf in the Year 2000; or, What Are We Coming To*, 1892.

Louis-Sébastien Mercier, *L'an deux mille quatre cent quarante: rêve s'il en fût jamais*, 1771.

Edward Page Mitchell, "The Clock That Went Backward," 1881.

Steven Moffat, "Blink" (*Doctor Who*), 2007.

Vladimir Nabokov, *Ada, or Ardor*, 1969. 한국어판은『추억을 잃어버린 사랑』(모음사, 1991).

Edith Nesbit, *The Story of the Amulet*, 1906.

Audrey Niffenegger, *The Time Traveler's Wife*, 2003. 한국어판은『시간여행자의 아내』(살림, 2009).

Dexter Palmer, *Version Control*, 2016.

Edgar Allan Poe, "The Power of Words," 1845. 한국어판은「말의 힘」『에드거 앨런 포 소설 전집. 3 환상편』(코너스톤, 2015)에 수록.
"*Mellonta Tauta: On Board Balloon 'Skylark,' April 1, 2848,*" 1849. 한국어판은「멜론타 타우타」『에드거 앨런 포 소설 전집 4 풍자 편』(코너스톤, 2015)에 수록.

Marcel Proust, *À la recherche du temps perdu*, 1913 – 27. 한국어판은『잃어버린 시간을 찾아서』(민음사), 『잃어버린 시간을 찾아서』(국일출판사).

Harold Ramis and Danny Rubin, *Groundhog Day*, 1993. 한국어판은 〈사랑의 블랙홀〉.

Philip Roth, *The Plot Against America*, 2004.

W. G. Sebald, *Austerlitz*, 2001. 한국어판은『아우스터리츠』(을유문화사, 2009).

Clifford D. Simak, *Time and Again*, 1951.

Ali Smith, *How to Be Both*, 2014.

George Steiner, *The Portage to Cristóbal of A.H.*, 1981.

Tom Stoppard, *Arcadia*, 1993.

William Tenn, "Brooklyn Project," 1948.

Mark Twain (Samuel Clemens), *A Connecticut Yankee in King Arthur's Court*, 1889. 한국어판은 『아서 왕궁전의 코네티컷 양키』(시공사, 2010).

Jules Verne, *Paris au XXe siècle*, 1863. 한국어판은 『20세기 파리』(한림원, 1994).

Kurt Vonnegut, *Slaughterhouse-Five*, 1969. 한국어판은 『제5도살장』(문학동네, 2017).

H. G. Wells, *The Time Machine*, 1895. 한국어판은 『타임머신』(열린책들, 2011).
The Sleeper Awakes, 1910.

Connie Willis, *Doomsday Book*, 1992. 한국어판은 『둠즈데이북』(아작, 2018).

Virginia Woolf, *Orlando*, 1928. 한국어판은 『올랜도』(솔, 2010).

Charles Yu, *How to Live Safely in a Science Fictional Universe*, 2010. 한국어판은 『SF 세계에서 안전하게 살아가는 방법』(시공사, 2011).

Robert Zemeckis and Bob Gale, *Back to the Future*, 1985. 한국어판은 〈빽 투 더 퓨쳐〉.

선집

Mike Ashley, *The Mammoth Book of Time Travel SF*, 2013.

Peter Haining, *Timescapes*, 1997.

Robert Silverberg, *Voyagers in Time*, 1967.

Harry Turtledove and Martin H. Greenberg, *The Best Time Travel Stories of the Twentieth Century*, 2004.

Ann and Jeff Vandermeer, *The Time Traveler's Almanac*, 2013.

시간여행과 시간에 대한 책

Paul E. Alkon, *Origins of Futuristic Fiction*, 1987.

Kingsley Amis, *New Maps of Hell*, 1960.

Isaac Asimov, *Futuredays*, 1986.

Anthony Aveni, *Empires of Time*, 1989. 한국어판은 『시간의 문화사』(북로드, 2007).

Svetlana Boym, *The Future of Nostalgia*, 2001.

Jimena Canales, *The Physicist and the Philosopher*, 2015.

Sean Carroll, *From Eternity to Here*, 2010. 한국어판은 『현대물리학, 시간과 우주의 비밀에 답하다』(다른세상, 2012).

Istvan Csicsery–Ronay, Jr., *The Seven Beauties of Science Fiction*, 2008.

Paul Davies, *About Time*, 1995. 한국어판은 『시간의 패러독스』(동아출판, 1997).
How to Build a Time Machine, 2001. 한국어판은 『타임머신』(한승, 2002).

John William Dunne, *An Experiment with Time*, 1927.

Arthur Eddington, *The Nature of the Physical World*, 1928.

J. T. Fraser, ed., *The Voices of Time*, 1966, 1981.

Peter Galison, *Einstein's Clocks, Poincaré's Maps: Empires of Time*, 2004. 한국어판은 『아인슈타인의 시계, 푸앵카레의 지도』(동아시아, 2017).

J. Alexander Gunn, *The Problem of Time*, 1929.

Claudia Hammond, *Time Warped*, 2013. 한국어판은 『어떻게 시간을 지배할 것인가』(위즈덤하우스, 2014).

Diane Owen Hughes and Thomas R. Trautmann, eds., *Time: Histories and Ethnologies*, 1995.

Robin Le Poidevin, *Travels in Four Dimensions*, 2003. 한국어판은 『4차원 여행』(해나무, 2010).

Wyndham Lewis, *Time and Western Man*, 1928.

Michael Lockwood, *The Labyrinth of Time*, 2005.

J. R. Lucas, *A Treatise on Time and Space*, 1973.

John W. Macvey, *Time Travel*, 1990.

Paul J. Nahin, *Time Machines*, 1993.

Charles Nordmann, *The Tyranny of Time (Notre maître le temps)*, 1924.

Clifford A. Pickover, *Time: A Traveler's Guide*, 1998. 한국어판은 『TIME, 시간여행 가이드』(들녘, 2004).

Paul Ricoeur, *Time and Narrative (Temps et récit)*, 1984. 한국어판은 『시간과 이야기』(문학과지성사, 1999).

Lee Smolin, *Time Reborn*, 2014.

Stephen Toulmin and June Goodfield, *The Discovery of Time*, 1965.

Roberto Mangabeira Unger and Lee Smolin, *The Singular Universe and the Reality of Time*, 2014.

David Foster Wallace, *Fate, Time, and Language*, 2010.

Gary Westfahl, George Slusser, and David Leiby, eds., *Worlds Enough and Time*, 2002.

David Wittenberg, *Time Travel: The Popular Philosophy of Narrative*, 2013.

삽화 출처

26쪽: *The Dublin Review*, January – June 1920, vol. 166. Stanford University Library 제공.

29쪽: New York Public Library 제공.

37쪽: episode 41 of *Rocky & Bullwinkle & Friends* 스틸, copyright © 2004 by DreamWorks Animation LLC. 허락하에 수록.

49쪽: *A Connecticut Yankee in King Arthur's Court* by Mark Twain. New York: Charles L. Webster & Co., 1889.

56쪽: Wikimedia Commons.

80쪽: *Felix the Cat Trifles with Time* 스틸, copyright © DreamWorks Animation LLC. 허락하에 수록.

88쪽: *Science and Invention in Pictures*, July 1925.

117쪽: Robert A. and Virginia Heinlein Archives and the Heinlein Prize Trust 제공.

200쪽: *The Story of the Westinghouse Time Capsule*. East Pittsburgh, Penn.: Westinghouse Electric & Manufacturing Company, 1938.

210쪽: *The Book of Record of the Time Capsule of Cupaloy*, New York World's Fair, 1939. New York: Westinghouse Electric & Manufacturing Company, 1938.

211쪽: From *The Book of Record of the Time Capsule of Cupaloy*, New York World's Fair, 1939. New York: Westinghouse Electric & Manufacturing Company, 1938.

224쪽: *E. Nesbit: A Biography* by Doris Langley Moore. Philadelphia: Chilton Company, 1966.

281쪽: *La Jetée* by Chris Marker 스틸, copyright © 1963 Argos Films.

318쪽: *The Life and Opinions of Tristram Shandy, Gentleman* by Laurence Sterne, Chapter XXXVIII.

349쪽: Courtesy of South West News Service Ltd.

찾아보기

ㅂ

ㅅ

ㅇ

ㅈ

ㅊ

ㅋ

ㅌ

ㅍ

ㅎ

0~9

A~Z

신문, 잡지

논문, 단편 소설

책, 장편 소설

영화, 방송 프로그램

제임스 글릭의 타임 트래블

과학과 철학, 문학과 영화를 뒤흔든 시간여행의 비밀

초판 1쇄 펴낸날 2019년 5월 29일
초판 2쇄 펴낸날 2019년 6월 20일
지은이 제임스 글릭
옮긴이 노승영
펴낸이 한성봉
편집 안상준·하명성·이동현·조유나·박민지·최창문·김학제
디자인 전혜진·김현중
마케팅 이한주·박신용·강은혜
기획홍보 박연준
경영지원 국지연·지성실
펴낸곳 도서출판 동아시아
등록 1998년 3월 5일 제1998-000243호
주소 서울시 중구 소파로 131 [남산동 3가 34-5]
페이스북 www.facebook.com/dongasiabooks
인스타그램 www.instargram.com/dongasiabook
전자우편 dongasiabook@naver.com
블로그 blog.naver.com/dongasiabook
전화 02) 757-9724, 5
팩스 02) 757-9726

ISBN 978-89-6262-286-7 03420

이 도서의 국립중앙도서관 출판예정도서목록(CIP)은
서지정보유통지원시스템 홈페이지(http://seoji.nl.go.kr)와
국가자료공동목록시스템(http://www.nl.go.kr/kolisnet)에서
이용하실 수 있습니다.(CIP제어번호: CIP2019019410)

만든 사람들

책임편집 이건진·하명성
크로스교열 안상준
디자인 전혜진
본문조판 주세라